气候工程管理：碳捕集与封存技术管理

Climate Engineering Management: Carbon Capture and Storage Technology Management

魏一鸣　等　著

科 学 出 版 社
北　京

内 容 简 介

应对气候变化已成为全球共识，世界各国政府一直致力于相关的科学研究和技术开发，以提高应对气候变化的能力。碳捕集与封存(CCS)作为气候工程的关键技术，可以大幅减少化石燃料使用产生的温室气体(GHG)排放。本书旨在构建针对 CCS 技术管理的理论体系和方法，以推进 CCS 项目顺利开展。本书主要围绕 CCS 技术发展及管理方法，结合国内外成功经验，对相关技术专利、经济评价、投融资管理、规范制定、风险管理、商业模式、技术预见及全球布局展开系统性和整体性研究。

本书具有理论的系统性和实践的指导性，可作为 CCS 项目利益相关方的工具书，也可作为工程管理、项目管理等专业研究生和本科生掌握 CCS 技术的补充材料。

图书在版编目(CIP)数据

气候工程管理：碳捕集与封存技术管理= Climate Engineering Management: Carbon Capture and Storage Technology Management/ 魏一鸣等著. —北京：科学出版社，2020

ISBN 978-7-03-064695-8

Ⅰ. ①气… Ⅱ. ①魏… Ⅲ. ①二氧化碳–收集–技术管理 ②二氧化碳–保藏–技术管理 Ⅳ. ①X701.7

中国版本图书馆 CIP 数据核字(2020)第 047334 号

责任编辑：冯晓利 / 责任校对：王萌萌
责任印制：吴兆东 / 封面设计：陈 敬

科学出版社 出版
北京东黄城根北街 16 号
邮政编码：100717
http://www.sciencep.com
北京捷迅佳彩印刷有限公司 印刷
科学出版社发行 各地新华书店经销
*
2020 年 4 月第 一 版 开本：787×1092 1/16
2020 年 4 月第一次印刷 印张：11 1/4
字数：265 000

定价：160.00 元

前　　言

以全球变暖为主要特征的气候变化已成为世界各国面临的共同挑战，它不仅加速冰川融化，给沿海居民生存带来威胁，还导致全球范围内极端天气和自然灾害频发、生态系统恶化，多方面威胁全人类社会的可持续发展。气候变化正对世界各国产生日益重大而深远的影响，成为人类社会发展面临的共同挑战。同时气候工程也作为一门新兴交叉学科即将在全球范围内兴起。为了应对气候变化，国际社会迅速开展相关行动并达成一系列气候共识。气候工程作为应对气候变化的重要选项被提出，用于减缓和预防气候变化带来的不利影响。气候工程的实践既为应对气候变化带来了机遇，也增加了应对气候变化的不确定性。因此，有必要对气候工程开展科学、有效的管理，充分发挥气候工程的作用。在实现应对气候变化目标的同时，规避潜在风险，并尽可能创造更多的社会经济效益。研究气候工程管理，具有科学、政策和国家气候外交等多重意义。

二氧化碳捕集与封存(carbon capture and storage，CCS)作为一项重要的气候工程技术，不仅是实现全球 2℃温控目标的重要技术选择，还是当前主要国家开展双边和多边合作、国际政治经济峰会的重要议题，其应对全球气候变化、控制温室气体排放的重要地位已得到国际众多专家和机构认可。许多国家和跨国企业纷纷将 CCS 技术纳入低碳科技创新发展战略，对其关键技术进行重点研发和示范，并取得显著成效。CCS 是一个多产业、多学科复合交叉领域，不仅技术链复杂(包括 CO_2 捕集技术、运输技术、利用技术、封存技术)，而且项目的部署实施也面临极大的不确定性。

为构建针对 CCS 技术管理的理论体系，确保 CCS 项目顺利开展，北京理工大学能源与环境政策研究中心在长期理论研究和实践的基础上，围绕 CCS 技术发展及管理方法，结合国内外 CCS 技术管理的成功经验，展开系统性和整体性研究，最终提炼形成本书。本书旨在形成适用于 CCS 技术管理的科学理论及方法，为 CCS 技术的大规模推广应用提供参考。

本书以 CCS 技术管理为主线，围绕以下问题展开研究。

(1)深入探讨了气候工程与 CCS 技术应对气候变化。首先，在提出并界定气候工程管理概念的基础上，构建了气候工程管理体系框架，进而提出了包括时间协同、空间协同、要素协同在内的气候工程管理多主体协同理论，以指导气候工程的实践工作；其次，从技术链的角度对 CCS 技术系统特征进行全面分析，探讨了 CCS 技术在实现 2℃温控目标、降低总减排成本、促进工业部门深度减排、加快全球合作治理气候变化等方面发挥的作用；最后，对全球大规模的 CCS 项目的实践进行了现状分析，同时对典型成功和失败的 CCS 项目进行案例分析，旨在为 CCS 的技术管理提供理论基础和经验借鉴。

(2)深入分析了 CCS 技术进展及技术专利发展情况。通过对 CO_2 捕集、运输、利用与封存四类主要技术的发展现状综述以及相关专利数据的检索，对 CCS 技术发展前景进行了展望。研究表明，代际衔接与大规模 CO_2 捕集时间匹配是捕集技术发展关键，CO_2 运输管道网络化是趋势，油气田仍是短期内 CO_2 利用与封存的主战场。

(3)提出了 CCS 项目经济评价方法。基于 CCS 项目前期投资高昂且不可逆、收益不确定性强、投资时点具有灵活性的特点，构建了适用于 CCS 项目的实物期权投资评价方法。针对陕西延长石油(集团)有限责任公司(简称延长石油)的二氧化碳捕集封存与提高采收率(CCS-EOR)示范项目进行了案例分析。研究发现，该方法适用于 CCS 项目投资的技术经济评价，且 2019 年是延长石油的 CCS-EOR 示范项目实施的最佳时间。

(4)探讨了 CCS 项目的投融资管理。分析了 CCS 项目的投融资特征，对主要发达国家的 CCS 项目投融资现状进行了探讨，并对比不同投融资模式的优劣。研究发现，政府直接融资是 CCS 发展的必须融资渠道；企业融资将对 CCS 项目的前期准备和后期进展发挥重要作用；未来，国际合作融资将成为 CCS 发展的一种重要融资方式。

(5)探讨了 CCS 技术规范制定的关键问题。整理了 CCS 技术规范制定的理论依据、原则、制定的流程和 CCS 技术规范的结构，分别归纳了 CO_2 捕集、运输、注入及封存环节的技术规范，并针对各个环节需要解决的关键性问题进行讨论。

(6)探讨了 CCS 项目的风险管理。通过风险识别、风险因素分析及风险评定等方法，对 CCS 项目风险管理问题进行系统研究，并提出应对各类风险的策略。研究发现，CCS 项目涉及 7 大类 18 种风险，各类风险密切相关；在项目初期宜用定性或半定量评价方法对风险进行评价，而项目后期宜用定量的评价方法。根据评定结果得出的风险应对策略，可为相关决策者制定 CCS 技术发展战略和风险管理提供借鉴。

(7)探讨了 CCS 项目未来发展的商业模式。通过分析影响 CCS 项目商业模式选择的因素，提出了适合 CCS 项目不同发展阶段的商业模式。研究发现，CCS 项目的商业模式逐步从政府财政、国际援助或政策性银行支持和多资本、技术优势企业合资或合作模式，向银行贷款、社会资本融资和多资本、技术优势企业合资或合作的模式发展。

(8)探讨了 CCS 技术的预见分析。总结概括了 CCS 技术预见的流程，主要内容及其研究方法；通过国际竞争分析和大数据挖掘，明确了 CCS 技术的发展趋势；最后在该基础上提出了保障中国 CCS 技术发展的政策措施。

(9)评估了 2℃温控目标下 CCS 技术在全球和中国的布局。本章识别了全球和中国的 CO_2 排放源，评估了相应的 CO_2 地质封存潜力，通过源汇匹配模型得到了 CCS 技术在全球和中国的布局及所需成本。研究发现，通过 CCS 技术实现全球(920 亿 t)和中国(260 亿 t)的减排规模，总投入分别为 5.6 万亿美元和 2.0 万亿美元。

本书是北京理工大学能源与环境政策研究中心集体智慧的结晶，由魏一鸣负责总体设计、策划、组织及统领全部撰写工作，杨波和李慧协助进行统稿。第 1 章由魏一鸣、李慧、陈炜明和王蓬涛完成；第 2 章、第 3 章及第 7 章由魏一鸣和李家全完成；第 4 章由魏一鸣和李慧完成；第 5 章由魏一鸣和王蓬涛完成；第 6 章由魏一鸣和杨波完成；第 8 章由魏一鸣、王晋伟和朱楠楠完成；第 9 章由魏一鸣、王蓬涛、李家全、康佳宁和候娟娟完成。此外，李华楠、王翔宇和周慧玲等协助开展了本书的资料搜集、文献整理、研究讨论以及文字校对等工作。

特别感谢本书引文中的所有作者！

CCS 技术涉及多领域、多学科，具有非常强的综合性，限于我们的知识修养和专业水平，报告中难免存在不足之处，恳请读者批评指正！

目　　录

第 1 章　气候工程与 CCS 技术

全球气候变暖成为制约人类社会可持续发展的重要因素之一。为避免对气候系统造成不可逆转的不利影响，实施气候工程以应对气候变化成为当今国际社会关注的热点。二氧化碳捕集与封存(CCS)技术作为一项重要的气候工程，可实现化石能源大规模末端减排。CCS 已成为各国减少二氧化碳排放的重要战略技术选择，在应对气候变化中发挥重要作用。本章将回答以下几个问题：

(1)气候工程与气候工程管理的理论基础是什么？

(2)什么是 CCS 技术？其主要的技术特征是什么？

(3)CCS 技术在应对气候变化中起到怎样的作用？

(4)全球 CCS 项目管理的实践与经验有哪些？

1.1 气候工程与气候工程管理

目前，以全球变暖为主要特征的气候变化正对世界各国产生日益重大而深远的影响，气候变化已成为人类社会发展面临的共同挑战。为应对气候变化问题，各国相继行动，投入大量资金实施了一系列以应对气候变化及其影响为目的的工程项目，即气候工程。这些气候工程的实践，既给应对气候变化带来机遇，也使其面临较大的不确定性。在此背景下，亟须对气候工程开展科学有效的管理，帮助其完成相关工程，而气候工程管理也将作为一门新兴交叉学科在全球范围内兴起。

1.1.1 气候工程

气候工程在过去一般被称为地球工程(geoengineering)，是指为应对气候变化而对地球环境系统采取的大规模人为干预活动(Marchetti，1977；Keith，2000；IPCC，2014a)。早期的气候工程主要分为三类：二氧化碳移除(carbon dioxide removal，CDR)、太阳辐射管理(solar radiation management，SRM)和一般地球工程，如图 1-1 所示(Belter and Seidel，2013；Oldham et al.，2014；National Research Council，2015)。二氧化碳移除主要是指通过生物质能碳捕集与封存、直接空气捕集、植树造林、土壤固碳、海洋施肥或铁质施肥等各种碳捕集、封存和转化技术，直接减少大气中的二氧化碳；太阳辐射管理则是通过基于地表技术的地面反射、基于对流层技术的云层亮化、基于高层大气技术的气溶胶注入和基于太空技术的太空反射等方法来减少到达地面的太阳辐射，从而达到降低地球

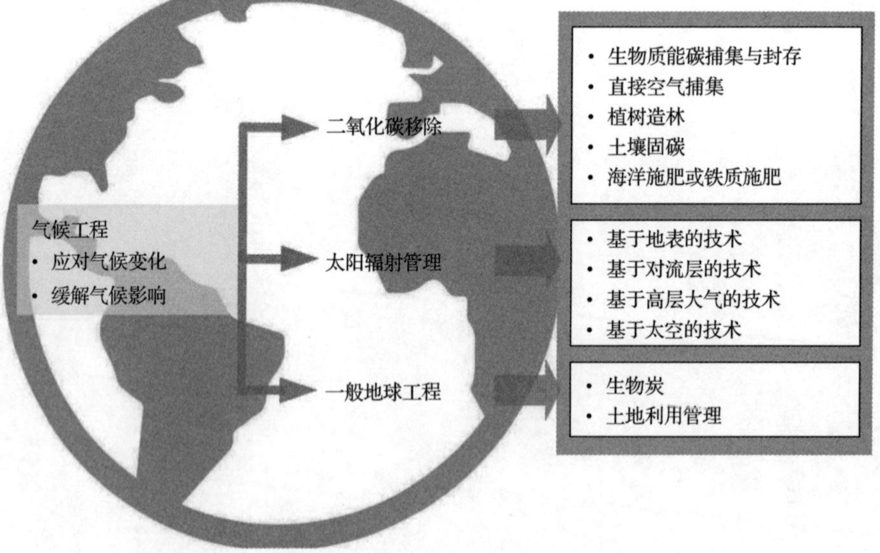

图 1-1 早期气候工程分类(Belter and Seidel，2013；Oldham et al.，2014；National Research Council，2015)

温度的目的。其他工程技术统称为一般地球工程。气候工程的核心目标是缓解当前各种人类活动带来的全球变暖问题，其在过去一般被定位于在减缓和适应气候变化不力情况下的应急措施，用来管理过渡时期的大气温度，或为气候紧急情况提供保障。

目前，随着各国应对气候变化的方式趋于多样化，地球工程及其定义已无法涵盖所有气候工程类别，特别是各类新能源技术和相关工程项目在全球气候行动中扮演着日益重要的角色。此外，气候工程在解决全球变暖问题方面的巨大潜力也逐渐被学界和相关决策者发现，并引起广泛关注，这对气候工程相关研究提出了新的要求，特别是要重新明确和界定气候工程概念，为相关学者提供清晰的研究方向。为此，我们基于当下全球气候工程发展现状，将气候工程定义为所有以应对气候变化为目的的工程技术的总称，主要包括与新能源和可再生能源、能源效率、碳捕集利用与封存等相关的工程项目（Wei et al.，2019）。

由于针对气候工程的研究涉及科学机理、工程方案、风险评估、气候伦理以及国际治理等多个领域，且各类气候工程的作用机理、成本效益、技术成熟度、科学不确定性、国家安全等方面也存在较大差异（潘家华，2012；辛源，2016）。因此，在界定气候工程概念的基础上，还需要对气候工程进行系统科学的研究，以提高大众对于应对气候变化的科学认识，并为相关政策的制定提供依据。

1.1.2　气候工程管理

对于任何一项气候工程，科学、系统、高效的管理是帮助其在规定时间规定预算内实现各项工程目标的必要条件。为此，我们开创性地提出了气候工程管理概念，并将其定义为围绕气候工程所开展的一系列管理活动，具体包括需要多少气候工程，气候工程如何布局，实施气候工程需要的成本和代价，气候工程实施效果评估等管理问题（Wei et al.，2019）。

气候工程管理以系统工程、管理学、气候经济学等多学科知识为理论基础，通过对气候工程生命周期全过程中所涉及的资源、技术、信息等要素开展计划、组织、指挥、协调和控制等一系列管理活动，促使气候工程达成缓解气候变化的目的。为帮助更好地理解气候工程管理的含义，我们从气候工程管理的目标、职能、过程、要素以及方法五个维度，对气候工程管理的内涵进行全面阐述。

(1) 从管理目标来看，气候工程管理主要是通过一系列管理手段，帮助气候工程实现缓解气候变化的目的，这是气候工程管理的核心目标。除此之外，气候工程管理还存在其他一系列社会经济目标，如拉动经济增长、带动产业升级、促进社会就业、推动技术进步等，一般可称之为协同目标。对某项具体的气候工程而言，同时还需制定质量、成本和进度等与气候工程建设有关的工程管理目标。

(2) 从职能来看，气候工程管理是指对气候工程进行的计划、组织、指挥、协调与控制等活动，从而确保气候工程任务的完成。其中，计划职能是气候工程管理最基本的职能，是气候工程得以实施和完成的基础和依据，主要对包括对气候工程的资源、进度、成本、质量、安全等方面内容进行计划安排。组织职能是指为了实现气候工程目标而进行的组织系统的设计、建设和运行。指挥职能是指管理者通过指挥来合理配置各项气候工程资源，以实现气候工程目标。协调职能是指通过协调使气候工程不同主体间相互和谐地配合，保障气候工程的顺利进行。控制职能即确保气候工程有明确的计划和目标，并检验工程各项工作是否与计划相符，不断纠正完善，实现气候工程目标。

(3)从过程来看，气候工程管理作用于气候工程生命周期的全过程，包括前期的工程评估、设计和建设，中期的工程运行和维护，以及后期的工程退役等。气候工程的前期评估需要对拟建设的气候工程进行可行性研究，以初步明确该工程的目标、任务、范围、产出物等，同时评估该气候工程的可行性、合理性、风险性、经济性等。在工程设计阶段，需要结合各项资源约束和现实条件，编制气候工程的建设计划书，明确各专项计划、工期、质量、造价等。在工程建设阶段，需要管理各类生产资源，稳步、高效、安全地推进工程的建设，为后续气候工程的运行提供物质基础和保障。在运行和维护阶段，通过管理气候工程的生产运行，帮助实现气候工程的核心目标及各项协同目标。最后，在气候工程退役阶段，对即将退出的气候工程进行设备及资产的管理，特别是做好资源的回收利用及废弃物处理工作。

(4)从管理要素来看，气候工程管理的对象是气候工程生命周期各阶段涉及的有形或无形的要素和资源，如资本、人员、信息、技术、风险等。这些要素是气候工程管理的抓手。现实当中需要充分利用相应的管理技术对上述要素进行最优配置，从而实现各项气候工程目标。

(5)从管理方法来看，气候工程管理不仅需要以管理学相关知识为基础，还需对管理对象，即气候工程本身具备充分的认识和把握。因此，气候工程管理需要综合工程学、经济学、大气学、环境学、控制论等多学科相关知识，并借助各类管理技术来帮助实现相应管理目标。气候工程管理本身也是多学科交叉融合的产物，包含多种复杂而系统化的管理方法。

1.1.3 气候工程管理体系框架

基于对气候工程特点及其管理实践活动的综合认知，我们提出了气候工程管理体系(Wei et al.，2019)。该体系是基于目标驱动、过程管理、方法支撑这一逻辑关系，综合纳入上述与气候工程管理相关的管理目标、管理职能、管理过程、管理要素及管理方法所构建的系统性理论框架，目的在于界定气候工程管理的主要内容，揭示内部各组成部分之间的内在逻辑结构与层次关系，梳理气候工程管理理论研究的基本脉络，从而指导气候工程的实践。

气候工程管理体系的逻辑结构简述如下：在气候工程管理目标的驱动下，以一系列与气候工程管理相关的理论和技术为支撑，综合运用各种管理手段对气候工程全生命周期过程的相关要素及工程内外部环境进行管理，以实现对气候工程的科学、系统、高效的管理。因此，气候工程管理体系框架由三部分组成，即顶层的管理目标、中间层的管理活动，以及底层的管理理论和技术支撑，如图 1-2 所示。

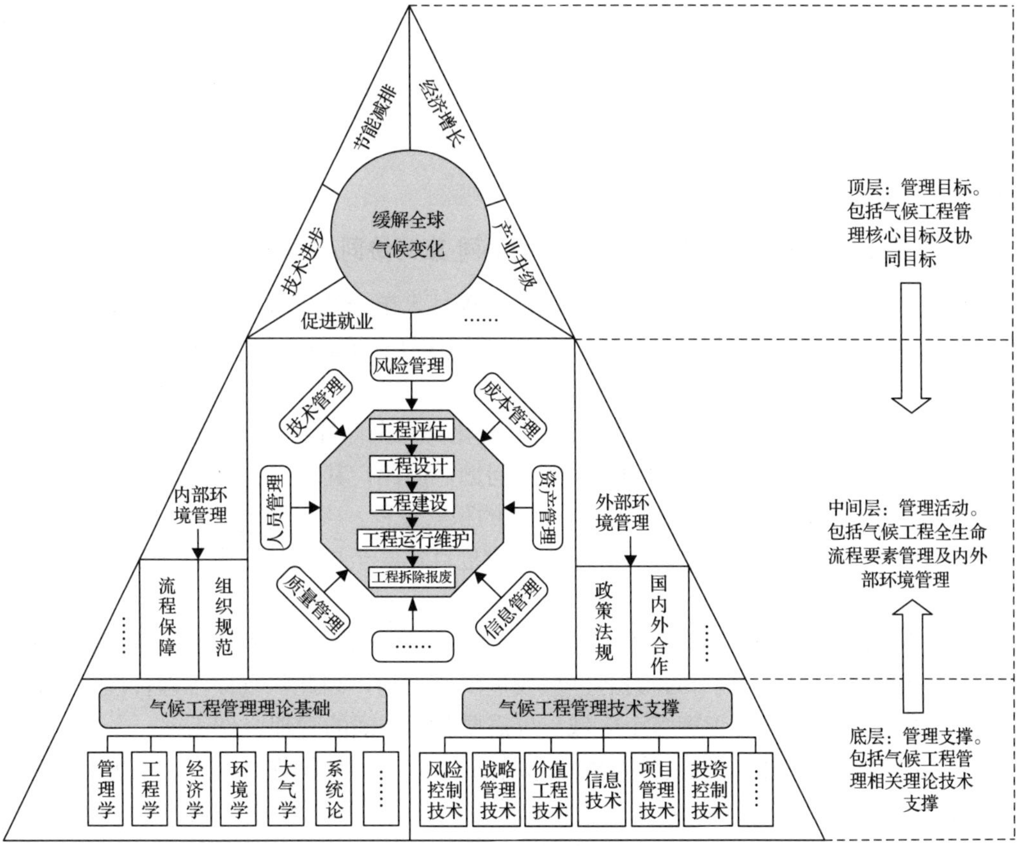

图 1-2　气候工程管理体系框架

顶层管理目标。一切管理活动都应围绕相应的管理目标而展开。气候工程管理也由目标驱动。其核心目标是通过成功实施气候工程，达到缓解全球气候变化的目的，从而降低气候变化带来的各项不利影响。除此之外，气候工程管理还需协同其他相关社会经济发展目标。气候工程管理的核心目标与协同目标之间可能会在某些阶段存在冲突，常常需要面临在各协同目标之间进行取舍的问题。在气候工程管理的过程中，要基于缓解气候变化这一核心目标，结合现实情况对各协同目标作优先度的排列，并随着气候工程的建设与运行，适时调整各目标的优先度。

中间层管理活动。在气候工程管理目标的驱动下，通过一系列管理活动对气候工程全生命周期的各个阶段进行管理。这里的管理活动主要是针对各阶段所涉及的要素进行管理，包括风险、技术、成本、人员、资产、质量、信息等。此外，气候工程的建设运行还受复杂的内外部环境影响。因此，对相关内外部环境的科学管理可为气候工程的顺利开展提供保障。具体而言，内部环境管理主要是帮助气候工程构建健康有效的内部环境，需要通过完善一系列规章制度，促进组织规范化，保障各生产和运营的顺利开展。外部环境管理是在把握各外部环境的基础上，通过制定相应发展战略，规避外部环境可能带来的风险，并积极利用外部资源，引导外部环境朝着对气候工程有利的方向发展。

底层管理理论和技术支撑。气候工程管理离不开相关理论和管理技术的支撑，从理论支撑来看，由于气候工程的特殊性，对其开展科学管理不仅需要掌握相关管理学、工程学、经济学、系统论知识，还要对环境学、大气学等与气候工程相关的学科有充分的把握。从管理技术支撑来看，要实现对气候工程的科学管理，离不开对相关管理技术的综合运用，如风险控制技术、战略管理技术、价值工程技术、信息技术、项目管理技术、投资控制技术等。

1.1.4 气候工程管理多主体协同理论：时间协同-空间协同-要素协同

气候工程作为以应对气候变化为目的的工程技术手段的集成，涵盖了工程技术系统和自然系统，是涉及当前全球 76 亿人的超大型工程(Mustafa et al.，2019)。相较于一般的工程管理，气候工程管理具有以下显著特征。

(1) 全球性：由温室气体排放引起的气候变化具有全球性特征，气候工程管理需探索如何应用气候工程来解决全球性的气候变化问题，因此，其本身也具备全球性特征。

(2) 长期性：气候变化的形成是一个长期的积累过程，该问题也将在未来较长一段时期内持续存在，因此，气候工程管理也需要对近百年甚至更长时期内的气候工程措施进行全局优化和部署。

(3) 多区域性：气候工程的主体涉及全球近 200 个国家和地区，以及各国家和地区内部不同区域的相关产业或个体，且各区域发展阶段不同，因此，气候工程管理也具备多区域性的特征，不仅需要管理多个区域，也需要各区域间的管理合作。

(4) 跨部门性：气候工程是涉及农业(如林业)、工业(如钢铁、水泥、电力、化工、有色金属业)、建筑业、服务业(如交通运输业、金融业)等多个部门的工程技术集合，因此，气候工程管理需要进行跨部门整合和涉及不同部门的全生命周期系统规划。

(5) 技术差异性：由于不同行业和部门的生产工艺、响应过程、工程选址及适用性技术迥异，因此，气候工程管理需重点考虑行业和部门应对气候变化的技术差异性及时空可行性，从而实现一体化融合管理，针对不同气候工程，也需要采取不同的管理技术手段。

针对上述五个方面的特征，我们总结了气候工程管理存在的以下五个方面的难题：①开展气候工程管理首先需要在气候缓解目标的约束下，结合实际排放量，对所有气候工程项目的总体减排量开展计划管理。然而，由于气候工程管理的全球性特征，加之从温室气体排放到气温改变之间的传导机制不够明确，导致难以提前预估为实现温控目标所允许的最大排放量，即难以确定应该减少多少温室气体排放。②开展气候工程管理需要通过组织管理明确各相关主体的减排责任和义务。然而，由于气候工程管理的多区域性和跨部门性特征，加之各主体间的行动能力及资源禀赋存在较大差异，导致难以确定各阶段分别由谁来减排，亦难以在同一阶段中不同主体间合理分配减排任务。③开展气候工程管理需要根据总体减排目标，合理划分各时期的减排量，实现气候工程减排进度的全局优化。然而，由于气候工程管理的长期性特征，导致难以均衡协调当代人和后代人的责任与收益，即难以确定何时开展减排。④开展气候工程管理需要对各工程主体在何时采用何种工程技术手段来实现工程目标进行相应的技术管理。然而，由于气候工程管理的部门异质性、技术复杂性和成本不确定性，导致难以在准确预测未来技术发展的基础上合理部署气候工程。⑤开展气候工程管理需要在上述计划、组织、进度和技术管理的基础上，进一步评估不同阶段工程的成本、收益和风险，因此，风险管理也是气候工程管理的一项重要挑战。综合来看，气候工程管理是围绕减多少、谁来减、何时减、如何减、何效果五个方面的问题来开展计划、组织、进度、技术和风险管理的全过程。

基于上述提炼总结出的气候工程管理五大核心问题，我们创造性地提出了气候工程管理多主体协同理论(Wei et al.，2019)。图 1-3 描述了气候工程管理多主体协同理论的基本框架，包括时间协同、空间协同、要素协同。该理论旨在为气候工程的科学管理提供依据，帮助构建安全、稳定、经济、可行的现代气候工程体系。具体而言，在时间协同方面，由于减排行动的轻重缓急会直接决定气候工程的成本、代价和收益，因此，需要保证代际之间的均衡，通过进度管理来解决何时减排的问题；在空间协同方面，由于政府、企业和居民三大主体间的减排成本差异较大，因此，需要通过组织管理来实现国家、行业及个体三个空间层面的协同，从而解决谁来减排的问题；在要素协同方面，为形成经济转型、技术预见、能源革命、排放控制、气候治理五个过程维度的协同，需要同时结合计划管理、技术管理及风险管理，并由此确定减多少、如何减以及会产生何种效果等问题。通过对气候工程复杂系统的重构与预测，从减排行动的轻重缓急、各类微观主体的需求平衡、各类宏观系统的融合等层面进行工程技术和管理手段的全局优化；通过气候工程实践形成进度管理、组织管理、计划管理、技术管理、风险管理的理论和方法，最终实现气候工程管理目标。

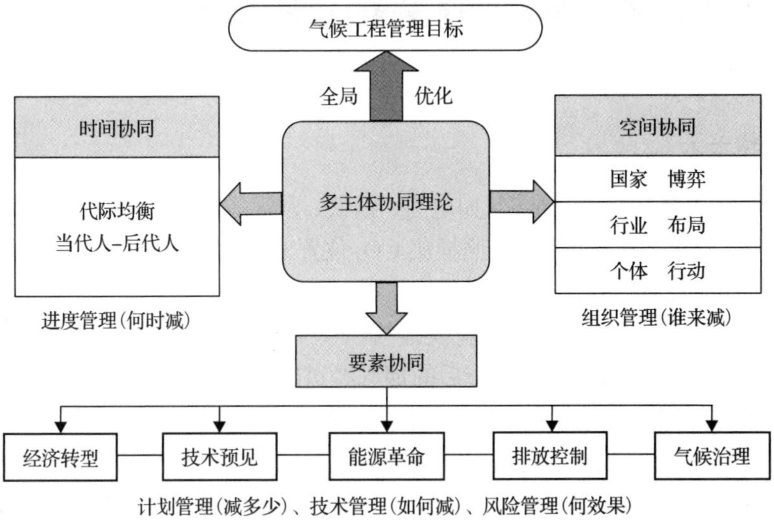

图 1-3　时间协同-空间协同-要素协同的气候工程管理多主体协同理论

1.2　CCS 技术系统

CCS 作为一项新兴的、可实现化石能源大规模低碳利用的技术组合，是未来减少全球二氧化碳(CO_2)排放和保障能源安全的重要战略技术选择。根据联合国政府间气候变化专门委员会的定义(IPCC，2005)，CCS 技术指将 CO_2 从工业或其他排放源中分离出来，并运输到特定地点加以利用或封存，以实现被捕集 CO_2 与大气的长期隔离的过程，如图 1-4 所示。从定义可知，CCS 包含一套完整的技术链，且适用于有 CO_2 排放源的众多产业部门。下面将对 CCS 涉及的 CO_2 捕集、运输、利用、封存四大类技术分别进行阐述。

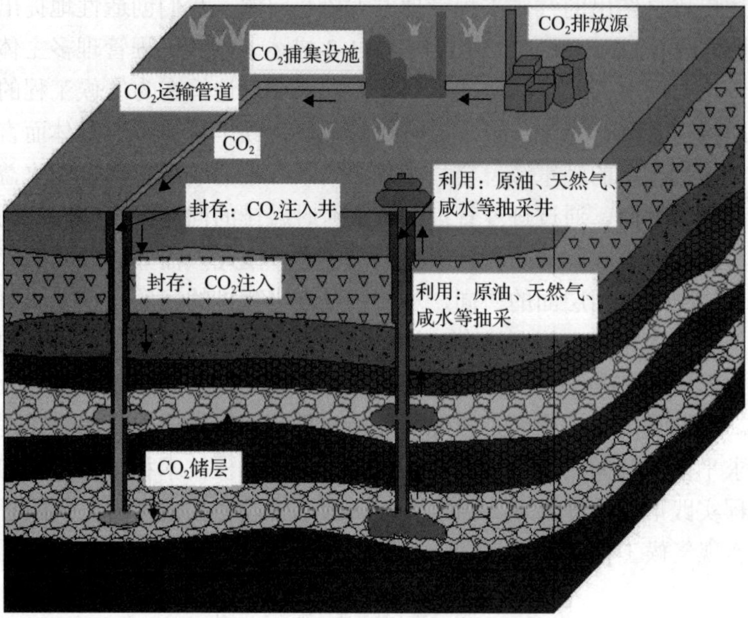

图 1-4 CCS 技术流程示意图

1.2.1 捕集技术

CO_2 捕集技术是指将碳排放源(如电力、钢铁、水泥等行业利用化石能源过程中产生的 CO_2)进行分离和富集的过程。按照捕集 CO_2 位置的不同，可将捕集技术分为燃烧后捕集、燃烧前捕集和富氧燃烧三类(图 1-5)。

(1)燃烧后捕集技术主要指从燃烧设备(锅炉、燃机、石灰窑等)排出的烟气中捕集或者分离 CO_2。其流程大致为：①燃烧后的烟气经过脱硝、除尘、脱硫等净化措施，达到 CO_2 分离设备的要求；②进入吸收装置，脱除 CO_2；③使用富含 CO_2 的吸收剂解吸后释放高浓度 CO_2 并实现吸收剂的再生；④捕集高浓度的 CO_2。燃烧后捕集技术相对成熟，已广泛应用于工业制造、天然气精炼、发电等行业中。但该技术能耗大、设备投资和运行维护成本高的特点，已成为制约其商业化应用的主要因素。

(2)燃烧前捕集技术主要是指在燃烧前通过化学反应将 CO_2 从合成气中分离的过程。燃烧前捕集的流程大致为：①燃烧前通过气化反应将煤炭转换成 CO 和氢气的合成气；②经蒸汽转化反应将合成气中的 CO 转化成 CO_2 和 H_2；③将 CO_2 分离出来。燃烧前捕集技术主要用于(整体)煤气化联合循环发电(IGCC)和部分化工过程。总体而言，与该技术相关的富氢燃气发电等关键技术尚未成熟，制约了其未来的发展。

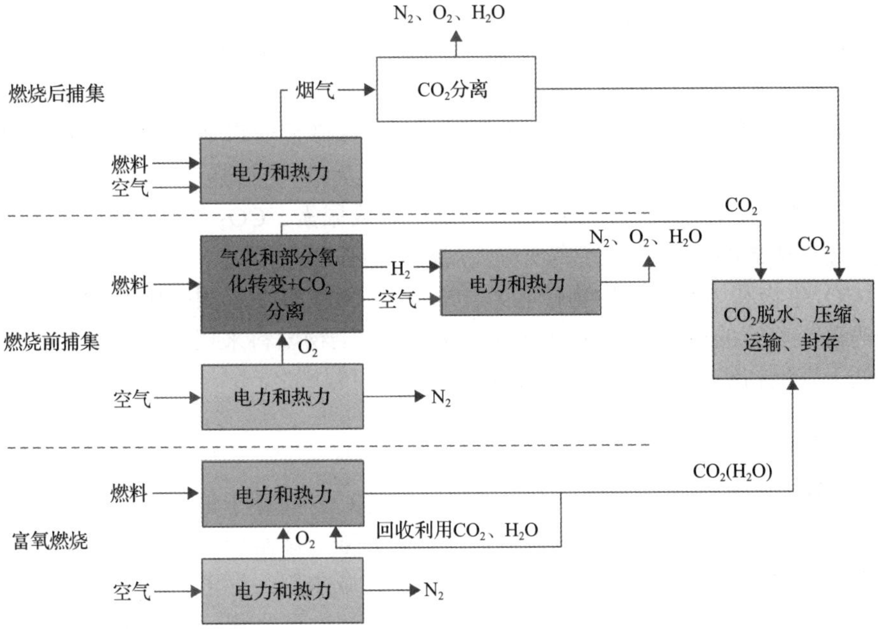

图 1-5 CO_2捕集技术示意图（IPCC，2005）

(3) 富氧燃烧主要指利用纯氧或富氧气体混合物替代空气助燃，烟气的 CO_2 浓度可达 70%～85%，易于分离。富氧燃烧的流程大致为：①对空气进行氧气提纯，实现煤炭在纯氧中燃烧；②对燃烧产生的烟气进行冷却、脱硫脱硝以及除尘处理，得到高浓度 CO_2。富氧燃烧可用于化石燃料燃烧装置的技术改造。未来低能耗大规模制氧技术的发展是推动该技术发展的关键。

三类捕集技术在适用范围、效率损失、成本方面都各有其优劣势。因此，需要充分结合捕集源特点，因地制宜，按照不同的发展要求，对各类技术可行性进行论证，采用效率最高的捕集技术。

1.2.2 运输技术

CO_2运输指将捕集的 CO_2 安全、可靠地运送至封存地的过程，是连接捕集和封存的纽带。CO_2 运输与油气运输类似，常采用的输运方式有管道、船舶、铁路和公路四种。其中，最常见的方法是管道运输，适合大容量、长距离的定向运输。国际上在管道运输方面也有多年、大量的工程实践。其中，第一条长距离 CO_2 运输管道 20 世纪 70 年代初就已投入运行。北美 CO_2 管道设施已使用超过 30 年历史，每年有超过 30Mt 来自天然或人为排放源的 CO_2 通过美国和加拿大境内的 6200km 的管道进行运输。对于少量、非连续的 CO_2 运输，则常采用公路罐车。

1.2.3 利用技术

CO_2 利用作为 CCS 技术的重要的技术组成部分，能为实践 CCS 技术带来经济效益。按照应用领域的不同，CO_2 利用可分为地质利用、化工利用和生物利用三大类。

(1) CO_2 地质利用是指将 CO_2 注入地下，并利用地下矿物或地质条件生产有价值的产品。主要的地质利用包括 CO_2 驱油及采气技术。CO_2 地质利用能够在有效地提高油气采收率的同时，实现部分 CO_2 的永久封存。

(2) CO_2 化工利用是指将 CO_2 作为原料，通过化学反应将其转化为附加值高的 CO_2 化工产品。如通过适当的化学反应，CO_2 可以转化为液体燃料、甲醇、碳酸酯类等许多化工产品(王文珍等，2013)。当前 CO_2 与氨气合成尿素、CO_2 与氯化钠生产纯碱、CO_2 与环氧烷烃合成碳酸酯等都已经实现较大规模的商业化利用。

(3) CO_2 生物利用是指以生物转化为技术手段，将 CO_2 用于生物质的合成。例如，将 CO_2 作为藻类养殖的原料，收获的藻类再被加工为生物燃料来代替生物的碳源。目前，该技术处于发展初级阶段，是 CCS 最具前景的应用领域之一。

1.2.4　封存技术

CO_2 地质封存是指通过工程技术手段将捕集的 CO_2 封存于地质构造中，从而实现其与大气的长期隔离。按照封存的地理特征，可分为陆上咸水层封存、海洋咸水层封存、陆上枯竭油田封存和海底枯竭油田封存等。其中，咸水层封存潜力最大。国外对陆上、海洋咸水层封存项目进行了长达十多年的连续运行和安全监测，年封存量达到百万吨。

1.3　CCS 技术应对气候变化的作用

1.3.1　CCS 技术是实现 2℃温控目标的关键

将全球平均升温幅度控制在 2℃以内已成为全球共识，而实现这一目标的关键在于需要大幅度减少全球 CO_2 的排放。据国际能源署(International Energy Agency，IEA)(IEA，2017a)预计，到 2050 年全球碳排放量较比 2013 年至少降低 60%，2013～2050 年累计碳排放量应控制在 10000 亿 t 水平。而在各项与能源相关的减排技术中(除提高能效、可再生能源和碳汇之外)，要实现 2℃目标，2050 年 CCS 技术需要累计减排 50 亿 t，2013～2050 年 CCS 技术需要累计减排量达 940 亿 t。CCS 减排量将占总减排量的 12%。在 2℃目标下，工业(水泥、钢铁、化工、其他工业)和电力行业到 2060 年累计捕集的 CO_2 为 1400 亿 t，如图 1-6 所示。

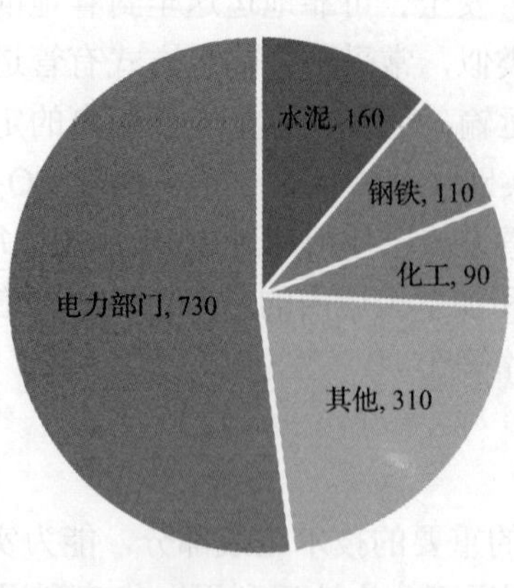

图 1-6　2℃目标工业和电力行业的 CCS 捕集量(单位：亿 t)(IEA, 2017a)

1.3.2　CCS 技术具有降低总减排成本潜力

从减排成本来看，IEA 通过比较各类减排技术的长期减排成本发现，应用 CCS 技术可显著降低总减排成本(IEA，2012)。此外，IEA 认为要实现 2℃温升控制目标，没有 CCS 技术，总减排成本将增加 70%(IEA，2008)。图 1-7 展示了 CCS 在不同行业的成本水平，这里的成本定义为去除每吨 CO_2 的成本(GCCSI，2017)。虽然当前 CCS 成本很高，但 IEA 预计到 2030 年 CCS 捕集成本将低于 25 美元/t CO_2，加上未来 CCS 技术在提高石油回收环节的收益，其成本将会显著下降。

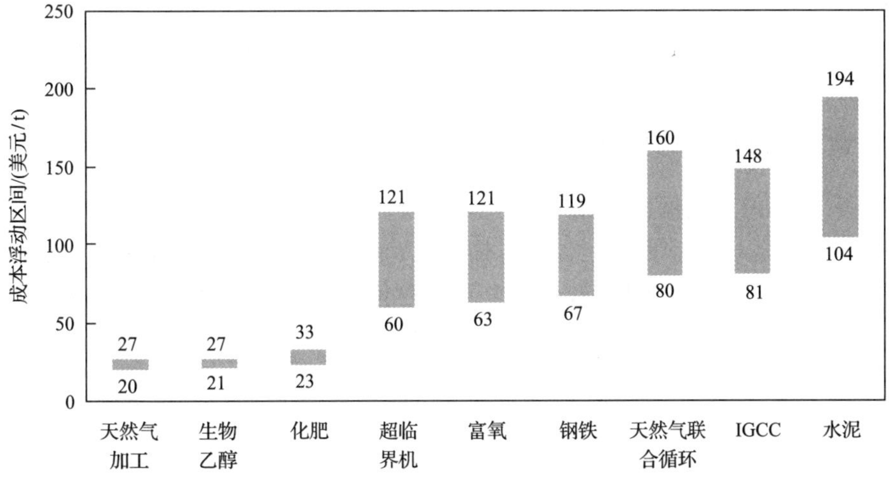

图 1-7　CCS 在不同行业的成本浮动区间(GCCSI，2017)

1.3.3　CCS 技术是工业部门深度减排的可行技术

IEA 在《2012 能源技术展望》基准情景中预计，到 2050 年来自整个工业和燃料转化行业的 CO_2 排放将增加 120%(IEA，2012)。削减工业部门的碳排放成为应对气候变化的重要环节。而 CCS 技术能极大程度地减少来自电力、工业和综合性运输燃料生产过程中的碳排放。此外，CCS 技术还可广泛应用于除发电行业以外其他缺乏减排手段的工业流程(如钢铁、水泥、燃料处理、炼油等)以及生物质能源中，能够帮助能源和其他行业有效减少 CO_2 排放。

1.3.4　CCS 技术是全球合作治理气候变化的焦点

CCS 技术已成为当前主要国家开展双边和多边合作、国际政治经济峰会的重要议题。CCS 技术在八国集团、碳收集领导人论坛、清洁能源部长会议等多边框架的推动下不断发展。2005 年，IPCC 率先出版《二氧化碳捕集与封存技术特别报告》，CCS 技术进入国际化视野。随后，其他国际组织也相继发布了 CCS 行动计划，国际清洁能源部长会议专门成立 CCS 行动组，部署 CCS 减排目标；2010 年，联合国工业发展组织(UNIDO)发布《二氧化碳捕集与封存在工业领域的技术发展路线图》；2011 年，碳封存领导人论坛(CSLF)在《碳收集领导人论坛宪章》修订版中将技术范围扩大到 CO_2 利用技术，以加快 CCS 技术的研发、示范与商业部署。可以看出，CCS 技术受到了广泛的关注，并已成为全球治理气候变化的焦点。

1.4 CCS 项目实践与经验

全球多个国家已开展一批全流程 CCS 示范项目，这些示范项目的开展，在取得一定成绩的同时也面临着一些挑战。为了在未来更好地部署和实施大规模 CCS 项目，本节将对全球大规模 CCS 项目的特征进行归纳，并对典型成功与失败的 CCS 示范项目经验进行总结。

1.4.1 全球大规模 CCS 项目特征

本节分析的关于大规模 CCS 项目(表 1-1)的资料来自全球碳捕集与封存研究院(GCCSI)。大规模 CCS 项目指包含 CO_2 捕集、运输与封存，且捕集量达到一定规模的项目(电厂捕集规模不小于 80 万 t/a，非电厂捕集规模不小于 40 万 t/a)。以下将从项目在全球分布、发展阶段和技术特征三个方面进行分析。

1. 地区分布

从地理位置来看，全球 38 个大规模 CCS 项目，分布在 10 国家和地区。其中，中国与美国占了全球大规模 CCS 总数的一半以上。除韩国没有明确其封存方式以外，其他国家 CCS 项目所在地，多集中分布在含油气盆地附近，这些盆地特点兼顾了 CO_2 源与封存地的双重角色。

美国大规模 CCS 项目主要集在中部及中南部地区。如怀俄明州、俄克拉荷马州和得克萨斯州。这些州是美国含油气盆地聚集区域，包含了美国重要的含油气盆地，例如 Permian 盆地、Williston 盆地等。这些含油气盆地不仅在油气开采过程中，通过天然气精炼为 CCS 项目提供了大量的 CO_2 源，而且油气盆地也是 CO_2 理想的封存地，用于提高油气采收率(EOR)。在美国大规模 CCS 项目中，其中，6 个 CCS 项目的 CO_2 来源为天然气精炼厂，10 个项目的封存方式为 EOR。

中国的大规模 CCS 项目，主要集中在东北的松辽盆地，华北的鄂尔多斯盆地，以及渤海湾盆地。这些盆地可以为 CCS 项目，提供丰富的 CO_2 源与理想的 CO_2 封存地。在这三个含油气盆地区域中，集中了中国东北与华北地区大量 CO_2 源，不仅包含天然气精炼，还包含大量燃煤电厂与煤化工企业。值得关注的是，中国目前(截至 2019 年)唯一处于运行阶段的大规模 CCS 项目——中国石油吉林油田分公司 CCS-EOR 项目，位于中国松辽盆地，CO_2 源来自天然气精炼厂，封存方式为 EOR。其他未运行的大规模 CCS 项目，也分布在 CO_2 排放与封存地较集中的含油气盆地。

表 1-1　1972～2018 年全球 38 个 CCS 项目详细列表

项目名称	阶段	国家	地区	捕集能力/(百万 t/a)	开始运行年份	行业	捕集类型	运输方式	运输距离/km	封存方式
Terrell Natural Gas Processing Plant	运行	美国	得克萨斯	0.4～0.5	1972	天然气精炼	工业分离	管道运输	316	提高采收率
Enid Fertilizer	运行	美国	俄克拉何马	0.7	1982	肥料生产	工业分离	管道运输	225	提高采收率
Shute Creek Gas Processing Plant	运行	美国	怀俄明	7.0	1986	天然气精炼	工业分离	管道运输	460	提高采收率
Sleipner CO_2 Storage	运行	挪威	北海	1	1996	天然气精炼	工业分离	直接注入	0	地质储存
Great Plains Synfuel Plant & Weyburn-Midale	运行	加拿大	萨斯喀彻温	3.0	2000	合成天然气	工业分离	管道运输	329	提高采收率
Snøhvit CO_2 Storage	运行	挪威	巴伦支海	0.7	2008	天然气精炼	工业分离	管道运输	153	地质储存
Century Plant	运行	美国	得克萨斯	8.4	2010	天然气精炼	工业分离	管道运输	64～240	提高采收率
Air Products Steam Methane Reformer	运行	美国	得克萨斯	1.0	2013	制氢	工业分离	管道运输	158	提高采收率
Coffeyville Gasification Plant	运行	美国	堪萨斯	1.0	2013	肥料生产	工业分离	管道运输	112	提高采收率
Lost Cabin Gas Plant	运行	美国	怀俄明	0.9	2013	天然气精炼	工业分离	管道运输	374	提高采收率
Petrobras Santos Basin Pre-Salt Oil Field CCS	运行	巴西	桑托斯	1.0	2013	天然气精炼	工业分离	直接注入	0	提高采收率
Boundary Dam Carbon Capture and Storage	运行	加拿大	萨斯喀彻温	1.0	2014	发电	燃烧后	管道运输	66	提高采收率
Uthmaniyah CCS-EOR Demonstration	运行	沙特阿拉伯	东部省	0.8	2015	天然气精炼	工业分离	管道运输	85	提高采收率
Quest	运行	加拿大	阿尔伯塔	1.0	2015	制氢	工业分离	管道运输	64	地质储存
Abu Dhabi CCS Project	运行	阿拉伯联合酋长国	阿布扎比	0.8	2016	钢铁生产	工业分离	管道运输	43	提高采收率
Petra Nova Carbon Capture	运行	美国	得克萨斯	1.4	2017	发电	燃烧后	管道运输	132	提高采收率
Illinois Industrial Carbon Capture and Storage	运行	美国	伊利诺伊	1.0	2017	乙醇生产	工业分离	管道运输	1.6	地质储存
Gorgon Carbon Dioxide Injection	建设	澳大利亚	澳大利亚西	3.4～4.0	2018	天然气精炼	工业分离	管道运输	7	地质储存
Alberta Carbon Trunk Line with Agrium CO_2	建设	加拿大	阿尔伯塔	0.3～0.6	2018	肥料生产	工业分离	管道运输	240	提高采收率
Alberta Carbon Trunk Line with North West	建设	加拿大	阿尔伯塔	1.2～1.4	2018	炼油	工业分离	管道运输	240	提高采收率
Yanchang Integrated CCS	建设	中国	陕西	0.41	2018～2019	化工生产	工业分离	管道运输	150	提高采收率

续表

项目名称	阶段	国家	地区	捕集能力/（百万 t/a）	开始运行年份	行业	捕集类型	运输方式	运输距离/km	封存方式
Sinopec Qilu Petrochemical CCS	深入开发	中国	山东	0.5	2021	化工生产	工业分离	管道运输	75	提高采收率
Lake Charles Methanol	深入开发	美国	路易斯安那	4.2	2022	化工生产	工业分离	管道运输	244	提高采收率
Texas Clean Energy Project	深入开发	美国	得克萨斯	1.5～2.0	2022	化工生产	工业分离	管道运输	—	提高采收率
Norway Full Chain CCS	深入开发	挪威	挪威南部	1.2	2022	—	—	船舶管道	正在评估	地质储存
CarbonNet	深入开发	澳大利亚	维多利亚	1.0～5.0	2020	正在评估	正在评估	管道运输	130	地质储存
Sinopec Eastern China CCS	早期发展	中国	江苏	0.5	2021	肥料生产	工业分离	管道运输	200	提高采收率
Sinopec Shengli Power Plant CCS	早期发展	中国	山东	1.0	2020	发电	燃烧后	管道运输	80	提高采收率
China Resources Power（Haifeng）Integrated	早期发展	中国	广东	1.0	2020	发电	燃烧后	管道运输	150	地质储存
Huaneng GreenGen IGCC Project（Phase 3）	早期发展	中国	天津	2.0	2020	发电	燃烧前	管道运输	50～100	提高采收率
Korea-CCS 1	早期发展	韩国	江原	1.0	2020	发电	燃烧后	船舶运输	正在评估	地质储存
Korea-CCS 2	早期发展	韩国	—	1.0	2020	发电	燃烧前	船舶运输	正在评估	地质储存
Teesside Collective	早期发展	英国	蒂斯谷	0.8	2020	—	—	管道运输	正在评估	地质储存
Caledonia Clean Energy	早期发展	英国	苏格兰	3	2024	发电	燃烧后	管道运输	382	提高采收率
South West Hub	早期发展	澳大利亚	澳大利亚西	2.5	2025	化肥、发电	工业分离	管道运输	80～110	地质储存
Shanxi International Energy Group CCS	早期发展	中国	山西	2.0	2020	发电	富氧燃烧	管道运输	未标明	正在评估
Shenhua Ningxia CTL	早期发展	中国	宁夏	2.0	2020	煤制油	工业分离	管道运输	200～250	正在评估
CNPC Jilin Oil Field CCS-EOR	运行	中国	吉林	0.5	2018	天然气精炼	工业分离	管道运输	53	提高采收率

资料来源：GCCSI (2018)。

除中国与美国以外，其他国家项目所在地也集中在含油气盆地。欧洲大规模项目集中在北海盆地，主要包含挪威与英国的 4 个大规模项目。其中，挪威的 CO_2 源来自位于北海盆地的天然气精炼厂，封存在北海盆地的深部咸水层。英国明确的 CCS-EOR 项目也集中在北海盆地附近，其 CO_2 源来自北海地盆地附近的发电厂，封存地在北海盆地油田中。加拿大封存项目主要集中在阿尔伯塔盆地，同样具备 CO_2 大规模捕集与封存的双重条件。除此，巴西项目位于桑托斯盆地。沙特阿拉伯与阿拉伯联合酋长国两国，其本身就处在油气丰富的波斯湾盆地之中。

2. 发展阶段

按照 GCCSI 对大规模 CCS 项目的划分方式，可将项目分成为早期发展、深入开发、建设与运行四个阶段。表 1-2 列出了世界主要国家项目所处阶段分布情况。从表中可以看出，在这 38 个 CCS 项目中，处于早期发展阶段项目 11 个，占比 28.9%；深入开发阶段项目 4 个，占比 10.5%；建设阶段项目 5 个，占比 13.2%；运行阶段项目 18 个，占比 47.4%。总体来看，处在建设和运行阶段的项目主要集中在北美。18 个运行的项目中，一半分布在美国。而早期发展阶段最多国家是中国，早期发展项目占中国项目的 6/11。

由表 1-3 可发现，全球大规模 CCS 项目，自 2013 年到 2018 年，其发展势头呈现放缓趋势。完成融资并开始建设与运行的项目仅增加了 3 个，而总项目却减少了 27 个，呈现明显下降趋势，降幅接近 50%。

表 1-2　各国大型 CCS 项目所处工程阶段(截至 2018 年)(GCCSI，2018)

国家或地区	早期发展	深入开发	建设	运行	总计
美洲	—	—	—	—	—
美国	—	2	—	9	11
加拿大	—	—	2	3	5
巴西	—	—	—	1	1
亚太	—	—	—	—	—
中国	6	—	2	1	9
澳大利亚	1	1	1	—	3
韩国	2	—	—	—	2
欧洲	—	—	—	—	—
挪威	—	1	—	2	3
英国	2	—	—	—	2
中东	—	—	—	—	—
沙特	—	—	—	1	1
阿联酋	—	—	—	1	1
总计	11	4	5	18	38

表 1-3　2013～2018 年全球 CCS 项目发展阶段(GCCSI，2018)

工程阶段	2013 年	2015 年	2017 年	2018 年
运行	12	15	17	18
建设	8	7	4	5
深入发展	16	9	5	4
早期发展	29	12	11	11
总计	65	43	37	38

3. 技术特征

全球大规模项目包含了三种捕集技术，即燃烧前捕集(或者天然气精炼)、燃烧后与富氧燃烧技术。从全球角度来看(图 1-8)，35 个项目确定了捕集方式，其中，CO_2 工业分离在大规模 CCS 项目中占绝对优势，占 70%以上。一方面，工业分离涉及行业种类较多，包含了天然气精炼、制氢厂、化肥厂等行业；另一方面，CO_2 工业分离包含相当多的天然气精炼项目，而这些项目在不实施 CCS 项目时，自身需要 CO_2 工业分离进行天然气提纯，仅需要增加运输与封存环节即可，而且天然气精炼项目往往靠近油田，可以开展 CCS-EOR 项目。燃烧后捕集技术所应用的行业相对固定，目前其涉及的行业仅限于用于发电、炼油与钢铁生产三类。富氧燃烧技术尽管可得到 90%以上浓度的 CO_2，但是其依赖空分装置制取燃料燃烧所需的全部氧气，能耗大，经济性差。目前确定采用富氧燃烧的大规模 CCS 项目，仅为中国“大唐集团 CO_2 捕集和示范封存(大庆油田)”项目。

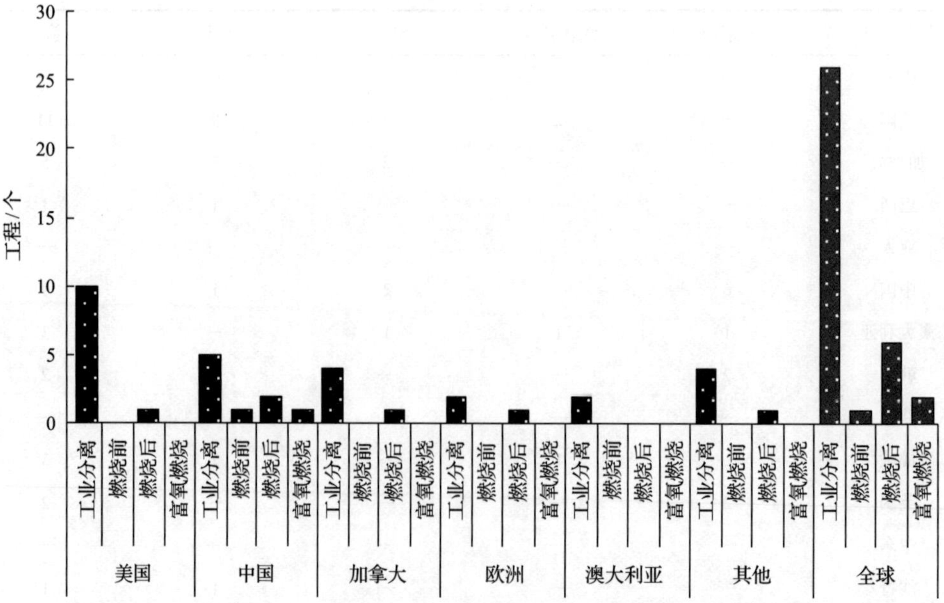

图 1-8　全球大规模 CCS 碳捕集技术类型分布(GCCSI，2018)

从捕集所涉及的行业来看，全球 38 个大规模 CCS 项目，实施碳捕集涉及的行业有

10 种，主要包含电力行业、天然气精炼、钢铁行业等行业。从图 1-9 看，天然气精炼是大规模碳捕集项目应用最多的方式，占比 26%，其捕集量占所有捕集量的 37%。其次是电力行业，项目 9 个，捕集量约占 8%。对于其他行业，肥料生产碳捕集项目 5 个，捕集量约占 5.3%；化工生产碳捕集项目 4 个，捕集量占总捕集量的 10%。另外，还包括 3 个未明确捕集项目。

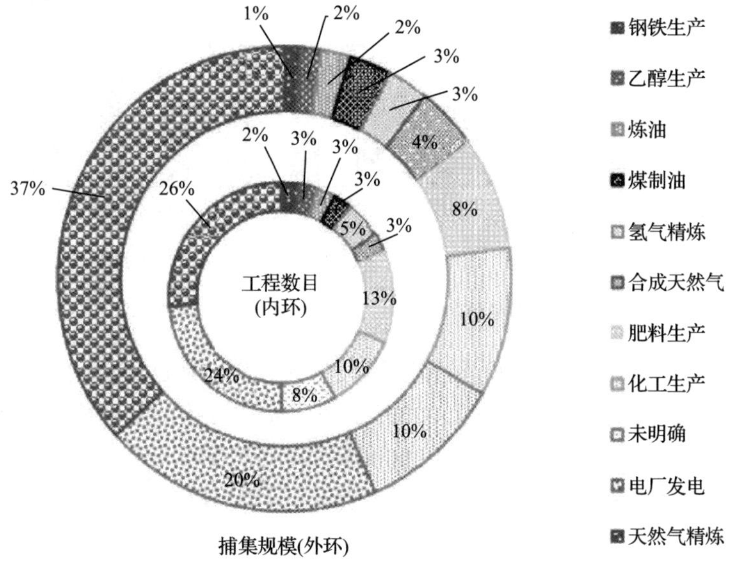

图 1-9　1970～2018 年全球大规模 CCS 项目捕集对象占比(GCCSI，2018)

不同国家实施 CO_2 捕集的行业差异很大。涉及 CO_2 捕集的行业与各个国家实际工业发展情况相对应。例如，美国涉及的 CO_2 捕集行业最多有六类，以天然气精炼为主，但却不含钢铁生产、炼油与煤制油；炼油行业捕集 CO_2 是加拿大特有 CO_2 捕集行业。中国 CO_2 捕获行业包含四类，其中，煤制油行业实施 CO_2 捕集是中国的特有行业，这与中国发达煤化工行业密不可分；此外，中国还是实施电力碳捕集规划最多的国家，这与中国电力结构以火电为主的实际吻合。

从捕集规模与捕集时间来分析，全球 CO_2 总捕集规模约为每年 3100 万 t。在全球规划的大型 CCS 项目中，到 2025 年全球捕集规模每年将不会超过 7000 万 t CO_2，具体捕集项目与捕集规范见图 1-10。按照目前的规划，2015～2020 年，中国大规模 CCS 示范项目将陆续实施。到 2025 年，中国将成为全球碳捕集的重要力量，CO_2 捕集规模每年可达 990 万 t。

从 CO_2 运输方式来看，全球大规模 CCS 项目的运输方式多采用管道运输。在 38 个大型 CCS 项目中，有 34 个项目采用的是管道运输，其平均长度约 180km。其中，最长运输管道是美国“舒特溪天然气处理厂”的运输管道，长度达到 460km；最短运输管道是美国“伊利诺伊州工业碳捕集与封存项目”的运输管道，长度仅有 1.6km。

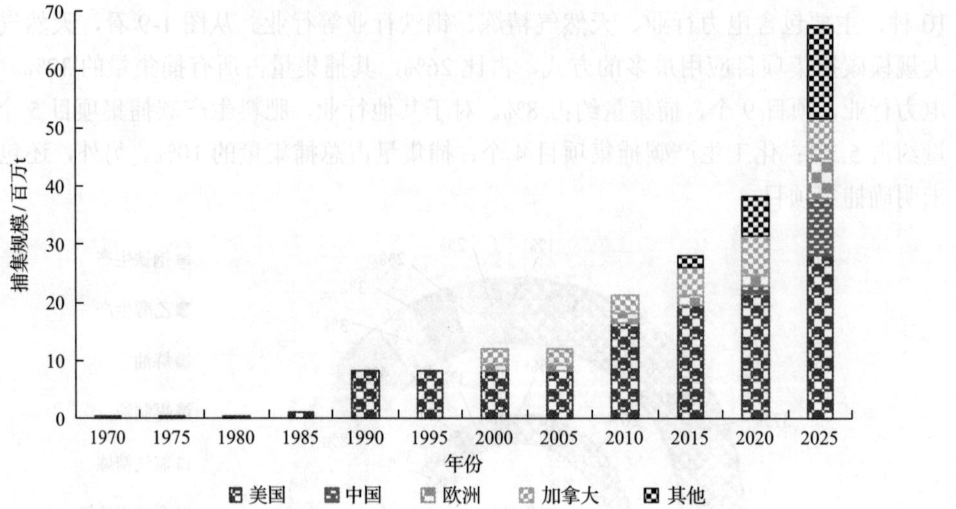

图 1-10　1970～2025 年全球大规模 CCS 项目捕集能力演变(GCCSI，2018)

从图 1-11 可以看出，全球 CO_2 运输管道集中在北美。从已建成的管道占比来看，北美特别是美国是管道建设最长的国家，约占全球 CO_2 管道长度的 80%。2019 年以后，随着中国 CCS 示范项目逐渐投入运行，CO_2 运输管道也将陆续建设。除了管道运输以外，少数 CCS 项目采用船舶运输。例如，韩国的“韩国-CCS 1”与“韩国-CCS 2”项目规划采用船舶运输。

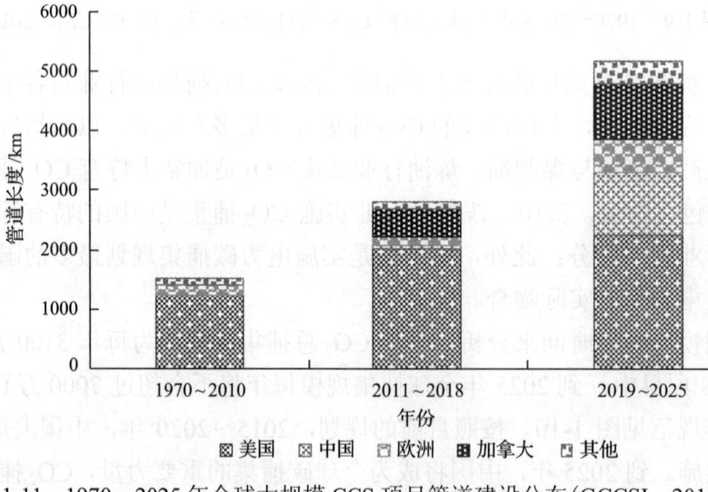

图 1-11　1970～2025 年全球大规模 CCS 项目管道建设分布(GCCSI，2018)

从封存方式来看，CCS-EOR 与深部咸水层封存是主要封存方式。其中，深部咸水层又分为离岸与陆上深部咸水层封存两类。从图 1-12 中可以看出，CCS-EOR 是应用较多的封存方式，占总项目的 63%，深部咸水层封存项目占 32%，另外有 5%项目没有明确具体封存方式。从全球 CO_2 封存量数据来看，全球油气藏理论 CO_2 可存量约为 7500 亿 t，全球理论深部咸水层 CO_2 封存量约为 15000 亿 t。按 IEA 技术路线图要求，在 2℃目标约束下，CCS 至少要封存 9200 亿 t。仅实施 CCS-EOR 是不能完成规划目标的，需要更多深部咸水封存项目实施。

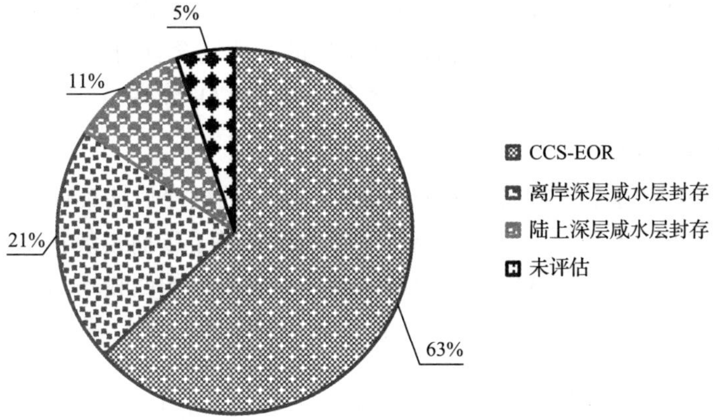

图 1-12　1970～2018 年全球大规模 CCS 封存方式占比(GCCSI，2018)

1.4.2　CCS 案例分析

本节利用美国麻省理工学院(MIT)的碳捕集与封存技术数据库(MIT，2016)，选取全球成功和失败的 CCS 案例各 4 个进行总结归纳，旨在为未来 CCS 项目的部署与实施提供经验指导。

1. CCS 成功案例

1) 挪威 Snøhvit 项目

该项目是全球第一个商业化 CO_2 封存项目。项目发起的动机是挪威碳税政策的实施(Aminu et al.，2017)，以及出口的天然气中对 CO_2 体积分数占比的要求。CO_2 源来自 Sleipner West 油田的天然气精炼厂。该油田生产的天然气中 CO_2 含量高达 9%，需要将 CO_2 占比降低至 2.5%以内。通过 160km 海上碳输送管道，将 CO_2 封存在近海深部咸水层，封存深度达 2600m，年封存量约 70 万 t CO_2。该项目于 2002 年开始筹备，2008 年正式开始运营。

项目总计投资 52 亿美元。其中，挪威政府以挪威油气收益管理公司的名义投资项目的 30%，挪威国家石油公司拥有 23%的股份。此外，其他欧洲国家也进行了项目投资，法国的道达尔菲纳埃尔夫石油公司是其最大国外投资公司，投资额约占此项目总投资的 18%。挪威海德鲁公司、美国阿美拉达赫斯公司、德国 RWE-DEA 集团等公司也进行了项目投资。

该项目特点如下：①挪威实施了碳税政策；②项目得到多个大型跨国公司的投资，有较为可靠的技术支持；③项目前期投资较小，约占项目总成本的 10%；④挪威政府的参股投资，为项目前期工程顺利建设提供了资金保障。

该项目成功的原因，可归纳为以下几点驱动因素：①政策驱动，挪威政府实施了碳税政策。按碳税要求，Sleipner West 油田的运营者，将不得不支付每天 100 万挪威克朗的碳税，进行 CO_2 封存可以减少一定碳税开支，同时还可以得到一定政府补贴；②商业驱动，多数投资公司为全球跨国公司，参与此项目有利于参与公司提高其在全球的影响力，为竞争全球 CCS 项目提供技术经验；③技术驱动，多家跨国公司参与并提供公司在该领域的先进技术；④市场驱动，从油田开采出的天然气含有约 9%的 CO_2，根据欧洲天然气标准，天然气纯度需要进一步提纯，不得不进行 CO_2 分离。

2) 美国 Petra Nova 项目

该项目位于美国得克萨斯州，是全球最大在运行的燃烧后捕集项目。CO_2 捕集来自休斯顿附近 W.A. Parish 发电厂，该发电厂 8 号机组装备了碳捕集装置，年捕集 CO_2 量约 140 万 t。捕获的 CO_2 通过 132km 管道输送到休斯顿附近的西牧场油田，用于强化石油开采。项目示范周期为 2010 年 6 月 1 日至 2019 年 12 月 31 日，并于 2017 年 1 月 10 日开始运行。

Petra Nova 项目由 6 家单位或公司负责投资与运行，总投资 10 亿美金。其中，美国能源部投资约 2 亿美元；其他资金来源于 5 家单位，包括本地一家私人石油探勘公司、得克萨斯州大学经济地质局及美国芝加哥专业从事电力行业设计的公司；另外两家来自日本企业，分别是三菱重工与东芝国际公司。项目收益主要来自 EOR 环节，油田由原来的每天生产 500bbl[①] 原油提高到每天生产 1500bbl 原油，预计整个项目可从 EOR 中回收约 6000 万 bbl 原油。

该项目特点如下：①在项目初期，得到了美国能源局阶段性资金支持；②通过 EOR 增加了项目收益；③融合了全球先进技术和丰富项目经验；④有着良好工程总承包(EPC)，工程造价和工程周期均具有良好的保障。

该项目成功有以下几点驱动因素：①政策驱动，美国政府计划发展美国清洁煤电技术，从美国清洁煤电倡议第三轮融资中得到资金支持；②商业驱动，参与项目的公司有抢先占领国际市场，提高 CCS 领域全球知名度的期望；③市场驱动，通过 EOR 增加原油产量得到一定经济效益。

3) 加拿大 Boundary Dam 项目

该项目是全球第一个电厂实施燃烧后捕集的商业化 CCS 项目。该项目位于加拿大萨斯喀彻温省埃斯特万 Boundary Dam 燃煤发电站。2014 年 10 月，电厂 3 号机组加装完成 CO_2 捕集设施。捕集能力约为每年 100 万 t CO_2。电厂改造前最大输出功率 160MW，实施捕集装置改造后，输出功率降为 110MW。大部分捕获的 CO_2 通过管道输送，并用在萨斯喀彻温省提高石油采收率。另一部分 CO_2 通过管道输送到附近的 Aquistore 项目，进行地质储存(Aminu et al.，2017)。

项目原计划投资 13 亿美元，其中，8 亿美元用于 CCS 技术工艺，5 亿美元用于电厂捕集改造。实际总投资约 15 亿美元，超出资金由联邦政府与本地政府共同提供。此外，该项目还有一部分收益来源于 CO_2、硫酸和粉煤灰的出售。

该项目特点：①加拿大政府与本地政府提供大量资金补贴；②同热量的褐煤价格比天然气价格低，燃料价格优势明显；③通过 CO_2、硫酸和粉煤灰的出售，获得一定经

① 1t≈7.3bbl。

济收益。

该项成功有以下几点驱动因素：①政策驱动，在加拿大，当前燃煤电厂发展不可持续，电厂面临两种选择则，进行 CCS 改造或者改换燃气火炉进行燃气发电；②商业驱动，发电公司不想放弃已经拥有的大规模褐煤矿产资产；③市场驱动，加拿大有碳市场，可以售出碳配额获益；④此外，电厂通过 CCS 可获取硫酸和粉煤灰，增加电厂收益。

4) 陕西延长石油榆林煤化有限公司 CO_2 捕集与 EOR 示范项目

2009 年，延长石油开展了国家“十一五”科技支撑计划项目“低(超低)渗油田高效增产改造和提高采收率技术与产业化示范”的科技攻关。在开展室内 CO_2 驱油机理及可行性研究的基础上，在川口油田从 104 井组进行了 CO_2 驱油先导性试验，先导试验均取得良好的效果(高瑞民，2013)。2010 年，启动了“CO_2 驱提高采收率配套技术研究”集团公司级重大科技项目，该项目旨在探索油气开发与煤化工产业间循环经济模式，同时，利用 EOR 技术提高原油采收率并大幅降低 CO_2 排放量，这是延长石油在 CO_2 捕集与驱油方面的首个项目。2011 年，延长石油牵头申报了“十二五”国家科技支撑项目“陕北煤化工 CO_2 捕集、埋存与提高采收率技术示范”。2012 年，延长石油 CO_2 捕集、驱油与封存项目进入实施阶段。该示范项目在陕西延长石油榆林煤化有限公司建成了每年 5 万 t 的煤化工 CO_2 捕集装置，通过低温甲醇洗工艺将煤化工生产过程中产生的高浓度 CO_2 捕集、压缩、液化，最终把纯度 99.9%以上的 CO_2 就近输送至延长石油靖边油田低渗透油藏进行封存与驱油。该示范工程于 2012 年 9 月全流程投产运行成功。

该项目特点主要包括两个方面：①延长石油提供资金支持与示范平台；②依托国家科技支撑课题，实施技术示范。

该项目能够成功运行的主要原因在于：①政策驱动，中国政府有意愿进行 CO_2 减排，要建设一批 CCS 示范项目；②技术驱动，依托国家科技支撑课题开展 CCS 相关技术示范应用。

2. CCS 失败案例

根据不完全统计，截至 2016 年底，全球有 48 项 CCS 项目被取消或搁置。其中，美国有 15 项被取消；欧盟暂停 17 项 CCS 项目，其中有 9 项完全取消，其余处在搁置状态；另外，加拿大与挪威各有 4 项被取消；其他国家被取消的项目有 3 项。大量 CCS 项目被取消值得总结与反思。

1) 美国 FutureGen 项目

2010 年，美国能源部宣布，根据“美国复苏与再投资法案”，FutureGen 将获得 10 亿美元的刺激资金。2014 年，该工程获得美国政府施工许可，对位于美国伊利诺伊州 Meredosia 的 Ameren 发燃煤电厂 4 号机组实施 CCS 改造。机组发电功率 200MW，原计划年捕集 110 万 t CO_2。项目在原来电厂上进行富氧燃烧技术改造，捕集率 98%。采用管道运输方式，将 CO_2 封存到距离电厂 30mi①的 Jacksonville 附近的咸水层。项目原计划于

① 1mi=1609.344m。

2017 年开始运行，然而在 2015 年 2 月，由于失去了美国能源部资金支持，项目被迫取消。该项目由 FutureGen 联盟、美国能源部、伊利诺斯州政府、美国能源公司 Ameren、美国巴布科克·威尔科克斯有限公司、美国液化空气公司六方负责，项目总投资估计 16.5 亿美元。

失败直接原因是，该项政府资金必须在 2015 年 9 月前支付，否则将被收回。该项目在 2015 年 9 月前未能正式启动，因此被取消。表面看该项目没有把握好时间节点，未能获得资金支持，但背后有很多其他的原因：首先，美国液化空气公司中途退出该项目并且要求联盟收购该电厂是最重要原因；其次，部分封存地是美国第一次审批，需要较长时间进行评估，封存地许可证审批持续约 2 年，浪费了大量时间；此外，由于缺乏防治重大突发事故的许可证，该项目面临当地居民的指控。

从该项目得到经验启示：①大型 CCS 项目需要明确目的，严格控制成本和详细进度安排；②政府补贴较大的项目可能会出现内部严重分歧，应该准备多种方案；③大型 CCS 项目意外事件发生概率较大，必须增强应对突发事件的能力。

2) 美国 Sweeny Gasification 项目

2009 年，总投资成本约 41 亿美元的 Sweeny 气化项目被能源部选中，前期获得 300 万美元的合作协议，以分担项目开发的成本。该项目位于美国得克萨斯州 Sweeny，新建 IGCC 电厂采用康菲公司的 E-Gas™气化工艺。发电原料是煤炭和石油焦，原定发电功率 680MW。捕集的 CO_2 在邻近枯竭的油气藏或利用 EOR 进行封存。然而，康菲公司放弃申请美国能源部二期资助。

失败原因是：一是由于前期投入 IGCC 项目的资金过高，在政府出资前，需要大量前期资金支持；二是美国政府对 CCS 的激励不足，项目许可存在被延期的可能。康菲公司在项目前期投资较少，项目存在不确定性较多，因而放弃了申请美国能源部二期资助资金，最终导致该项目被迫搁置。

3) 澳大利亚 ZeroGen 项目

ZeroGen 项目位于澳大利亚昆士兰州罗克汉普顿以西 29km 处。新建 IGCC 电厂其原料为煤炭，年捕获 200 万 t CO_2。分两个阶段进行封存，第一阶段将 CO_2 封存在距离电厂 220km 的深部咸水层，第二阶段封存地点未确定。2006 年该项目实施钻探调研计划。原计划在 2010 年开始调试，2015 年开展工程示范，2020 年全面生产运行。该项目由 7 家单位负责。总投资成本 43 亿美元，其中，昆士兰州政府拨出 3 亿美元开发清洁煤炭技术。2007 年 3 月，项目被转交到昆士兰州总理和内阁部，得到资助与监管部门批准。其后，壳牌公司与斯坦威尔签署协议，在测试钻进作业期间提供技术专业知识，并将以股份形式收购该项目 10%股权。然而 2010 年，因为项目封存地选址未能明确，加之前期开支过大，最终昆士兰政府废弃了该项目。

IGCC 项目前期投资较高，是 IGCC 项目被迫取消主要原因。IGCC 项目在整个全球 CCS 项目中有着极高的失败率。究其原因就是投资成本相对其他 CCS 项目有着更高的投资成本。

4) 德国 Vattenfall Janschwalde 项目

该项目位于德国勃兰登堡，燃煤电厂装机容量为 300MW，250MW 改造为富氧燃烧，50MW 改造为燃烧后捕集。原计划年捕集 170 万 t CO_2，采用陆地咸水层或者废弃天然气井田进行封存。该项目由瑞典大瀑布电力公司投资，总额为 15 亿欧元。捕集环节投资 12 亿欧元，运输和封存环节投资 3 亿欧元。该项目于 2008 年宣布启动可行性方案，2009 年申请了项目许可，2011 年建设富氧燃烧炉，原计划 2016 年大规模运行。2009 年 12 月，该项目从欧洲能源回收计划(EEPR)获得 1.8 亿欧元资金支持。瑞典大瀑布电力公司向欧盟 NER300 提交了资金申请，并获得 4500 万欧元支持。同年试点运行后引发了民众对环境问题担忧，遭到了大规模的反对。2011 年，德国联邦委员会拒绝了 CCS 法案，该项目被迫取消。

失败直接原因是缺少民众支持。因公众对环境的担忧，该项目遭到民众反对。此外，未调研德国政府对 CCS 项目的态度，德国政府拒绝接受 CCS 法案，也是其失败重要原因。

1.4.3　CCS 项目实践经验启示

通过成功与失败 CCS 项目案例分析，可以总结出以下几点经验与启示，这与其他学者发现经验基本一致(Herzog，2016)。

(1) 成功 CCS 项目与石油天然气行业密不可分。从成功的 16 个大规模 CCS 项目来看，12 个项目均与石油天然气行业密不可分。其中，9 个项目涉及天然气精炼，12 个项目采用 CCS-EOR 封存，7 个项目既选择了天然气精炼又实施了 CCS-EOR 封存。

(2) 碳税与碳市场是 CCS 项目重要驱动因素。成功 CCS 项目均得益于各国政府提供良好的政策环境。良好的减排政策，例如引入碳税或者碳市场，加强碳排放监管机制，会促进工业部门更加积极实施低碳技术。在各项低碳技术中，CCS 技术优势就凸显出来。

(3) 成功的 CCS 项目有多方融资渠道。融资渠道多元化是项目成功的一个重要因素。融资渠道主要有三方面：各国政府对 CCS 项目资金支持、所涉及 CCS 项目企业的投资与国际组织对项目的补贴。从微观层面说，各国政府资金支持又可分为国家层面提供资金，以及项目所在地省、州与市层面提供资金支持；所涉及企业投资可以分为捕集行业企业、运输行业、封存行业以及涉及全流程行业的对 CCS 项目投资。

(4) 过度依赖政府补贴是一种有风险的融资模式。虽然目前部分 CCS 项目仅依靠政府提供资金支持，并且示范成功，但这些项目多是研发与示范项目，并不像商业性项目具有建设周期和运行时间均较短的特点。因此，过度依赖政府补贴，将示范项目过渡到商业运行模式很可能是非常危险的模式。

(5) CCS 项目需要公众支持。与可再生能源不同的是，CCS 项目因为投资成本高、环境风险不确定因素多，存在一定争议，因而极易收到民众的反对。因此，获得民众支持成为 CCS 项目成功十分重要的因素。例如，荷兰的 Barendrecht 项目、德国 Vattenfall Janschwalde 项目均是由于当地民众强烈反对最终被迫取消的。

1.5 本章小节

气候工程作为应对气候变化的重要选项，用于减缓和预防气候变化带来的不利影响。CCS 技术作为一项新兴的、可实现化石能源大规模低碳利用的技术组合，是未来减少全球 CO_2 排放和保障能源安全的重要战略技术选择。

首先，对气候工程及气候工程管理理论进行阐述。将气候工程定义为所有以应对气候变化为目的的工程技术的总称，并首创性地提出了气候工程管理概念，包括需要多少气候工程、气候工程如何布局、实施气候工程需要的成本和代价、气候工程实施效果评估等管理问题。在此基础上，构建了由顶层管理目标、中间层管理活动、底层管理理论与技术支撑所组成的气候工程管理体系框架，并围绕气候工程管理所面临的何时减排、由谁来减、减多少、如何减、何效果等五方面难题，创建了包括时间协同、空间协同、要素协同在内的气候工程管理多主体协同理论，以指导气候工程管理的实践工作。

其次，从技术链的角度对 CCS 技术系统特征进行全面分析，并探讨了 CCS 技术在实现 2℃温控目标、降低总减排成本、促进工业部门深度减排、加快全球合作治理气候变化等方面发挥的重要作用。

最后，还对全球大规模的 CCS 项目的实践进行了现状分析，同时对典型成功和失败的 CCS 项目进行案例分析，旨在为 CCS 的技术管理提供理论基础和经验借鉴。

第 2 章　CCS 技术进展及技术专利分析

自 CCS 技术提出以来，全球部分国家、企业以及研究机构给予了高度的重视，积极投入资金及人员进行技术研发与工程示范，取得了显著的进步。为识别当前全球 CCS 技术发展现状，提出未来 CCS 技术的发展方向，本章节主要回答以下几个问题：

(1) 当前全球 CCS 技术的取得了怎样的发展？

(2) 全球 CCS 技术专利时空分布、技术领域、专利权人等存在怎样的特征？

(3) 未来 CCS 技术及其研发需要关注的方向有哪些？

2.1　CCS 技术进展

CCS 技术的发展与进步，在捕集、运输、利用与封存 4 个技术环节都有清晰的体现，但发展阶段不同。

2.1.1　捕集技术出现显著代际特征，IGCC 低成本捕集优势明显

CCS 技术捕集环节最显著的特点是能耗大、成本高[占技术链总成本的 50%～80%(Feron and Hendriks，2006；Qin et al.，2014)]。但随着技术的快速发展，捕集环节成本下降潜力大。以煤电厂 CO_2 捕集成本为例，未来其将降低 20%～60%以上(Rubin et al.，2007；Broek et al.，2009；Li et al.，2012)。目前，随着各国技术研发的推进，捕集环节开始显现以能耗和成本降低为主要标志的代际特征。此外，整体煤气化联合循环(IGCC)发电技术能够贡献更高 CO_2 浓度的烟气，实现低成本、低能耗的捕集，被视为未来重点发展对象。

1. 以能耗和成本降低为主要标志的 CO_2 捕集技术代际特征开始显现

化学吸收是最成熟且应用最广泛的捕集方式。吸收剂再生和 CO_2 压缩是化学吸收捕集技术中最主要的耗能工艺过程。当前，全球主要示范设备化学吸收剂再生的热耗为 2.6～3.2GJ/t(中国 21 世纪议程管理中心，2016)，运行液压泵、烟气鼓风机和压缩机所需的电能主要在 110kWh/t 到 150kWh/t 之间(IEA，2008)。研发更加节能的捕集技术是 CCS 技术领域研究的热点。纵观当前已成熟、在示范或论证的捕集技术，以能耗和成本降低为主要特点的代际特征已经显现。

(1)第一代技术指当前全球范围内已规模化示范和应用的 CCS 捕集技术，主要包括常压富氧、乙醇胺吸收法、深冷技术、多级压缩等。该类技术已基本成熟，但成本较高，能耗较高，距离大规模推广应用还有差距。

(2)第二代技术指当前处于研发阶段且能够实现能耗和成本降低 30%以上的新技术，主要包括膜分离技术、低氮氧化物富烃涡轮机、化学链燃烧等。该类技术尚处于小试阶段，预计 2040 年实现第一代技术向第二代技术的过渡。

(3)第三代技术指处于原理验证阶段且能够实现能耗和成本降低 50%以上的新技术，包括燃烧后溶液吸收法、第三代氨法脱碳技术等。目前，该类技术离商业化较远。

2. 以捕集对象为载体的代际特征

从捕集对象来看，煤电厂是全球最主要的碳排放源，也是 CCS 技术最具应用潜力的对象(IPCC，2014b；IEA，2017b)。CO_2 捕集成本的下降对未来 CCS 技术的商业化和大规模减排至关重要。当前常见的煤电技术有三类，包括常规粉煤(pulverized coal，PC)电厂、IGCC 电厂和富氧燃烧(oxyfuel combustion)电厂。这三类发电技术发展阶段以及尾气中 CO_2 浓度存在差异，如表 2-1 所示。

表 2-1　三类发电技术成熟度及对应 CO_2 捕集成本

技术类别	发展阶段/可行性	CO_2 浓度/%	捕集成本/(美元/t)
PC 电厂	技术成熟/已商业化	12～15	36～54
IGCC 电厂	技术成熟/示范阶段	15～40	28～41
富氧燃烧电厂	技术示范/示范阶段	70～85	36～67

注：“发展阶段/可行性”基于 IPCC(2005) 判断；“CO_2 浓度”数据来自于 IEA(2008)；捕集成本来自于 Rubin 等(2015)，为 2013 年价格。

当前全球煤电厂主要是 PC 电厂，PC 电厂烟气中 CO_2 浓度较低(12%～15%)(IEA，2008)、压力小。此类电厂适合采用化学吸收工艺进行 CO_2 捕集，但吸附剂再生需要消耗大量的中低温饱和蒸汽，成本较高。在实现低成本 CO_2 捕集的燃煤电厂中，IGCC 发电技术已经基本成熟，具有巨大的发展前景。IGCC 电厂尾气具有 CO_2 浓度高(15%～40%)、压力大、杂质少的特点，在 CO_2 捕集过程中耗能相对较少、经济性较好(IEA，2008)，捕集成本相比 PC 电厂低 30%～50%左右(IPCC，2005；Broek et al.，2009；Rubin et al.，2015)，同时其也是实现污染物(硫化物、氮氧化物等)低排放、低耗水的新兴技术。另外，富氧燃烧发电技术，也具有低污染、高效率、尾气中 CO_2 浓度高和压力大的特点，然而该技术由于前期制氧成本较高，且高温燃烧对于锅炉要求过高，其发展相比 IGCC 较慢。因此，从与 CO_2 捕集相配套的发电技术来看，发展 IGCC 将可在未来一段时间内为 CO_2 捕集低成本运营提供一个契机。

2.1.2　运输技术管道为主，多种运输方式并存

捕集后的气态 CO_2 需通过加压压缩至超临界状态或密相态，再通过运输工具运输至封存场地。当前，CO_2 运输技术相对成熟(与油气运输类似)，主要有管道、轮船、铁路罐车和公路罐车四类运输方式(IEA，2008)。管道和轮船运输具有运输量大、成本低、连续性强等特点，其中管道运输最为成熟。全球第一条长距离 CO_2 输送管道于 20 世纪 70 年代投入使用。目前，全球已有超过 7000km 干线管网管道用于 CO_2 运输(DOE/NETL，2015；GCCSI，2016)。对于海上运输，轮船比海上管道具有更明显的灵活性。当运输规模为每年 1000 万 t 时，轮船与海上管道竞争平衡距离为 440km。当实际运输距离大于临界运输距离时，更经济的运输方式是船舶，在高运输量和低运输距离时，管道运输更具经济优势。Yara 已运行 4 个专用的小规模 CO_2 运输船，将液态 CO_2 输送到北海盆地周围国家(Aspelund et al.，2006)。目前，陆地封存能力弱且临近海洋的挪威、日本和韩国等国对轮船运输有较高的兴趣(IEA，2016)。韩国两个处于评估阶段的大型 CCS 项目计划运输方式即为轮船运输(GCCSI，2018)。我国工业和信息化部 2015 年发布了“液化二氧化碳运输船用储罐”应用标准。公路罐车运输是小规模、短距离运送 CO_2 的主要方式。卡车运输相对更加灵活，在神华集团有限责任公司(简称神华集团①)、延长石油等的示范项目中都得到了成熟的应用(中国 21 世纪议程管理中心，2011)。火车运输量相对卡车较大、成本较低，但灵活性较差，目前仍未在相关示范项目中得到应用。四类运输方式的具体比较如表 2-2 所示。

① 神华集团有限责任公司于 2017 年与中国国电集团公司合并重组为国家能源投资集团。

表 2-2　四类 CO_2 运输方式的比较（肖钢等，2016）

运输方式	适合条件	优势	劣势	运营成熟度	国内应用	国际应用
管道运输	大容量、长距离、负荷稳定的定向运输	运输量大，输送稳定，运输距离长，受外界影响小，可靠性高	投资大	美国、加拿大等国已有 CO_2 运输管道	无应用	超过 7000km
轮船运输	大规模、超长距离或海岸线运输	运输量大，目的地灵活，可超远距离运输	成本高，投资大，运行成本高，需要配套的储库和接卸设备，受气候条件影响大	目前还没有大型 CO_2 船舶运输，但 CO_2 性质和液化石油气相似，液化石油气运输船建造经验及运输经验均可作为借鉴	有，但规模小	有小型 CO_2 运输船。液化石油气运输有大规模运营。挪威和日本等国目前正在设计大型 CO_2 运输船
铁路罐车运输	运输量大，运输距离远且管道运输体系还未建成	运输量较大，运输距离较远，可靠性较高	运输调度和管理复杂，受铁路接轨和铁路专用线建设的限制，需要相关的接卸和储运配套	—	无应用	—
公路罐车运输	小批量、非连续性	规模小，投资少，风险低，运输灵活	运输量小，距离短，单位运输成本高	有运输商	神华集团、延长石油等	小规模示范 CO_2 运输

2.1.3　地质利用技术以 CO_2 驱油为主

近年来，出现了 CO_2 捕集、利用与封存（CCUS）、CO_2 捕集与利用（CCU）多个与 CCS 直接相关的概念。其中，CCUS 和 CCU 中的“U”突出显示了 CO_2 的利用及其带来的收益。CO_2 具有广泛的应用价值，其应用领域包括化工制品生产、地质利用、制冷、碳酸饮料生产、食物加工、灭火、微藻培养等。其中，CCUS 概念中的 CO_2 利用仅指地质封存前 CO_2 被用于碳氢化合物资源的生产、形成矿物或惰性化合物的利用方式（CSLF，2017），其可以真正实现大规模 CO_2 与大气的长期隔绝。而其他利用方式大部分都会经过物理化学变化重新回到大气中。地质利用具体有 CO_2 提高石油采收率（CO_2-EOR）、CO_2 提高天然气采收率（CO_2-EGR）、CO_2 提高页岩气采收率（CO_2-ESGR）、CO_2 提高煤层气采收率（CO_2-ECBM）、CO_2 提高盐水采收率（CO_2-EWR）、CO_2 增强型地热系统（CO_2-EGS）等。但目前来说，全球范围内地质利用主要集中在 CO_2 强化石油开采领域，技术相对成熟，其也是 CCS 技术最早的原型。

（1）CO_2 强化石油开采。CO_2 驱油一般可使原油采收率提高 7%～15%，延长油井生产寿命 15～20 年。CO_2 地质利用研究最早出现在 CCS-EOR 领域，在 20 世纪 20 年代就有文献记载（Khatib et al.，1981）。1952 年，沃顿等取得了第一个 CO_2 采油专利（Whorton et al.，1952）。CO_2 驱油机理分为 CO_2 混相驱和 CO_2 非混相驱。稀油油藏主要采用 CO_2 混相驱，而稠油油藏主要采用 CO_2 非混相驱。另外，混相驱的采收率明显高于非混相驱。目前，美国最大的也是最早使用 CO_2 驱的 SACROC 油田就是采用混相驱，2014 年美国混相驱项目比例高达 93.43%（128 个）（秦积舜等，2015）。2014 年美国 CO_2 驱 EOR 产油量 1371 万 t，占全球总量的 93%。大规模使用 CO_2 非混相驱开发重油油田的国家是土耳其，其中以 Raman 油田大规模 CO_2 非混相驱较为典型（秦积舜等，2015）。我国自 20 世纪 60 年代开始关注 CO_2 驱油技术及其应用。1963 年，我国首先在大庆油田开展了提高采收率的实验性研究。目前，全球 21 个正在运营或者即将投入运营的 CCS 项目中，有 16 个是 CO_2 驱油项目(GCCSI，2018)。

(2) CO_2 强化煤层气开采。一般认为，煤层瓦斯包括游离瓦斯和吸附瓦斯，其中吸附瓦斯占 80%～90%，游离瓦斯占 10%～20%(马志宏等，2001)。煤层对于 CO_2 的吸附力明显大于煤层气，高压 CO_2 注入不仅可以通过提高煤层渗透率来提高游离瓦斯的回收率，还可以置换吸附在煤层表层的瓦斯。Allison Unit 项目是第一个也是世界上最大的 CO_2-ECBM 示范项目(Reeves et al.，2004)，该项目 CO_2 注入始于 1995 年，五年大约有 27.7 万 t CO_2 被注入，甲烷回收率提高了 150%。我国 CO_2 强化煤层气开采技术研究始于 20 世纪 90 年代，但为数不多的几次现场试验结果差异较大。总体来说，我国煤层条件复杂，需要开发适合我国普通低渗透软煤层的成井、增渗及过程控制等技术。目前，我国 CO_2 强化煤层气开采所需大部分设备在石油及煤层气产业中都已有应用，并且大多已经实现国产化(中国 21 世纪议程管理中心，2016)。

(3) CO_2 强化天然气开采。天然气以游离态为主，主要以超临界 CO_2 来压裂岩层、增渗和驱替的方式提高采收率。国外强化采气处于示范初期到中期阶段，荷兰近海的 K12B 项目是唯一规模性的提高天然气采收率的碳封存项目(IEA，2008)。我国起步相对较晚，仍处于基础研究阶段(中国 21 世纪议程管理中心，2016)。

(4) CO_2 强化页岩气开采。页岩气以吸附形态为主，与 CO_2 强化煤层气开采原理类似。美国在 2010 年进行 CO_2 页岩层的封存示范，但并没有驱替页岩气。我国页岩气资源丰富，但开采难度大，采收率低，如何提高页岩气采收率一直是我国页岩气领域探索的主要方向。为此，我国在 973 计划中进行了“超临界 CO_2 强化页岩气高效开发基础”的部署(中国政府网，2014)，并在陕西延安进行的陆相页岩气超临界 CO_2 压裂现场试验。

(5) CO_2 强化采水。采水有两个方面的优势，首先是深部咸水抽采后能够为 CO_2 封存提供更大的空间，避免了封存 CO_2 压力过大造成盖层破裂而导致的 CO_2 和咸水迁移。另外，开采咸水若是高矿化度卤水，可以提炼出矿产资源(钾盐、锂盐等)；若矿物质含量少(矿化度低)，经淡化可用于补充地表和浅层淡水。澳大利亚在建的 Gorgon CCS 项目是 CO_2-EWR 在全球的首个示范性工程(Li et al.，2016)。该项目计划利用 8～9 口注入井注射天然气处理过程中分离出的 CO_2，4 口抽水井管理储层压力。澳大利亚西部正在设计的 Collie South West Hub CCS 项目，也有做抽采地下咸水的考虑(李琦等，2013)。在通过 CO_2 提高咸水采收率方面，我国政府也给予了高度重视，在《中美发布应对气候变化联合声明》中提出，就向深盐水层注入 CO_2 以获得淡水的提高采水率新试验项目进行合作(国家发改委，2014a)。

(6) CO_2 增强型地热系统。目前 CO_2 增强型地热系统处于理论研究阶段。Brown(2000)提出了新的增强型地热系统(EGS)的概念，即利用 CO_2 替代水作为热传导流。相比水-EGS，CO_2-EGS 拥有更好的流动性和热开采速率(Pruess，2006)。

2.1.4　咸水层最具封存潜力，但油气田封存项目最为广泛

CO_2 地质封存概念于 20 世纪 70 年代提出，90 年代开始得到重视，是实现 CO_2 与大气永久性隔离的关键技术(蔡博峰，2012)。目前主要的封存场地有深部咸水层(陆上和海

上)、油气田(陆上和海上)、不可采煤层三类，其全球性封存潜力如表 2-3 所示。全球范围内咸水层分布最为广泛，封存潜力也最大；在油气田进行 CO_2 封存的同时可以提高油气采收率，以获得额外收益，目前多选择该类封存场地进行 CO_2 封存。

表 2-3　全球主要封存场地的封存潜力(IPCC，2005)　　(单位：10 亿 t)

封存场地	最低封存潜力	最高封存潜力
油气田	675	900
不可采煤层	3～15	200
深部咸水层	1000	10000

(1)深部咸水层。深部咸水层是指深度 800m 以下的咸水层，一方面可以尽可能避免 CO_2 向浅部地层迁移而污染地下可饮用水源；另一方面该深度以下的温度和地压可以保证 CO_2 保持在临界状态。深部咸水层全球分布范围广，岩层层数多，且其上覆岩层并未受人类工程扰动，是封存潜力最大、封存安全性最高的封存场地。CO_2 在深部咸水层中埋存的主要机理有四个：结构或地质封存、残余气体封存、溶解封存以及矿化封存。①结构或地层封存主要是指储层上部的盖层挡住 CO_2 向地层浅部迁移而封存；②残余气体封存主要是指孔隙里的 CO_2 压力低于毛细压力而被固定在空隙里；③溶解封存主要是指 CO_2 可溶于咸水中(溶解度 4%～6%)，相比结构或地层封存和残余气体封存更加安全；④矿化封存主要是指 CO_2 与岩石中的矿物质及部分离子反应而成为碳酸盐矿物质，过程缓慢，但封存安全性最高。挪威国家石油公司 1996 年投产了世界上第一个用于温室气体减排目标的 CO_2 封存项目(Sleipner 项目)，每年向位于海底下 1000m 深的高渗透性 Utsira 砂岩地层中注入 100 万 t 左右的 CO_2(Korbøl and Kaddour，1995)。目前，运营的全球大型咸水层封存项目有挪威的 Sleipner 项目(海上)、Snøhvit 项目(海上)、加拿大的 Quest 项目和美国的 Illinois 封存项目。我国神华集团鄂尔多斯煤制油分公司 CCS 示范项目，是中国首个全流程 CO_2 陆地咸水层封存项目，项目设计年捕集与封存 10 万 t，计划总捕集与封存量 30 万 t(吴秀章，2013)。该示范工程 2011 年成功将超临界 CO_2 注入盐水层，2015 年 4 月完成示范目标。咸水层封存需要特别关注的问题是：①地质条件(是否存在不利于 CO_2 封存的地质构造)；②盖层岩性及厚度(影响封存效果)；③储层厚度(影响封存量)；④孔隙度和渗透性(影响封存速率和封存总量)(张二勇等，2009)。在咸水层封存过程中要注意避免封存压力过大而导致的盖层破裂，应设置“压力控制井(咸水抽采井)”(Streit et al.，2005；Wolery et al.，2009；Akinnikawe et al.，2013；Buscheck et al.，2016)。

(2)油气田。油气田封存指在现有油气田进行 CO_2 封存，包括在生产油气田和枯竭油气田。油田 CO_2 封存技术是最为成熟的 CO_2 封存技术。在生产油气田封存 CO_2 之前一般用来提高油气的产量，这也是提高 CCS 技术经济性的重要方式。在驱油气过程中，部分 CO_2 会滞留在油气田中，部分随原油、气和水从生产井中开采出来，这部分 CO_2 经过分离和压缩可以重新利用，且成本低于煤电厂 CO_2 捕集成本。美国 CO_2 提高石油采收率项目平均保留系数是 60%，即 40%的 CO_2 通过生产井循环(IEA，2008)。油气田封存需要注意的是：①对油气田岩层进行重新评估，以确保不存在明显的地质构造导致 CO_2 泄漏或迁移；②封堵层位及井眼需要重新标示并评估(孙亮和陈文颖，2012)。

(3) 不可采煤层。不可采煤层指煤层太薄或埋藏太深，不具商业化开采可行性的煤层。部分不可开采煤层中富含煤层气，CO_2 封存伴有驱替煤层气过程。与油气田封存不同，封存 CO_2 后的煤层依然存在，而由于高压 CO_2 的存在而一般不再具有可采性。随着浅层或较厚煤层的枯竭以及技术的进步，目前开采不经济的煤层在未来可能变得具有开采价值。因此，不可采煤层的 CO_2 封存选择需要慎重。

2.2　CCS 技术专利分析

CCS 作为一项战略性新技术，具有大规模发展潜力，已成为美国、加拿大、澳大利亚和欧盟等为代表的发达国家和组织技术研发的重点。表 2-4 是全球主要发达国家和组织部分 CCS 技术研发支持计划/项目。从专利数量来看，有关 CCS 技术的专利数量也呈现出爆发式增长。从分布来看，CCS 技术专利在国家和专利权人方面都具有明显的集中性。

表 2-4　全球主要发达国家和组织部分 CCS 支持计划/项目

国家/组织	支持计划/项目	推出时间
美国	《美国复苏与再投资法案》	2009 年
欧盟	欧洲能源复兴计划	2009 年
	NER300/ NER400	2010 年/2016 年
加拿大	清洁能源基金计划	2009 年
澳大利亚	CCS 旗舰计划	—

2.2.1　CCS 技术专利体量庞大

CCS 技术属于一簇技术群体，包含 CO_2 捕集、运输、利用与封存四个主要阶段，涉及技术种类多，并横跨化学、工程、物理、材料、地质等多个学科领域。本书依据《2017 年碳捕集与封存领导人论坛技术路线图》(CSLF，2017)，将专利检索、洗选范围确定为 CCS 技术和 CCUS 技术。本研究检索数据库为 Thomson Innovation 专利数据库，其收录了全球 90 多个国家和地区的 8000 多万篇专利信息。

同时，参考相关研究设定检索式：ABD=((absorb* or captur* or compres* or recover* or regenerat* or obtain* or transport* or storag* or sequestration or (leakage near3 monitor*)) near1 (CO_2 or "carbon dioxide"))。检索截至 2017 年 5 月 19 号。最终检索到专利 24094 项。在确定检索式时，综合考虑了全面性和精确性，但在实际操作中仍发现部分专利未与检索范围匹配，需要通过人工阅读进行洗选。参考专利国际分类号、标题和摘要，最终洗选出合格专利 14792 项，基本专利 5297 项(在同一专利族中每件专利文献被称作专利族成员，同一专利族中每件专利互为同族专利，在同一专利族中最早优先权的专利文献称基本专利(国家知识产权局，2008)。以下专利分析以基本专利为对象。

2.2.2　CCS 专利数 2006～2014 年爆发式增长，捕集技术关注度高

CCS 技术专利量庞大，且增长迅速。图 2-1 展示了已公开 CCS 技术相关基本专利的

时间演变过程。CCS 技术的研发可追溯至 20 世纪 60 年代，但早期相关技术为小规模或试验性发展模式，对于低成本追求并不强烈(具体将在 2.2.3 部分展开说明)，因而对学者研究的吸引力相对较弱，相关专利数量长期保持在低位。后来应对气候变化逐步成为全球性共识，CCS 技术受到了越来越多的关注。2006～2014 年的公开专利出现爆发式增长趋势，年均增长超过 64 项。

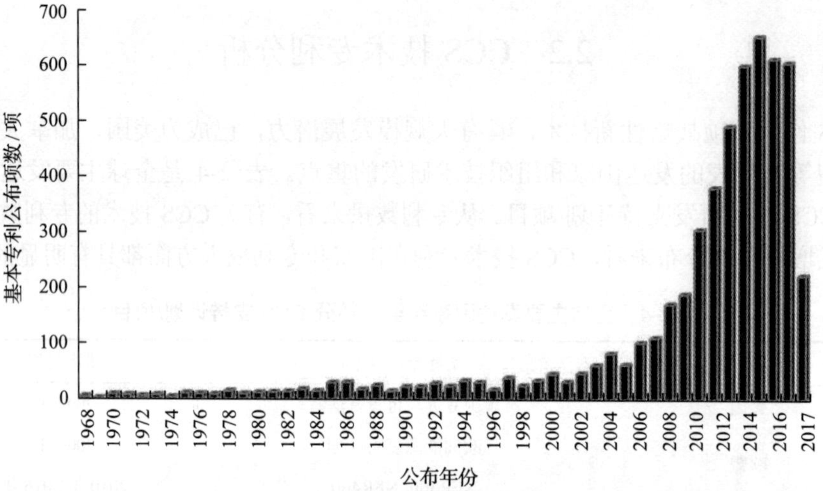

图 2-1　全球 CCS 公开基本专利发展趋势(1968～2017 年)

将 CCS 技术专利划分为捕集、运输、地质利用与封存三个环节来看，如图 2-2 所示。CCS 技术专利主要集中在捕集环节(90.24%)，这主要是由于捕集环节涉及科学领域及技术类别多；全流程成本占比最大，吸引研究人员和资金投入多；技术研发门槛较低，可进入该领域研究人员多。其次是地质利用与封存环节，该环节存在研发技术难度大、门槛高，专利量相对较少。运输环节是连接排放源和封存场地的桥梁，运输技术与油气运

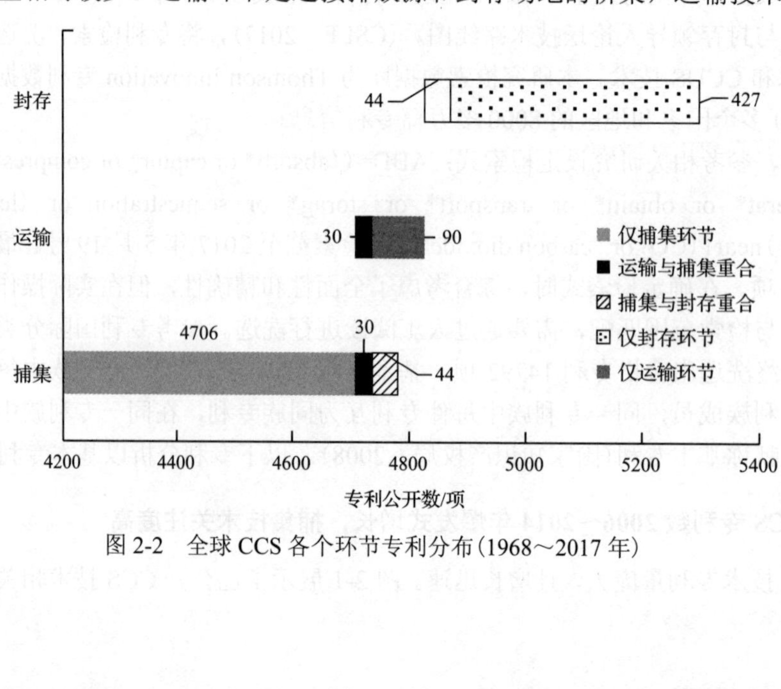

图 2-2　全球 CCS 各个环节专利分布(1968～2017 年)

输技术类似，技术成熟度高，因此专利量较少，仅占全部专利的 2.27%。接下来，我们将聚焦于 CO_2 捕集、地质利用与封存环节专利进行分析。

2.2.3　CO_2 捕集技术研发国家相对分散

1. 2013 年后中国优先权专利数位居全球第一位

作为一种工业气体原料，CO_2 用途广泛，如碳酸饮料、化肥、焊接保护气等。工业用 CO_2 大部分通过电厂、工业废气提纯得到，即 CO_2 捕集。早在 20 世纪 60 年代就有 CO_2 捕集相关领域的研究与专利公开，但 CO_2 需求量(捕集量)总体不大，捕集方也有盈利，科学界对此领域关注度相对较低，专利公开量一直保持在低位。随着 CCS 概念的提出及重视程度的提高，CO_2 大规模捕集出现了可能性但难以盈利，大量科研人员及科研资金聚集于寻找 CO_2 低成本捕集的技术。以 2006 年为节点，专利公开量直线增加直至 2014 年，年均增加量 58.3 项(专利审查一般需要 18 个月公开，因此可以说在 2004 年左右 CO_2 捕集研究及专利申请就进入了高发期)，如图 2-3 所示。

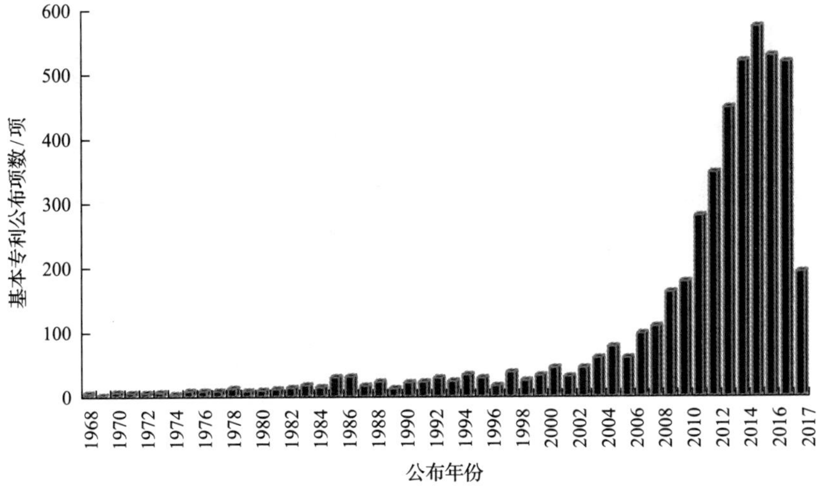

图 2-3　全球 CO_2 捕集环节专利发展趋势(1968～2017 年)

一般来说，专利申请人首先会在其所在国家/地区申请专利获得优先权，然后再向其他国家申请专利保护，所以各国家/地区的专利优先权数量可以粗略代表该国家/地区所有的专利数量(沙建超等，2013)。另外，这里需要特别说明的是，一个专利可能拥有多个优先权国家、地区、组织，为了突出专利申请人首先会在其所在国家/地区申请专利获得优先权的情况，本章节仅统计各专利的优先权年最早的优先权国家、地区、组织。具体来看，由于 CO_2 捕集研发门槛较低，全球有 40 多个国家/地区进行相关领域研发。但由于 CO_2 捕集关注度、投入资金及科研人员等的差异，各国/地区的优先权专利量也存在巨大差别，主要集中在以日本、美国及中国为首的 9 个国家(图 2-4)。另外，欧洲、美国及日本研发开始较早，其中美国和日本表现最为突出，早期专利量较多。虽然中国研发相对滞后，但近年来政府、企业与科研机构给予了 CCS 技术高度的重视，投入了大量的科研人员及资金，专利公开量爆发式增长，2013 年优先权专利量就位居全球第一位，且仍在持续增长当中(图 2-5)。

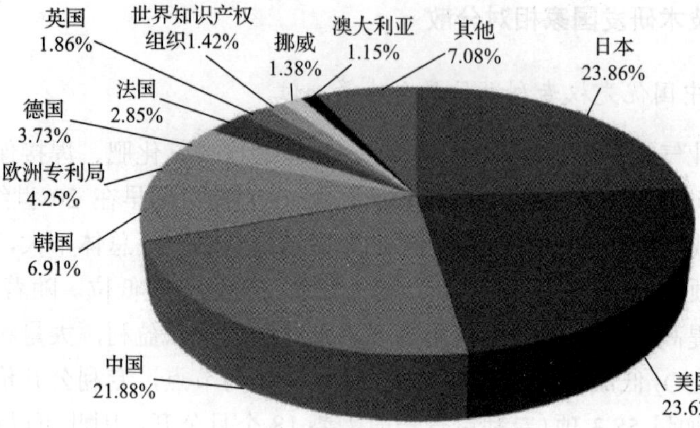

图 2-4　全球捕集专利优先权国家/地区和组织的分布

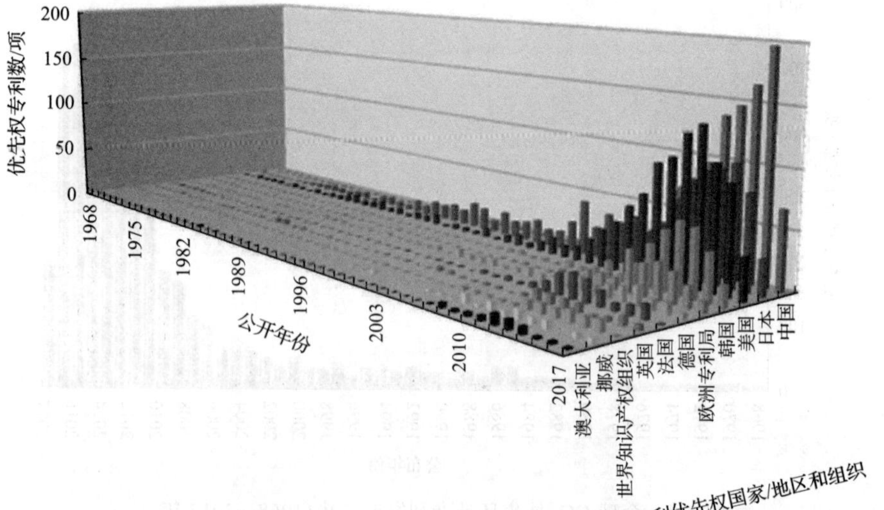

图 2-5　全球部分捕集专利优先权国家/地区和组织的优先权专利发展趋势(1968～2017 年)

2. 各国专利技术领域各有侧重，我国普遍较弱

CO_2 捕集技术涉及学科、技术领域复杂，为此，本书以 IPC 国际分类号大类为分类标准，提取了总量前 10 的技术领域，如表 2-5 所示。技术领域覆盖领域可分为两类：①分离技术，主要包括将烟气、废气中 CO_2 分离的各种物理化学方法、装置和设备，如化学吸收或吸附法、固体吸附法、吸附剂活化与再生、液化或固化作用等，这几种分离技术也是当前实现 CO_2 大规模捕集的主流技术；②CO_2 来源，氢制备与提纯、一氧化碳制备与提纯，化石燃料加工等，这几类 CO_2 来源多具有明显高浓度、低成本的特点，也

是 CCS 早期示范的优先选择对象。

表 2-5　CO_2 捕集环节主要技术领域分布

国际专利分类号(IPC)	技术领域	项数/项
B01D0053	气体或蒸气的分离；从气体中回收挥发性溶剂的蒸气；废气(发动机废气、烟气、烟雾、烟道气或气溶胶)的化学或生物净化	3140
C01B0031	碳；其化合物	1478
B01J0020	固体吸附剂组合物或过滤助剂组合物；用于色谱的吸附剂；用于制备、再生或再活化的方法	590
C01B0003	氢；含氢混合气；从含氢混合气中分离氢；氢的净化	438
F23J0015	处理烟或废气装置的配置	263
F25J0003	使用液化或固化作用进行分离气体混合物成分的方法或设备	234
B01J0019	化学的、物理的，或物理-化学的一般方法及其有关设备	220
C10L0003	气体燃料；天然气；用不包含在小类 C10G，C10K 的方法得到的合成天然气；液化石油气	183
C10K0001	含一氧化碳可燃气体的提纯	154
B01J0008	在有流体和固体颗粒的情况下所进行的一般化学或物理的方法；这些方法所用的装置	139

通过专利优先权国家/地区的优先权专利的技术领域，可以分析该国/地区的技术侧重和优势(顾震宇，2010)。从前 10 项技术领域研发情况来看(图 2-6)，各国/地区研发各有侧重。美国和英国等技术布局相对均衡，韩国在固体吸附剂、吸附剂活化与再生方面研发表现较为突出，法国在液化或固化作用捕集 CO_2 方面专利较为集中，德国和澳大利亚在化石燃料加工过程的 CO_2 捕集方面专利相对较多。日本、韩国和挪威在液化或固化作

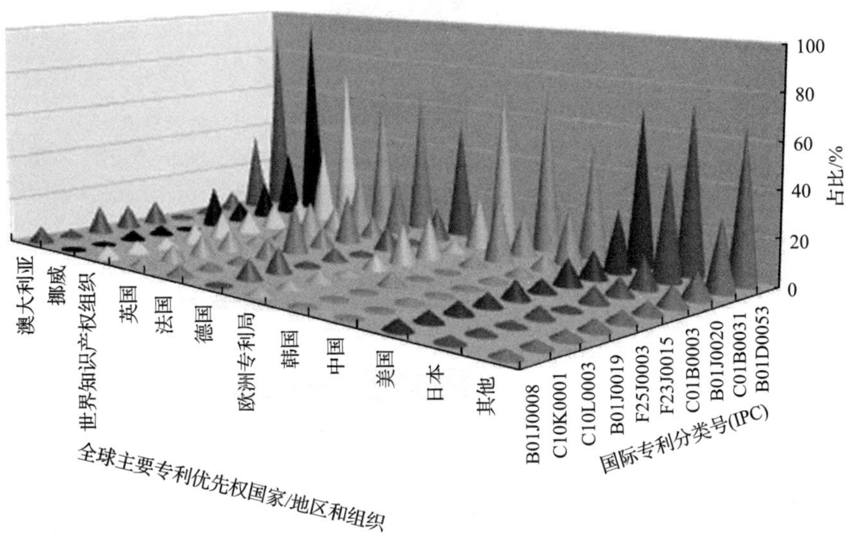

图 2-6　全球及部分捕集专利优先权国家/地区和组织的优先权专利技术领域分布

用方面研发相对较弱，德国在固体吸附剂、吸附剂活化与再生方面专利较少。而中国在这些领域研发并未具有明显优势，专利布局相对偏弱。这也启示了中国在 CO_2 捕集技术领域与不同国家开展国际合作时，应在不同细分领域有所侧重地进行。

3. 全球专利权人以大型跨国企业为主

专利权人主要以申请人所属单位形式体现。本书提取了全球前 10 位和中国前 5 位专利权人，如图 2-7 所示。从全球来看，由于具有更加敏锐的国际视野和全球产业布局的发展战略，大型跨国企业更加注重 CO_2 捕集技术的研发。另外，专利权人集中在企业，

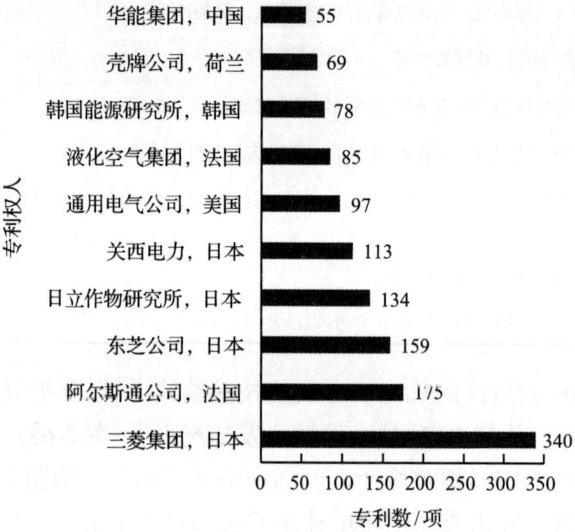

(a)

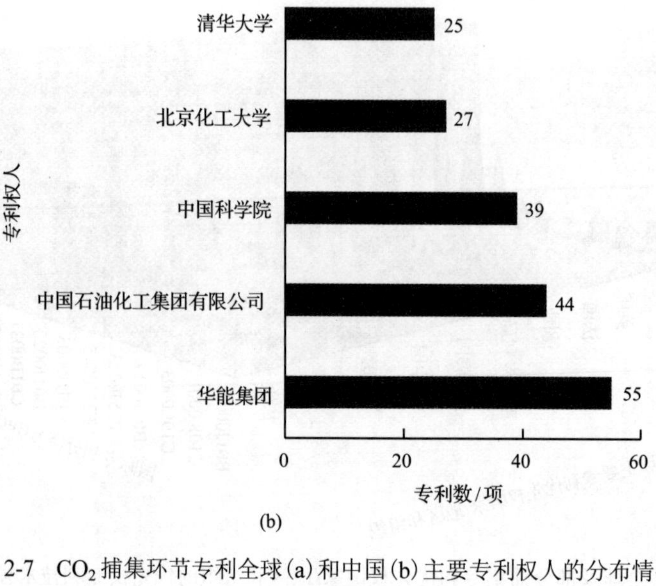

(b)

图 2-7　CO_2 捕集环节专利全球(a)和中国(b)主要专利权人的分布情况

这就减少了知识产权转让等环节，更加有利于专利的成果转化。但具体来看，在前 10 位专利权人中，日本占了 4 位且排名靠前，说明日本三菱集团、东芝公司等大型跨国企业在 CO_2 捕集技术专利布局方面已经走在了世界前列。

将视角转入中国，中国的前 5 位专利权人构成情况为：有两个大型跨国企业，一所大型科学研究院所，两所高校。相比而言，中国企业专利较少，科研机构专利较多。这也与中国多数项目以“科研机构及高校为创新主体，企业为创新实现和市场主体”的合作模式有关。另外，中国科学院、清华大学与北京化工大学都参与了中国的碳捕集研发计划及示范项目。CO_2 捕集技术领域专利权人分布的国内外的差异，说明中国企业的技术创新能力相对较弱，科技成果转化能力相对较弱。因此，中国企业特别是大型跨国企业，不仅要坚持与科研机构及高校的合作，更要培养自己的科研队伍，加快技术创新和实现。

4. 我国 CO_2 捕集技术专利保护重视度较弱

全球各国专利不仅可以在本国申请专利保护，还可以在其他国家的申请保护，特别是针对核心和关键技术专利。权利权人希望通过多国申请专利保护的形式，提高拒绝别国技术创新的可能性，形成全球性的知识产权保护格局。通过专利优先权国家/地区的优先权专利的同族专利数，可以分析该国/地区的专利全球布局情况(顾震宇，2010)。中国优先权专利的同族专利数最少，仅为 1.48 个，而其他国家均达到了两个以上(图 2-8)。这说明中国在 CO_2 捕集技术领域的知识产权保护意识不强，并不注重全球市场的开拓和知识产权布局。建议中国政府提供免费的国外申请服务机构、专利保护费补贴等方式支持国内科研机构、企业的国外专利布局，形成全球性的知识产权保护格局，利于中国技术创新与突破，也更有利于未来 CCS 技术市场的布局。

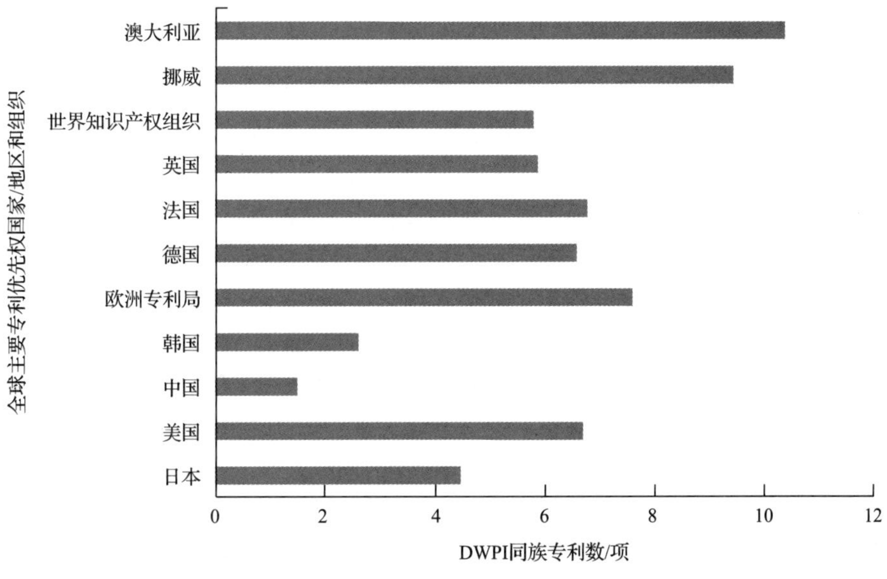

图 2-8　全球部分捕集专利优先权国家/地区和组织的优先权专利的 DWPI 同族专利数

2.2.4 地质利用与封存技术研发国家相对集中

1. 美国专利数据全球第一位

与捕集环节不同，CO_2 地质利用与封存技术需求相对较弱。早期公开专利集中在以美国为代表的少数国家。CO_2 地质利用与封存专利多与 CO_2 驱油的技术相关，其探索实践可追溯至 20 世纪 60 年代(公开年份 1970 年，但申请到公开一般要经过 18 个月左右的审查时间)。但总体来说，早期全球进行 CO_2 利用与封存项目较少，技术研发关注度较弱，专利公开量也持续低位(图 2-9)。

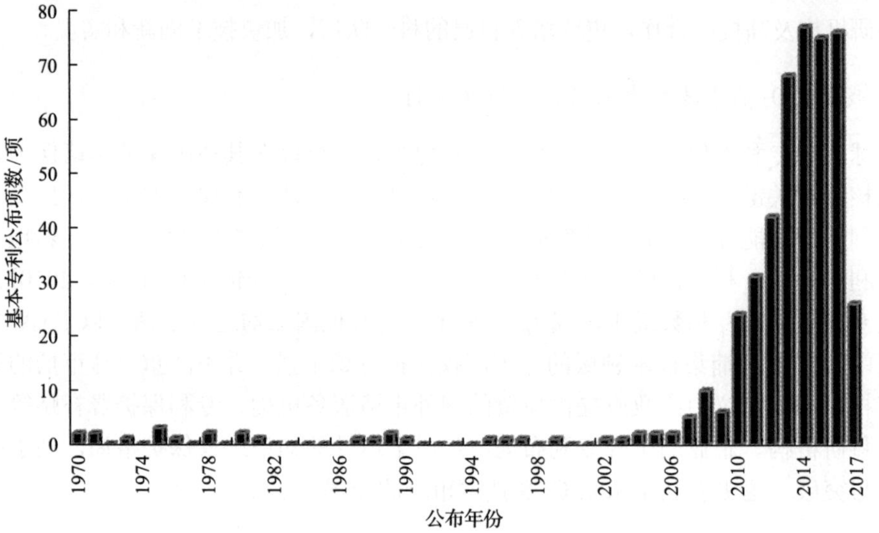

图 2-9　全球 CO_2 地质利用与封存环节专利发展趋势(1970～2017 年)

另外，CCS 技术概念提出相对较晚，早期相关项目及研发出发点更加倾向于 CO_2 利用(相对于封存)。随着减缓气候变化框架对 CO_2 封存减排技术关注和认可度的提高，2007 年以来，此领域研发进入高发期，地质利用与封存技术也从侧重于驱油向驱油、驱气、开采地下水和封存等多技术领域转变。另外，CO_2 利用与封存技术存在技术研发难度大、研发周期长、全球通用性差(地质与矿藏条件存在差异)等诸多特点，该环节部分技术领域在部分国家总体处于商业化前的示范和研发阶段，专利公开量仍未出现峰值。

从国家/地区角度来看(图 2-10、图 2-11)，由于 CO_2 捕集研发门槛较高、且无工业硬需求等，全球仅有 20 多个国家进行相关技术研发。具体来看，CO_2 地质利用与封存雏形是美国的 CO_2 驱油技术，当前美国也是全球 CO_2 地质利用与封存研发与项目实施走在最前列的国家，拥有全球在运行 17 个大型 CCS 项目中的 9 个。另外，美国的优先权专利数也远高于其他国家，占全球总量的 53.08%，且至今仍居全球首位。相比而言，中国研发起步较晚，但得益于国家对 CCS 技术的重视和支持，中国该环节专利量快速增加，为第二大专利国。此外，加拿大、日本、英国等国家/地区也在 CO_2 地质利用与封存领域进行了深入的探索或示范。

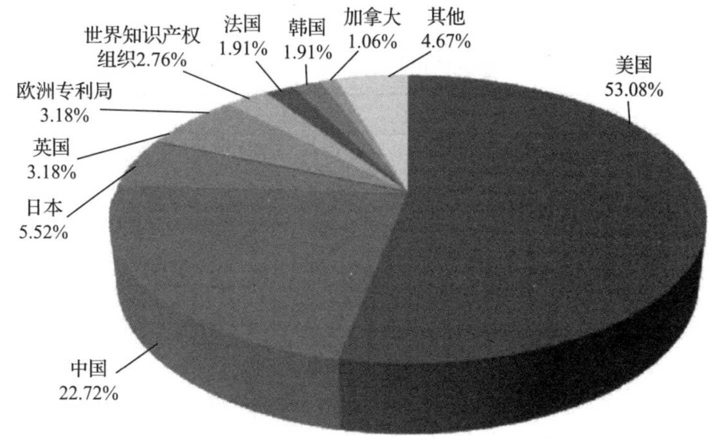

图 2-10　全球 CO_2 利用与封存专利优先权国家/地区和组织的分布

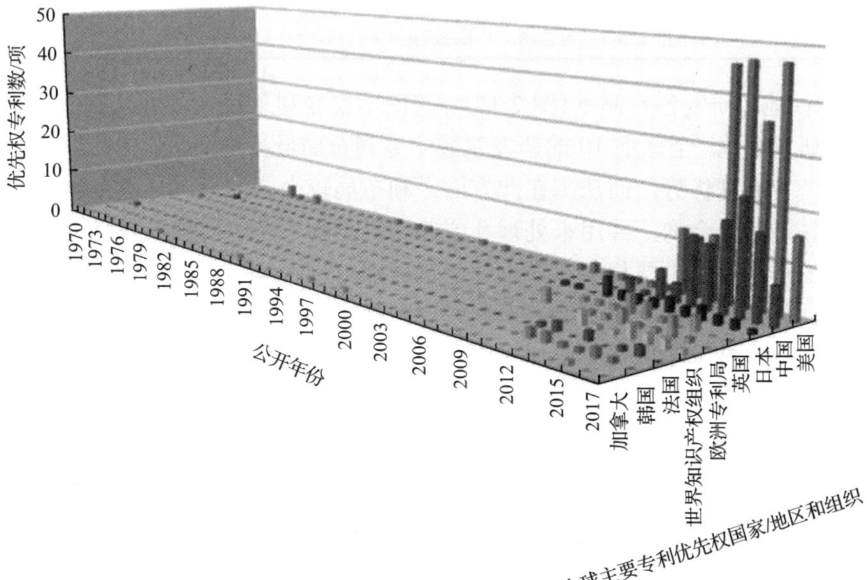

图 2-11　全球部分 CO_2 利用与封存专利优先权国家/地区和组织的优先权专利发展趋势(1970～2017 年)

2. 各国技术领域各有侧重，我国更为明显

虽然 CO_2 地质利用与封存涉及技术领域相比捕集环节相对较少，但也表现出明显的多学科交叉性。为了分析 CO_2 地质利用与封存涉及技术领域，本节以 IPC 大类为分类标准提取了总量前 10 的技术领域，如表 2-6 所示。在地质封存的同时实现资源化利用(驱油、驱气等)以获得潜在收益，是 CCS 大规模商业化的重要推动力之一。可以看到，近一半专利都涉及开采油、气、水、可溶解或可熔化物质或矿物泥浆的方法或设备技术领域。除此之外，注入井、监测井、采油井等的测量、密封、处理是关系到 CO_2 是否存在泄漏风险的重要因素之一，也得到了各国科研人员的高度关注，因而集中了大量的专利。地层勘探、钻井方法与设备等是判断实施 CO_2 封存可行性、封存量、泄漏风险等的前提，

因此相关专利也较多。

表 2-6　CO_2 地质利用与封存环节主要技术领域分布

IPC	技术领域	项数/项
E21B0043	从井中开采油、气、水、可溶解或可熔化物质或矿物泥浆的方法或设备	211
E21B0047	测量钻孔或井	68
E21B0041	在 E21B 15/00 至 E21B 40/00 各组中所不包含的设备或零件	59
E21B0033	井眼或井的密封或封隔	51
G01V0003	电或磁的勘探或探测；地磁场特性的测量	46
B01D0053	气体或蒸气的分离；从气体中回收挥发性溶剂的蒸气；废气(发动机废气、烟气、烟雾、烟道气或气溶胶)的化学或生物净化	40
E21B0049	测试井壁的性质；地层测试；专用于地表钻进或钻井以便取得表土或井中液体试样的方法或设备	33
B01J0019	化学的、物理的，或物理-化学的一般方法；及其有关设备	30
E21B0034	井眼或井的阀装置	30
C09K0008	用于钻孔或钻井的组合物；用来处理孔或井的组合物	29

不同国家/地区研发各有侧重(图 2-12)。美国不仅专利总量大，在各个技术领域都有较为全面的研发布局，全球前 10 的研发领域中专利布局最为均衡。英国在井的密封或封隔方面具有一定专利优势，而法国在此方面专利布局较少。加拿大虽然专利较少，但在用于钻孔或钻进的组合物，和用来处理孔或井的组合物方面表现出了较强的研发能力。另外，韩国的技术领域主要集中在开采油、气、水、可溶解或可熔化物质或矿物泥浆的方法或设备，其他技术领域几乎没有专利或专利极少，在中国也同样如此。从分析结果来看，中国在诸多技术领域仍需要加大研发力量投入，同时在不同技术领域有侧重点地与具有技术优势的国家进行合作，通过学习、吸收、再创新的方式加快技术创新与突破。

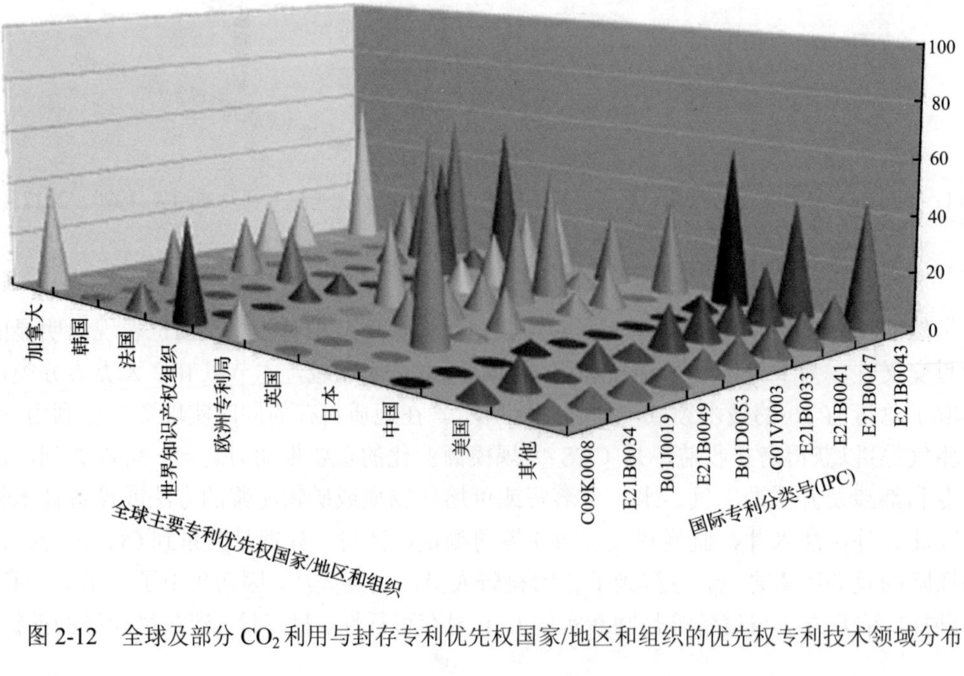

图 2-12　全球及部分 CO_2 利用与封存专利优先权国家/地区和组织的优先权专利技术领域分布

3. 全球专利权人集中于大型跨国能源企业

本书提取了全球前 9 位(专利项数超过 5)和中国前 5 位专利权人(专利项数超过 4)(图 2-13)。从全球来看，同捕集环节相似，专利集中于大型跨国企业，特别是油气类企业，这不仅说明大型跨国企业具有高度敏感的技术前瞻性和发展战略，同时也反映了 CO_2 地质利用与封存主要由油气企业实施的现实。这些大型跨国企业具有全球市场的发展战略，自有专利也更加利于成果转化、技术创新、知识产权保护、市场的扩张。具体来看，贝克休斯公司具有突出的专利优势，其专利数远远领先于其他企业(机构)，其在运输、驱油、后期监测等技术方面都有较为全面的布局。从企业(机构)归属国来看，CO_2 地质利用与封存环节美国企业具有绝对的全球专利大国优势。

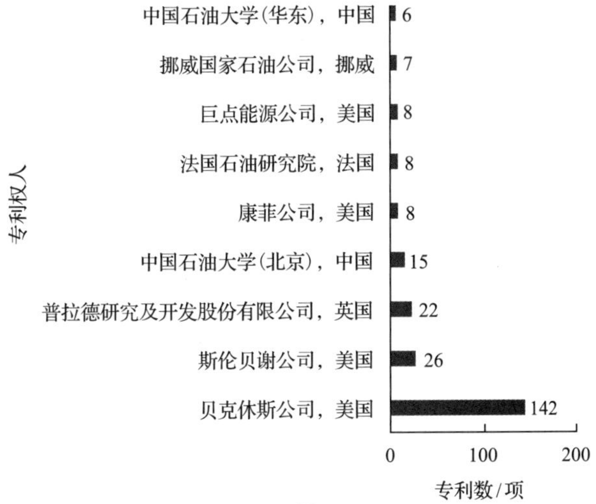

(a)

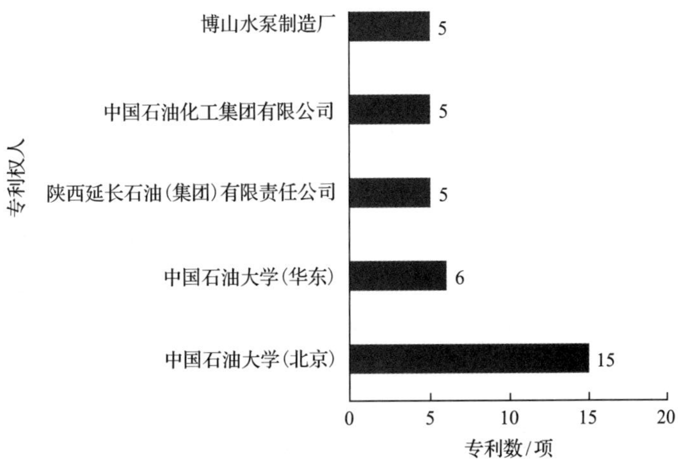

(b)

图 2-13　CO_2 地质利用与封存环节专利全球(a)和中国(b)主要专利权人的分布情况

中国专利权人分布与国外存在较大差异，为两个大型跨国油气企业、一所大型水泵制造单位、两所高校。与捕集环节不同的是，两所高校专利数分居前两位。中国石油大学(北京)、中国石油大学(华东)两所高校作为中国石油专业重点学科高校，具有研发优势，同时参与了中国多个研发计划与示范项目，进行了大量的技术创新和积累。相比国外大型油气企业，中国大型油气企业在研发实力和创新能力方面较弱。另外，科研成果集中在非企业科研机构，使得成果转化相对困难。因此，中国油气企业在 CO_2 地质利用与封存方面应重视科研队伍建设和能力培养，加快创新与知识产权布局。

4. 我国 CO_2 地质利用与封存技术专利保护重视度较弱

从专利优先权国家/地区的优先权专利的同族专利数来看(图 2-14)，除中国和韩国外，其他国家的单位专利的平均同族专利数都在 2 个以上。可以看出，中国和韩国研发单位在 CO_2 地质利用与封存领域的专利保护方面给予的重视程度不够高，由此可能在某些技术领域错失提前占领技术优势和市场的机会。中国研发机构(企业、科研机构、高校等)不仅要重视国内专利保护，更应将眼光延伸至国际舞台，将知识产权提前进行全球布局，占据技术先发优势，提前为新技术、新领域市场开拓准备，同时提高国际竞争的软实力和硬实力。

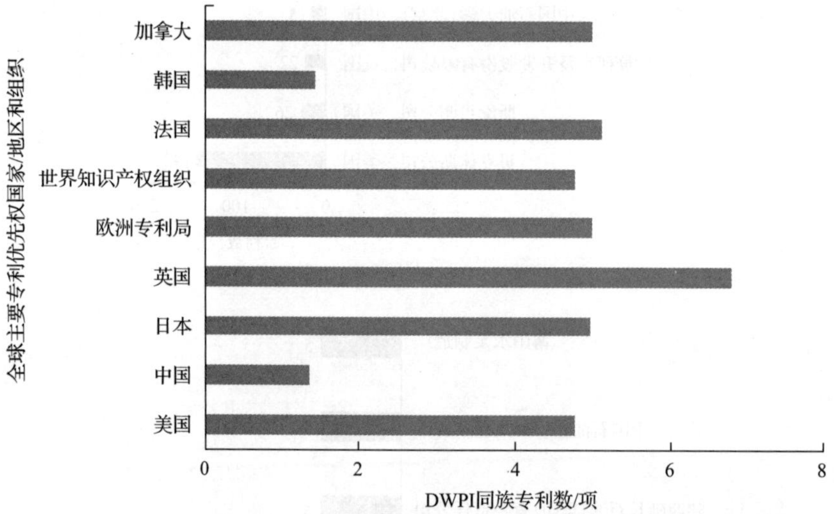

图 2-14　全球部分捕集专利优先权国家/地区和组织的优先权专利的 DWPI 同族专利数

2.3　CCS 技术展望

2.3.1　代际衔接与大规模 CO_2 捕集时间匹配是捕集技术发展关键

2030 年前后是 CCS 技术需要大规模装配的时间，IEA 指出，要使 2050 年全球 CO_2 排放量恢复到 2005 年水平，到 2030 年全球 IGCC 装机容量需达 1 亿 kW，到 2050 年需达 5.5 亿 kW(OECD/IEA，2008)。IGCC 电厂将是未来低成本 CCS 发展的重要支撑。

实现低成本(能耗)CO_2 捕集是全球低成本实现 2℃目标的重要驱动力之一。第一代捕集技术已基本成熟，但后期能耗(成本)下降潜力较小；第二代捕集技术处于大规模研发阶段，能耗(成本)下降潜力较大且会低于一代技术。将第一代技术和第二代技术成本交叉点时间前移避免技术锁定，是实现以第二代技术为主导的低成本 CO_2 捕集的关键选择。当然，这需要合理规划研发投入在第一代技术和第二代技术的分配。其实，一些国际机构也在关注 CCS 第一代、第二代技术发展，及其与未来 CCS 发展规模的配合问题。2015 年，亚洲开发银行给出了中国未来 CCS 示范和部署路线图(图 2-15)。

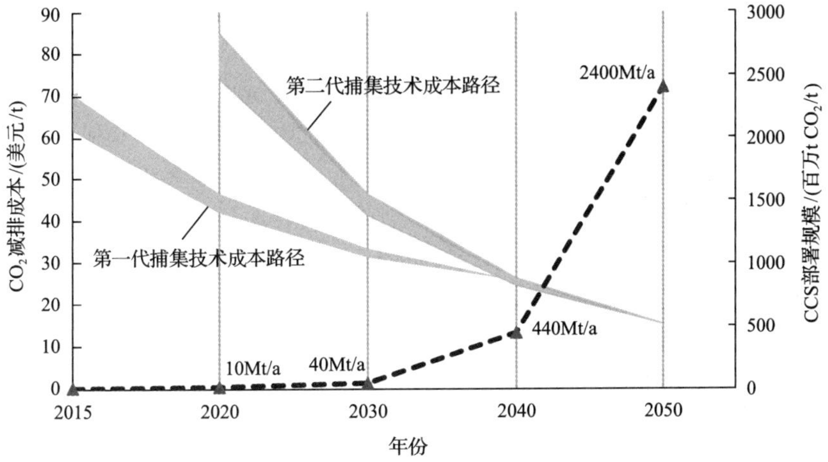

图 2-15　中国碳捕集与封存示范和部署路线图(亚洲开发银行，2015)

2.3.2　CO_2 运输管道网络化是趋势

管道运输是 CO_2 大规模陆地或者近海封存的最主要的运输方式，在全球范围内具有明显的 CO_2 排放源多、封存地少的特点，多个排放源向同一个封存地运输 CO_2 是不争的事实。若每个排放源到封存地都单独建设管道，必然会增加 CO_2 运输成本。管道网络的建设是降低 CO_2 运输成本的关键。当前美国建有全球最大的 CO_2 运输网络。欧洲以北海和波罗的海为主要封存地，跨界管网建设是欧洲实现 CO_2 封存的重要途径(Stewart et al.，2014)。中国 CO_2 的输送尚无商业运营的 CO_2 输送管道。与国外相比，主要技术差距在 CO_2 源汇匹配的管网规划与优化设计技术、大排量压缩机等管道输送关键设备、安全控制与监测技术等方面(科技部，2013)。中国 CO_2 地质封存适宜区域与重点 CO_2 排放地空间不匹配，在开展示范项目时，应优先考虑西部地区的大型排放源，并研究制定跨区域的源-汇 CO_2 运输管网规划(Cai，2017)。

2.3.3　短期内油气田仍是 CO_2 利用与封存主战场

CO_2 的资源化利用是提高 CCS 技术经济的关键措施之一，因而得到了广泛的关注。当前的 CO_2 资源化利用方式较多，但最为成熟、盈利最突出的仍然是 CCS-EOR 技术。另外，高达 6750 亿～9000 亿 t 的理论封存潜力，也意味着油气田可以封存未来一段时间

内捕集的 CO_2。当然，天然气田、煤层气田等也将会得到不同程度的开发，根据当前油气田和不可开采煤层的相对可行的封存潜力（可能为理论封存潜力的 1%～10%（Dahowski et al.，2012））和 2℃目标下 CCS 贡献减排量判断，2040 年之后，咸水层封存将逐步取代油气田成为主要的 CO_2 封存场地。

2.4 本 章 小 节

CCS 是多个独立技术领域组合而成的技术综合体，其不同环节有各自的特点和发展水平。具体来说：

IGCC 将是实现低能耗、低成本的主要发电技术，是未来煤电系统的重要发展方向。另外，从 CCS 技术研发水平来看，捕集环节耗能最大，成本最高，受到关注度最高，专利量明显高于其他环节。这些专利主要集中在美国、中国和日本。专利权人是以日本三菱集团、法国阿尔斯通公司为代表的大型跨国企业。目前，捕集相关技术出现了以低能耗、低成本为主要标志的代际特征。未来，全球需要合理分配第一代和第二代捕集技术的研发投入，避免第一代技术对第二代技术的锁定，使第二代技术成本在 CCS 大规模装配前取得优势，实现更低成本的 CCS 装配。

在运输方面，运输方式包括管道、轮船、公路罐车和铁路罐车四类。CO_2 运输相比其他环节更为成熟，相应的技术研发投入也较少。管道在陆地、浅海封存中具经济和大规模运输优势，是未来主要的 CO_2 运输方式。随着 CCS 技术的发展，管道将向网络化发展。

CO_2 地质利用与封存，既实现了 CO_2 资源化利用，也达到了封存 CO_2 的目的。CO_2 地质利用与封存领域，美国发展最早，也最为成熟，不过中国、加拿大和欧洲都进行了积极的研发和示范，专利也较多。专利权人集中在美国贝克休斯公司、斯伦贝谢公司等大型的跨国能源企业。根据当前的油气田、不可开采煤层气的封存潜力来看，短期内油气田是 CO_2 利用与封存主要场地，2040 年之后将以深部咸水层为主。

第 3 章　CCS 项目经济评价方法

CCS 是实现大型排放源终端减排的关键手段，但其投资却面临着经济性差、未来收益不确定性高等诸多障碍。在此投资环境下，潜在的 CCS 项目投资企业面临进退两难的投资境地，且投资决策制定更加困难。判断投资机会，做好投资决策，需要依托合理的项目经济评价方法。为此，本章节将回答以下几个问题：

(1) CCS 项目投资有什么特点？

(2) CCS 项目的投资可行性判断应基于怎样的经济评价方法？

(3) 基于构建的项目经济评价方法，中国经济最优类型项目(高浓度排放源的 CCS+EOR 项目)应制定怎样的投资策略？

3.1 CCS 项目投资评价方法识别与选择

3.1.1 CCS 项目投资特点

(1)前期投资高昂且不可逆。

CO_2 捕集工艺复杂，流程多，包括吸收塔、压缩机、脱硫塔、脱销塔、再生塔、冷却器、冷凝器等设备。运输方式主要有管道、轮船、铁路罐车和公路罐车 4 种，CO_2 运输前期需要进行管道铺设，或轮船、铁路罐车和公路罐车的购买或者租赁，所有设备必须进行防腐蚀设计或改造。地质利用及封存是实现 CO_2 长期封存的关键的一步。地质利用及封存的实现，首先要进行地质勘探与选址、注入与监测井的建设等。复杂的工艺、繁多的流程，使得百万吨级 CCS 项目部署需要数亿甚至数十亿元的前期投入(NETL，2015)。另外，CCS 项目的设备，特别是 CO_2 捕集与封存技术环节的设备，难以应用于其他的技术领域，应用领域具有局限性。因此，大量投资建设的 CCS 项目，若无法投入运营，就会产生大量的沉没成本(Zhou et al.，2014)，造成巨大的损失。

(2)运营周期长、收益不确定性强。

当前，CCS 项目前期投入及运营成本高昂，没有较高的收益难以商业化发展。这些收益可以通过抵消碳税、碳交易、资本补贴，以及资源化利用等方式获得。资本的补贴可以有效减少企业的前期投资，是推动 CCS 项目部署的重要因素。碳交易是将减排的 CO_2 在碳交易市场销售或者是用于抵消碳配额的一种获得收益的方式。抵消碳税是在征收碳税时，企业通过 CCS 技术的实施来减少 CO_2 排放，进而减少所缴纳碳税的措施。然而，这些收益方式本身是否会用于推动 CCS 项目投资，以及带来怎样的推动力度都存在较强的不确定性，因为经过几轮全球气候变化谈判后，全球气候政策仍存在不确定性(Wei et al.，2014)。CO_2 资源化利用主要是指 CO_2 封存前用于提高碳氢化合物资源的生产，其对推动 CCS 发展的作用已得到了广泛认可，但未来全球能源体系等可能存在巨大变革，石油市场及其价格也存在不确定性。除收益外，CCS 项目成本也具有较强不确定性因素，其中 CO_2 封存成本被认为具有项目全价值链中最大的不确定性(James et al.，2011)。不确定因素的存在会使决策者的投资决策变得困难，特别是 CCS 项目运营周期一般长达几十年(与投资对象剩余服务年限基本一致)，长服务年限致使不确定投资环境下的投资决策制定更加复杂。

(3)投资时点具有灵活性。

一方面，IEA 指出，CCS 技术的投入需要达到一定规模才能实现 2℃温控目标，但全球范围内并没有自上而下的强制性减排配额(在巴黎协定框架下，各国提交自主减排贡献目标，属自下而上的减排模式)。在无强制性减排的国际环境约束的背景下，高投运成本的 CCS 技术自然也未在强制性推行之列。因此，CCS 技术装配的潜在对象就有了投资灵活性。另一方面，CO_2 捕集一般来自于烟气或废气，在出现强制性政策时，各投资主体可以通过改造现有排放源而实现 CCS 技术的装配，使得投资时点更具选择性。投资时点的灵活性和可选择性，为投资主体提供了灵活决策的空间。

3.1.2　常用投资评价方法及其特点

项目评估作为一个专门的学科领域，最早起源于 20 世纪 30 年代的西方发达国家，最早的项目评估原理和方法主要应用在社会基础设施项目和公共工程中。经过几十年的不断发展，逐渐形成了一套比较完整的理论体系和方法。但不同评价方法的评价视角不同，其适用性也存在差异。根据发展历程可将评价方法划分为传统评价方法和实物期权评价方法，传统评价方法又可根据考虑时间因素与否划分为静态评价方法和动态评价方法，如图 3-1 所示。

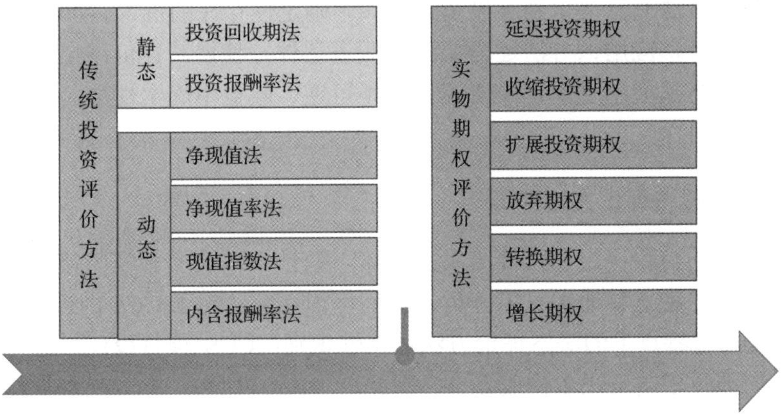

图 3-1　投资评价方法

(1)静态评价方法。

静态评价方法不考虑货币时间价值，不进行复利计算。根据评价侧重点的差异，该方法又可分为投资回收期法和投资报酬率法等。静态分析法计算简单、直观，但没有考虑资金的时间价值，因而精确性较差，不能反映项目的整体盈利能力。该方法一般用于技术经济数据不完备、不需要精确计算的项目初选阶段。当项目运营时间较长时，不适合用这种方法进行评价。

(2)动态评价方法。

动态评价方法也称贴现现金流法，是由美国西北大学学者阿尔弗雷德·拉巴波特于 1986 年提出的，又被称作拉巴波特模型。贴现现金流量法是通过估算被评估项目在其服务年限内的未来预期收益，运用反算切割出剩余超额价值，并用适当的折现率折算成评估基准日现值，以确定项目价值的一种评估方法(张桦等，2004)。根据评价侧重点的差异，动态评估方法可分为净现值法、净现值率法、现值指数法和内含报酬率法。

贴现现金流法是西方企业价值评估方法中使用最广泛、理论上最健全的方法。相比静态投资评价方法，动态投资评价方法考虑了项目整个生命周期内现金流量的变化情况和经济效益，考虑了资金的时间价值对其盈利能力和偿还能力的影响，结果比较精确。但对于方法本身来说，贴现现金流法应用的关键是贴现率的确定。该方法的贴现率估计按决策之初既定环境发生，未考虑投资决策对未来变化的适时调整，从而忽视了柔性决策带来的价值，这个缺陷也决定了它难以适用于企业的战略投资领域。另外，贴现率的确定受到评价者对未来投资的期望(好与坏)的影响。该方法适用于评价经营可持续和未来现金流量可准确预测，且现金流比较稳定的项目。

(3)实物期权评价方法。

实物期权的概念最初是由 Myers(1977)在 MIT 时所提出的，他指出一个投资方案所创造的价值，来自于目前所拥有资产的使用，再加上对未来投资机会的选择(张夕勇，2006)。即投资主体有权在未来某合适时间以一定价格取得或出售一项实物资产或投资计划，因此，实物资产投资可以应用类似评估一般期权的方式来进行评估。同时又因为其标的物为实物资产，故将此性质的期权称为实物期权。

实物期权评价法充分认识到了投资柔性和不确定性存在的价值。但其数学计算复杂，应用不成熟。另外，应用该方法还需要许多假设条件，使得其评价结果与实际情况存在偏差。因此，该方法适用于前期投资高昂且不可逆、收益不确定性高、运营周期长、投资时间灵活的项目。

3.1.3 CCS 项目投资评价方法选择

评价方法合适与否决定了评价结果的好坏。基于 CCS 项目投资特点，以及当前常用的投资评价方法的特点和适用对象分析，我们可识别出适用于 CCS 的评价方法。

(1)CCS 项目特点下的静态评价方法适用性识别：CCS 项目投运一般年限时间较长(为几十年)，涉及工艺及成本构成复杂，因此，从该方法特点与 CCS 本身特点的匹配程度来看，静态投资评价方法并不适用于 CCS 项目的投资评价研究。

(2)CCS 项目特点下的动态评价方法适用性识别：CCS 项目成本和收益的双重不确定性，导致难以确定未来现金流。在高度不确定的投资环境下，高贴现率的选取存在低估投资价值的可能，进而造成投资决策制定的偏差。从该方法特点与 CCS 本身特点的匹配程度来看，贴现现金流评价方法的不足凸显。

(3)CCS 项目特点下实物期权方法适用性识别：面临的不确定性和高昂的成本，使投资主体进退两难，但投资时间自由选择的特点使 CCS 项目投资可被视为一种可延迟投资的期权问题(Li et al.，2018)。基于 CCS 项目投资特点与实物期权的优势可以判断，CCS 项目投资评价方法应基于实物期权法进行构建。处于投资不确定环境中的 CCS 项目，通过延迟投资以避开不利的投资环境，获得额外的期权收益，即基于实物期权的项目投资价值为固有价值(净现值)和期权价值的和。

显然，完全基于实物期权方法投资原则，CCS 项目投资可以获得期权价值，但刻意的追求期权价值，可能会极大增加 CCS 项目获得正的固有价值的风险。因此，我们构建了同时考虑净现值方法和实物期权方法的投资原则的 CCS 项目投资评价方法。

3.2 CCS 项目投资面临随机变量的定价模型

投资面临的不确定性包括随机变量和非随机变量。资本补贴、初始碳价、电厂服务年限、初始电价、初始煤价等不确定性，一般不会在时间维度上波动，因此作为非随机变量，通过敏感性分析或者情景分析方法，来评估其对投资决策的影响。对于项目运营期间可能出现波动的购买或者出售的商品价格变量(主要有碳价、电价、煤价和油价)，就需要通过适用于随机变量定价的蒙特卡罗模拟(Szolgayova et al.，2008；Zhou et al.，2010；Zhou et al.，2014；Chen et al.，2016；Chu et al.，2016)或者多叉树模型(Kato and Zhou，2010；Zhang et al.，2014；Wang and Du，2016；Cui et al.，2018)，将其引入项目决策模型当中，以评估其对投资决策的影响。

蒙特卡罗模拟是一种直观、灵活的期权价格模拟方法，适用于模拟高维随机变量，对于低维随机变量，它的优势并不明显(Balajewicz and Toivanen，2017)。对于小于三维的随机变量，多叉树模型具有很好的适用性，因为它具有较高的效率(Hull，2015)。三叉树模型是从二叉树模型演变而来的，在灵活性和精确性方面表现更好(Yuen and Yang，2010；Tang et al.，2017)，它以走高、不变、走低三个状态来展示随机变量可能的变化(Yu et al.，1996；Ahn and Song，2007；Yuen and Yang，2010)。因此，对低维随机变量的 CCS 项目，三叉树定价模型更为合适。

3.3　CCS 项目投资评价方法

3.3.1　基于三叉树定价模型的随机变量价格定价

已有研究普遍假设 CCS 项目投资面临的随机变量价格遵循几何布朗运动规律。几何布朗运动可表示为

$$dP = \mu P dt + \sigma P dw \tag{3-1}$$

式中，P 为随机变量价格；μ 和 σ 分别为随机变量价格漂移率和波动率；dw 为标准维纳过程的独立增量。

另外，假设随机变量所在的市场中，大量的套利行为会在长期内消除各种偏好的风险溢价，从而保证整个市场的完整性，最后呈现出风险中性的特征。在延迟投资期间，从 t 到 $t+\Delta t$，随机变量价格 P 可能上升至 Pu，或下降至 Pd，或保持不变($ud=1, u>1>d>0$)，如式(3-2)所示，由风险中性理论推导得出对应概率为 P_u、P_m 和 P_d (Yuen and Yang，2010；Zhang et al.，2014)，如式(3-3)所示。此外，我们假设波动率 σ 和无风险利率 γ 是恒定的：

$$\begin{cases} u = I + \sqrt{I^2 - 1} \\ d = I - \sqrt{I^2 - 1} \end{cases}, \quad I = \frac{e^{\gamma\Delta t} + e^{(3\gamma+3\sigma^2)\Delta t} - e^{(2\gamma+\sigma^2)\Delta t} - 1}{2(e^{(2\gamma+\sigma^2)\Delta t} - e^{\gamma\Delta t})} \tag{3-2}$$

$$\begin{cases} P_u = \dfrac{e^{\gamma\Delta t}(1+d) - e^{(2\gamma+\sigma^2)\Delta t} - d}{(d-u)(u-1)} \\ P_m = \dfrac{e^{\gamma\Delta t}(u+d) - e^{(2\gamma+\sigma^2)\Delta t} - 1}{(1-d)(u-1)} \\ P_d = \dfrac{e^{\gamma\Delta t}(1+u) - e^{(2\gamma+\sigma^2)\Delta t} - u}{(1-d)(d-u)} \end{cases} \tag{3-3}$$

式(3-2)和式(3-3)中，u 为价格上升幅度；d 为价格下降幅度；P_u 为价格上升概率；P_m 为价格不变概率；P_d 为价格下降概率。

3.3.2　CCS 项目净现值核算

基于实物期权理论，项目的总投资价值由两部分组成(Zhang et al.，2014)：第一部分是项目的净现值，第二部分是实物期权价值。CCS 项目净现值 NPV 如式(3-4)所示：

$$\mathrm{NPV} = I_{\mathrm{CCS}} - C_{\mathrm{CCS}} \tag{3-4}$$

式中，I_{CCS} 和 C_{CCS} 分别为 CCS 项目的收益和支出。

其中项目支出包含各技术环节的建设成本、运营与维护成本、能源成本、水资源成本等。项目收益得自于 CO_2 利用、碳交易或碳税抵消获得的收益等。

3.3.3　CCS 项目总投资价值评估

我们首先基于三叉树定价方法对随机变量进行定价，然后根据式(3-4)和三叉树每个决策节点(i, j)随机变量价格，计算出延期投资期间每个决策节点的投资净现值 $\mathrm{NPV}_{(i,j)}$。决策节点(i, j)中的 j 和 i 代表决策年 j 和三叉树中的自上而下的第 i 个节点，如图 3-2 所示。

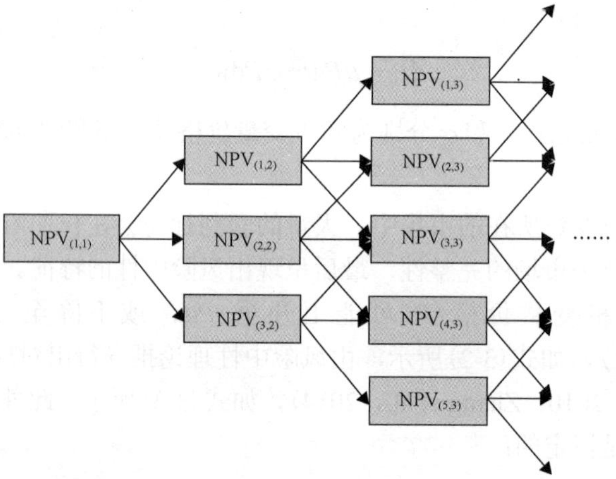

图 3-2　延迟投资期内各节点净现值示意图

从净现值方法评估原则来看，决策节点(i, j)净现值 $\mathrm{NPV}_{(i,j)}$ 为负值，企业会放弃投资，该决策节点投资价值 $\mathrm{NPV}'_{(i,j)}$ 为 0；若该决策节点净现值 $\mathrm{NPV}_{(i,j)}$ 为正值，企业会立即投资，该决策节点投资价值 $\mathrm{NPV}'_{(i,j)}$ 即为净现值 $\mathrm{NPV}_{(i,j)}$，如式(3-5)所示：

$$\mathrm{NPV}'_{(i,j)} = \max[\mathrm{NPV}_{(i,j)}, 0] \tag{3-5}$$

从延迟期权视角来看，无论是 $\mathrm{NPV}'_{(i,j)}$ 是否为正值，该决策节点推迟投资都可能等到更有利的机会，进而可以获得更大的投资价值。此时的投资价值就是基于实物期权的总投资价值 $\mathrm{TIV}_{(i,j)}$，而多出 $\mathrm{NPV}_{(i,j)}$ 的价值即为延迟投资带来的期权价值 $\mathrm{ROV}_{(i,j)}$。因此，CCS

项目的总投资价值应从延迟期内最后决策期逐期计算到第一决策期，如式(3-6)所示：

$$\mathrm{TIV}_{(i,j)}=\max\{\mathrm{NPV}'_{(i,j)},\ [P_u\mathrm{NPV}'_{(i,j+1)}+P_m\mathrm{NPV}'_{(i+1,j+1)}+P_d\mathrm{NPV}'_{(i+2,j+1)}]\mathrm{e}^{-r\cdot\Delta t}\} \tag{3-6}$$

3.3.4　CCS 项目投资决策规则

投资决策规则是制定投资决策的基础。基于净现值方法投资原则的决策仅有两种可能，相对简单，即净现值(投资固有价值)为正值时投资，反之就不投资。基于延迟期权方法投资原则的决策有 4 种可能，具体决策规则见表 3-1。

表 3-1　基于延迟期权方法投资原则的 CCS 项目投资决策规则

决策可能性编号	$\mathrm{NPV}_{(i,j)}$	$\mathrm{TIV}_{(i,j)}$	决策
Ⅰ	$\mathrm{NPV}_{(i,j)}\leqslant 0$	$\mathrm{TIV}_{(i,j)}=0$	放弃投资
Ⅱ	$\mathrm{NPV}_{(i,j)}>0$	$\mathrm{TIV}_{(i,j)}=\mathrm{NPV}_{(i,j)}$	立即投资
Ⅲ	$\mathrm{NPV}_{(i,j)}>0$	$\mathrm{TIV}_{(i,j)}>\mathrm{NPV}_{(i,j)}$	延迟投资
Ⅳ	$\mathrm{NPV}_{(i,j)}\leqslant 0$	$\mathrm{TIV}_{(i,j)}>0$	延迟投资

(1)编号Ⅰ：投资者在管理和决策灵活的情况下仍无法盈利时，应放弃 CCS 项目投资。

(2)编号Ⅱ：在 $\mathrm{NPV}_{(i,j)}$ 为正值且延迟投资也无法获得期权价值的情况下，应立即投资。

(3)编号Ⅲ：$\mathrm{NPV}_{(i,j)}$ 为正值但延迟投资可获得期权价值的情况下，应延迟投资。

(4)编号Ⅳ：$\mathrm{NPV}_{(i,j)}$ 不足以支撑投资但延迟投资可获益的情况下，应延迟投资。

3.3.5　CCS 项目年度投资概率评估方法

年度投资概率的分析，有助于投资者了解延迟期内的投资信息，判断最佳投资时间。可分为基于净现值方法投资原则的投资概率和延迟期权方法投资原则的投资概率两类。

(1)基于净现值方法投资原则的投资概率确定可分为三步，由式(3-7)定义：

$$\begin{cases}\chi_{i,j}=P_u\cdot\chi_{i-2,j-1}+P_m\cdot\chi_{i-1,j-1}+P_d\cdot\chi_{i,j-1},\ \chi_{1,1}=1\\ \chi_{i,j}^{11}=0,\ 当\mathrm{NPV}_{(i,j)}\leqslant 0\\ \chi_{i,j}^{22}=\chi_{i,j},\ 当\mathrm{NPV}_{(i,j)}>0\\ \chi_j^{\mathrm{NPV}}=\sum\chi_{i,j}^{22}\end{cases} \tag{3-7}$$

可知：①决策节点$(i,\ j)$投资概率 $\chi_{i,j}$ 可以根据上一年与其连接的节点的投资概率计算；②投资者基于决策节点$(i,\ j)$的 $\mathrm{NPV}_{(i,j)}$ 判断是否投资，如果立即投资，则投资概率为 $\chi_{i,j}(\chi_{i,j}^{22})$，否则为 $0(\chi_{i,j}^{11})$；③年度投资概率 $\chi_{i,j}^{\mathrm{NPV}}$ 为 j 年所有节点投资概率 $\chi_{i,j}^{22}$ 之和。

(2)根据延迟期权方法投资原则的投资概率的确定也可分为三步(Zhang et al.，2014)，由式(3-8)定义：

$$\begin{cases}\chi_{i,j}=P_u\chi_{i-2,j-1}+P_m\chi_{i-1,j-1}+P_d\chi_{i,j-1},\ \chi_{1,1}=1\\ \chi_{i,j}^{1}=0,\ \text{当}\mathrm{TIV}_{(i,j)}=0\text{或}0<\mathrm{TIV}_{(i,j)}>\mathrm{NPV}_{(i,j)}\\ \chi_{i,j}^{2}=\chi_{i,j},\ \text{当}\mathrm{TIV}_{(i,j)}=\mathrm{NPV}_{(i,j)}>0\\ \chi_{j}^{\mathrm{TIV}}=\sum\chi_{i,j}^{2}\end{cases} \tag{3-8}$$

可知：①决策节点$(i,\ j)$投资概率$\chi_{i,j}$可以根据上一年与其连接的节点的投资概率计算；②投资者基于决策节点$(i,\ j)$的$\mathrm{NPV}_{(i,j)}$和$\mathrm{TIV}_{(i,j)}$进行投资决策；如果 CCS 项目的投资立即发生，则投资概率为$\chi_{i,j}(\chi_{i,j}^{2})$；否则为$0(\chi_{i,j}^{1})$；③年度投资概率$\chi_{i,j}^{\mathrm{TIV}}$为$j$年所有节点投资概率$\chi_{i,j}^{2}$之和。

3.3.6 CCS 项目投资可行性及最佳投资时机判别标准

净现值为未考虑期权价值的 CCS 项目投资固有价值。基于延迟期权的总投资价值，为考虑了期权价值的 CCS 项目投资价值。因此，面对一个试图投资的项目，在项目投资决策评估时，应首先保证的是较高机会实现盈利，即获得正的固有价值，然后再考虑延迟投资以获得更高的期权价值，因为刻意的追求期权价值，可能会极大增加 CCS 项目获得固有价值的风险。因此，CCS 项目投资可行性和最佳投资时机可做以下分级和定义。具体投资可行性分级与标准及最佳投资时间，如表 3-2 所示。

表 3-2 投资可行性分级与标准及最佳投资时间

投资可行性分级	标准	最佳投资时间
最佳	$\{\chi_j^{\mathrm{NPV}}\geqslant 90\%\}\cap\{\chi_j^{\mathrm{TIV}}>0\}$	$\max\chi_j^{\mathrm{TIV}}\in(\{\chi_j^{\mathrm{NPV}}\geqslant 90\%\}\cap\{\chi_j^{\mathrm{TIV}}>0\})$
次优	$\{\chi_j^{\mathrm{NPV}}\geqslant 90\%\}\cap\{\chi_j^{\mathrm{TIV}}=0\}$	$\max\chi_j^{\mathrm{NPV}}\in(\{\chi_j^{\mathrm{NPV}}\geqslant 90\%\}\cap\{\chi_j^{\mathrm{TIV}}=0\})$
中等	$\{90\%>\chi_j^{\mathrm{NPV}}\geqslant 60\%\}\cap\{\chi_j^{\mathrm{TIV}}>0\}$	$\max\chi_j^{\mathrm{TIV}}\in(\{90\%>\chi_j^{\mathrm{NPV}}\geqslant 60\%\}\cap\{\chi_j^{\mathrm{TIV}}>0\})$
一般	$\{90\%>\chi_j^{\mathrm{NPV}}\geqslant 60\%\}\cap\{\chi_j^{\mathrm{TIV}}=0\}$	$\max\chi_j^{\mathrm{NPV}}\in(\{90\%>\chi_j^{\mathrm{NPV}}\geqslant 60\%\}\cap\{\chi_j^{\mathrm{TIV}}=0\})$
低可行	$\{\chi_j^{\mathrm{NPV}}<60\%\}\cap\{\chi_j^{\mathrm{TIV}}\geqslant 20\%\}$	$\max\chi_j^{\mathrm{TIV}}\in(\{\chi_j^{\mathrm{NPV}}<60\%\}\cap\{\chi_j^{\mathrm{TIV}}\geqslant 20\%\})$
机会渺茫	$\chi_j^{\mathrm{NPV}}<60\%$ 且 $\chi_j^{\mathrm{TIV}}<20\%$	—

(1) 最佳投资项目：可在高机会获得正的固有价值的同时，以一定的概率获得延迟投资价值。高机会获得正的固有价值的同时，最大机会获得期权价值的时间，为 CCS 项目投资的最佳时间。

(2) 次优投资项目：可高机会获得正的固有价值，但此时却无法获得延迟投资价值。最高机会获得固有价值的时间即为最佳投资时间。

(3) 中等投资项目：可较大机会获得正的固有价值的同时，以一定的概率获得延迟投资价值。较大机会获得正的固有价值的同时，最大机会获得期权价值的时间，应是最佳投资时间。

(4) 一般投资项目：可较大机会获得正的固有价值，但此时却无法获得延迟投资价值。

最大机会获得固有价值的时间即为最佳投资时间。

(5)低可行投资项目：较低机会获得正的固有价值，但仍有较高机会获得期权价值。以最大机会获得延迟投资价值的时间位最佳投资时间。

(6)机会渺茫投资项目：较低机会获得正的固有价值，且获得期权价值机会较低。

3.4　不确定投资环境下煤制甲醇 CCS-EOR 项目投资决策

鄂尔多斯、松辽等油田附近的部分高浓度排放源 CO_2 捕集及驱油项目具有盈利的机会。但该类 CCS 项目仍面临着诸如经济不确定性、缺乏合适的财政和法律制度等阻碍(IEA，2008)。

3.4.1　不确定性

投资面临的不确定性，是 CCS-EOR 项目潜在投资者缺乏投资积极性的原因之一。自高浓度排放源捕集 CO_2 的技术成熟(IPCC，2005)，捕集成本不确定性小，这个事实可以从已有研究中得到佐证(Mantripragada and Rubin，2011；Xiang et al.，2014)。而地质以及油藏条件的复杂性会带来 CO_2 封存和石油生产成本的不确定性(Bock et al.，2003；McCoy，2009)，被认为是项目全价值链中最大的不确定性(James et al.，2011)。在项目评估中，贴现率的选择是主观的，投资者会基于自己的风险偏好来选择，是影响 CCS-EOR 项目投资决策的关键性变量(Wei et al.，2015)。来自三次采油的原油毫无疑问是 CCS-EOR 项目最大的来源，原油价格是影响项目经济性的关键性变量(McCoy，2009；Wei et al.，2015；Kwak and Kim，2017)。将 CCS 项目纳入碳交易市场，或通过碳税抵消机制来提高项目经济性，被认为是推动 CCS 项目发展的关键(Renner，2014；Wang and Zhang，2018)。目前，全球并未出现 CCS 项目纳入碳交易市场的案例，但挪威实施了 CCS 项目减排抵消碳税的政策(Price and McLean，2014)。因此，我们将碳税抵消机制纳入到本研究当中，作为中国对 CCS-EOR 项目的激励。考虑到碳税实施会影响中国经济发展，初期碳税会处于较低水平，然后逐步增加(Fang et al.，2013)。不过，初始碳税水平和增速不确定性较高，且中国并未出台明确的碳税开征时间。为了推动 CCS 技术发展，在美国、欧盟、加拿大等国家和组织，政府已经制定了相关法律或设立了 CCS 项目初始成本的基金(Folger，2016；EC，2017；NRC，2017)。随着 CCS 技术的发展，中国也有可能制定类似财政支持政策，但支持力度存在巨大不确定性。上述不确定性，是一个 CCS-EOR 项目进行投资决策时所要关注的。为了使本研究的结果具有更广泛的适用性，本研究还考虑了 CO_2 主管道运输距离(Bock et al.，2003)、三次采油产量(Dahowski et al.，2009)和投资主体的剩余服务年限(Wei et al.，2015)的不确定性。

因此，CCS-EOR 项目投资决策所面临的不确定因素包括油价、碳税税率、运输距离、CO_2 封存与原油生产成本、原油产量、碳税开始征收时间、投资主体剩余服务年限、资本补贴、贴现率等。在已有 CCS 项目投资决策的研究中，碳税出台的时间、运输距离、投资主体剩余服务年限、资本补贴、贴现率、碳税税率、油价波动率、CO_2 封存与原油生产成本等，多作为非随机变量进行处理(Rohlfs and Madlener，2011；Zhang et al.，2014；

Zhou et al.，2014）。从历史数据来看，油价受市场供需情况影响，波动较为强烈，加之其对该类项目投资价值较强的影响，应该作为一种随机变量考虑进评估模型中。面对具有时间维度的随机变量，现有部分研究所采用的净现值法（Boodlal and Alexander，2014）显然存在着一定的不足。为此，本章采用实物期权方法对 CCS-EOR 项目投资决策进行评估。考虑到本章的随机变量仅为油价，通过三叉树模型对其定价。对于其他不确定性，采用情景分析法来分析其对 CCS-EOR 项目投资决策的影响。

3.4.2 研究框架

CCS-EOR 项目投资时机灵活，投资不可逆，且面临多种不确定性，尤其是油价的随机性，需要根据基于三叉树的延迟期权法构建投资评价方法。另外，情景分析方法用来分析其他不确定性对投资决策的影响。本节具体论证了为决策制定提供参考的四个关键指标：净现值、总投资价值、年度投资概率和临界油价。投资净现值为 CCS 投资所获得的固有价值。总投资价值为考虑期权价值的投资价值，即在固有价值的基础上增加了期权价值。年度投资概率是指在投资主体的剩余服务年限内，每年立即执行 CCS-EOR 项目投资的机会，分为基于净现值方法投资原则的投资概率和延迟期权方法投资原则的投资概率。临界油价，指投资者第一次评估 CCS-EOR 项目投资经济可行时，期权价值为 0 时的油价。然后，基于投资的可行性和对影响决策的通过行政手段可控的不确定性的理解，提出了促进 CCS-EOR 项目投资的合理建议。图 3-3 展示了我们描述的研究框架。

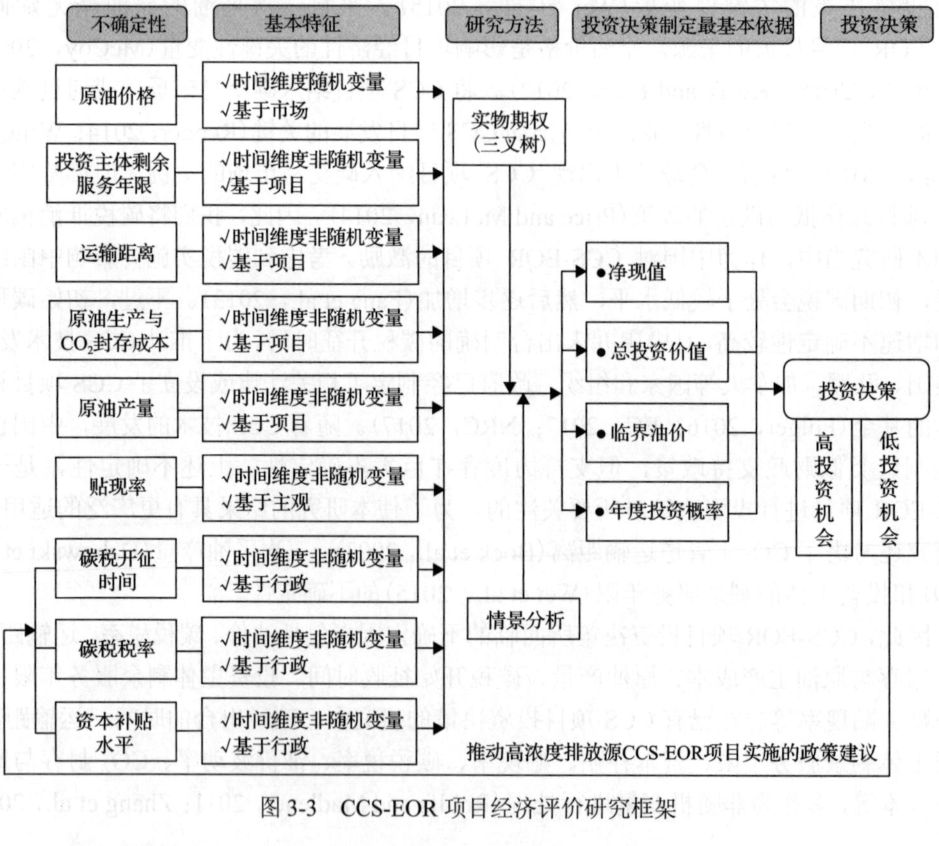

图 3-3 CCS-EOR 项目经济评价研究框架

3.4.3　CCS-EOR 项目净现值

CCS 项目净现值包括项目支出和项目收益。其中项目支出包含各技术环节的建设成本、运营与维护成本、能源成本、水资源成本，以及原油生产税费。项目收益得自于原油的销售和碳税的抵消。

$$\begin{aligned}\mathrm{NPV}_{\tau_1} &= -(C_{\mathrm{c}}^{\mathrm{COM}}+C_{\mathrm{th}}^{\mathrm{COM}}+C_{\mathrm{s}}^{\mathrm{COM\&O}}+C_{\mathrm{r}}^{\mathrm{O}})\cdot(1+\gamma_0)^{\tau_1-2020}\\&\quad-\sum_{t=\tau_1}^{\tau_2}\left\{\left[(C_{\mathrm{c}}^{\mathrm{COM,O\&M}}+C_{\mathrm{c}}^{\mathrm{COM,N}}+C_{\mathrm{c}}^{\mathrm{COM,W}})\cdot A_{\mathrm{c},t}^{\mathrm{COM}}+C_{\mathrm{th}}^{\mathrm{COM,O\&M}}\cdot A_{\mathrm{th},t}^{\mathrm{COM}}\right.\right.\\&\quad\left.\left.+C_{\mathrm{s}}^{\mathrm{COM\&O,O\&M}}\cdot A_{\mathrm{s},t}^{\mathrm{COM\&O}}\right]\cdot(1+\gamma_0)^{\tau_1-1-t}\right\}-\sum_{t=\tau_1}^{\tau_2}\left\{\left[(C_{\mathrm{r}}^{\mathrm{O,O\&M}}+C_{\mathrm{r}}^{\mathrm{O,N}})\cdot A_{\mathrm{r},t}^{\mathrm{O}}\right.\right.\\&\quad\left.\left.+C_{\mathrm{op}}^{\mathrm{O\&M}}\cdot A_{\mathrm{op},t}+\mathrm{OT}_t\cdot A_{\mathrm{op},t}-\mathrm{CT}_t\cdot A_{\mathrm{c},t}^{\mathrm{COM}}-P_{\mathrm{oil},t}\cdot A_{\mathrm{op},t}\right]\cdot(1+\gamma_0)^{\tau_1-1-t}\right\}\end{aligned}\tag{3-9}$$

式中，τ_1 为项目投入运营时间；τ_2 为项目退役时间；$C_{\mathrm{c}}^{\mathrm{COM}}$ 是为捕集 CO_2 所投入的建设成本；$C_{\mathrm{th}}^{\mathrm{COM}}$ 是为运输 CO_2 所投入的建设成本；$C_{\mathrm{s}}^{\mathrm{COM\&O}}$ 为封存捕集的和油田中回收的 CO_2 所投入的建设成本；$C_{\mathrm{r}}^{\mathrm{O}}$ 为自油田中回收 CO_2 所投入的建设成本；$C_{\mathrm{c}}^{\mathrm{COM,O\&M}}$ 为 CO_2 捕集的运营与维护成本；$C_{\mathrm{c}}^{\mathrm{COM,N}}$ 为 CO_2 捕集的能源成本；$C_{\mathrm{c}}^{\mathrm{COM,W}}$ 为 CO_2 捕集的用水成本；$A_{\mathrm{c},t}^{\mathrm{COM}}$ 为 t 年 CO_2 的捕集量；$C_{\mathrm{th}}^{\mathrm{COM,O\&M}}$ 为 CO_2 运输的运营与维护成本；$A_{\mathrm{th},t}^{\mathrm{COM}}$ 为 t 年 CO_2 运输量，与 CO_2 捕集量相等；$C_{\mathrm{s}}^{\mathrm{COM\&O,O\&M}}$ 为 CO_2 封存的运营与维护成本；$A_{\mathrm{s},t}^{\mathrm{COM\&O}}$ 为 t 年捕集的和油田中回收的 CO_2 的总量；$C_{\mathrm{r}}^{\mathrm{O,O\&M}}$ 为从油田中回收 CO_2 的运营与维护成本；$C_{\mathrm{r}}^{\mathrm{O,N}}$ 为 CO_2 回收的能源成本；$A_{\mathrm{r},t}^{\mathrm{O}}$ 为 t 年 CO_2 回收量；$C_{\mathrm{op}}^{\mathrm{O\&M}}$ 为原油开采过程中的运营与维护成本；$A_{\mathrm{op},t}$ 为 t 年的原油产量；OT_t 为 t 年的原油税费(从价计征)；CT_t 为 t 年的碳税税率，从量计征；$P_{\mathrm{oil},t}$ 为 t 年的油价；γ_0 为贴现率。另外需要指出的是，原设备可采油井仍可用于第三次采油，因此，本书假设在原油开采中无前期资金的投入。

3.4.4　研究边界

本章的研究对象为高浓度排放源的 CCS-EOR 项目，不包含其前端排放源的生产过程和后端的原油运输、深加工等环节，如图 3-4 所示。从排放源捕集的 CO_2 通过管道运

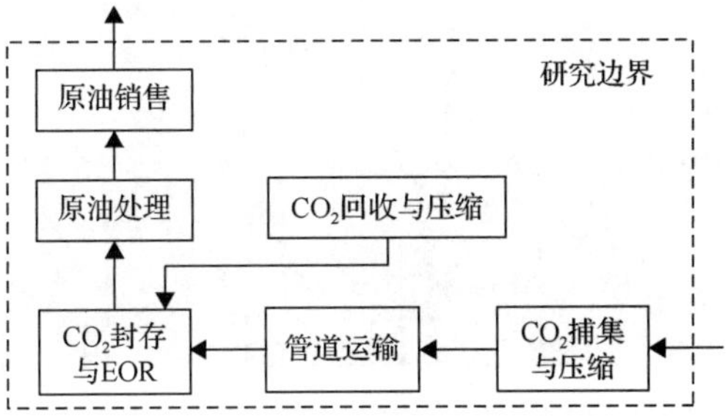

图 3-4　CCS-EOR 项目投资评价研究边界

输至油田用于三次采油。另外，大量的 CO_2 和硫化氢(H_2S)等伴生气存在于油井开采出的原油中，这些气体需要通过油气分离方式去除，而其中的 CO_2 在经过回收和压缩工艺之后，重新用于三次采油。另外在原油销售环节，我们不考虑因原油销售而可能产生的其他费用。

3.4.5　研究案例

延长石油于 2012 年 11 月在陕西延长石油榆林煤化有限公司建成了第一套 5 万 t/a 的 CO_2 捕集装置，并于 2014 年启动了第二套 CO_2 捕集装置的建设，即陕西延长中煤榆林能源化工有限公司 36 万 t/a CCS 项目，计划在 2016 年底建成(陕西延长石油(集团)有限责任公司，2015)。CO_2 注入地点分别为吴起和靖边采油厂，用于提高的原油采收率。2015 年 9 月 26 日，延长石油碳捕集、利用与封存项目纳入《中美元首气候变化联合声明》双边合作(国家发改委，2016)。截至 2018 年 11 月，吴起和靖边已分别累计注入 CO_2 约 4.25 万 t 和 9.33 万 t(陕西延长石油(集团)有限责任公司，2018a，2018b)。为落实《中美元首气候变化联合声明》，2016 年陕西省已经立项"延长石油集团 100 万 t 碳捕集、利用与封存示范项目"，该项目也成为国家"十三五"唯一支持的大规模 CCS 示范项目(国家发改委，2017)。本章研究案例是在原延长石油 CCS-EOR 的项目规模基础上的扩大，即从陕西延长中煤榆林能源化工有限公司 60 万 t/a 的煤制甲醇生产线捕集 CO_2(陕西延长中煤榆林能源化工有限公司，2014)，然后通过管道运输至 30km 外的靖边进行封存，并用于鄂尔多斯油田的三次采油。本案例中排放源与封存场地位置示意图，如图 3-5 所示。另外需要说明的是，案例采用的是除剩余服务年限外的该煤制甲醇生产线的相关参数。因为案例分析以新建煤制甲醇生产线为对象，而该生产线实际已于 2015 年投产。

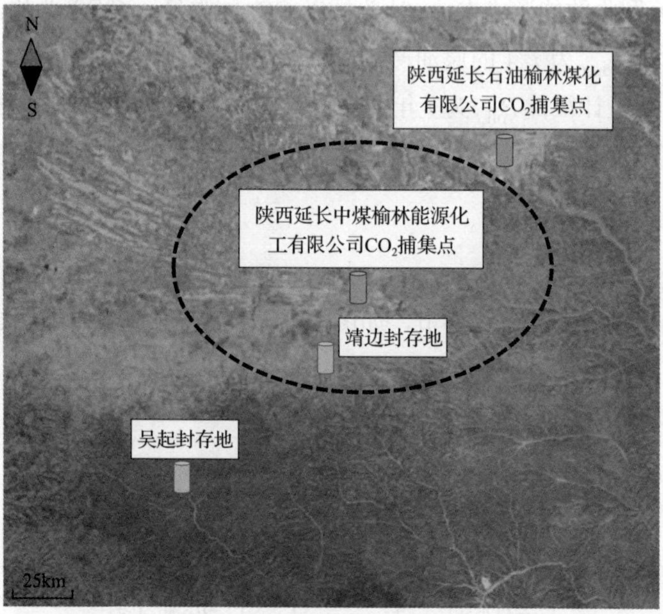

图 3-5　研究案例排放源与封存场地位置示意图

3.4.6 参数与数据

假设一个新的煤制甲醇装置的寿命为 20 年(2019～2038 年)。CCS-EOR 项目投资可行性初次评估为 2019 年初，最早可能建设时间为 2019 年，建设周期为 1 年，最早 2020 年投入运营。此外，项目投资决策时间间隔为 1 年。另外，本研究中所有初始成本均为 2018 年人民币不变价。

1. CO_2 捕集

CO_2 捕集成本核算所需数据如表 3-3 所示。研究案例 CO_2 年排放量为 123.58 万 t(吴秀章，2013)。从已有 CCS-EOR 项目来看，随着从油田回收的 CO_2 的增多和石油产量的下降，从煤制甲醇生产线捕集的 CO_2 的量呈逐年下降趋势。从煤制甲醇生产线捕集的 CO_2 的量如图 3-6 所示，本书设置最大捕集率 80%，最大捕集量 99 万 t/a，其他年份数据通过拟合 Dahowski 等(2009)研究的数据获得。本研究中 CO_2 捕集建设成本满足最大捕集规模，且捕集每吨 CO_2 的运营与维护成本、能耗、水耗等不随捕集规模变化。其中，建设成本和运营与维护成本，采用化工厂成本指数(图 3-7)(Vatavuk，2002；EDOC，2017；Leeson et al.，2017；Chemical Engineering Essentials for the CPI Professional，2019)，将其转换为 2018 年人民币不变价。煤制甲醇生产线和煤制烯烃生产线原料气中的 CO_2 浓度几乎相同(吴秀章，2013)，因此，CO_2 捕集设施的建设成本、运营与维护成本和能耗也可以认为是相同的(Xiang et al.，2014)。本研究的初始电价为 0.463 元/kWh(陕西省物价局，2018)。基于历史电价走势以及对电力系统进行低碳技术投资的考虑，预计未来中国电价将持续上涨，本章假设中国电价年增速为 0.01 元/kWh(Zhou et al.，2010)。煤制甲醇生产线和直接煤制油生产线原料气中的 CO_2 浓度几乎相同(吴秀章，2013)，为此，我们认为从两种工艺中捕集 CO_2 所消耗的水资源量也几乎是相同的。每吨 CO_2 捕集需要消耗脱盐水为 0.45t，循环冷却水损失为 0.43t(吴秀章，2013)，总耗水量为 1t(Li et al.，2020)。综合初始水价包括水资源费(1 元/t)、污水处理费(1.42 元/t)和淡水生产成本(4.38 元/t)，共计 6.8 元/t(中国水网，2017；陕西省人民政府，2018)。考虑到未来中国水资源紧缺形势会加剧，假设水资源费年均增量为 0.3 元/t。

表 3-3　CO_2 捕集成本核算所需数据

参数	数值
每年从煤制甲醇生产线捕集 CO_2 规模	见图 3-6
CO_2 捕集建设成本/亿元	0.39
CO_2 捕集运营与维护成本/(元/t)	10.48
CO_2 捕集用能/(kWh/t)	98.5
CO_2 捕集用水/(t/t)	1
初始电价/(元/kWh)	0.463
电价年均增量/(元/kWh)	0.01
初始水价/(元/t)	6.80
水价年均增量/(元/t)	0.30

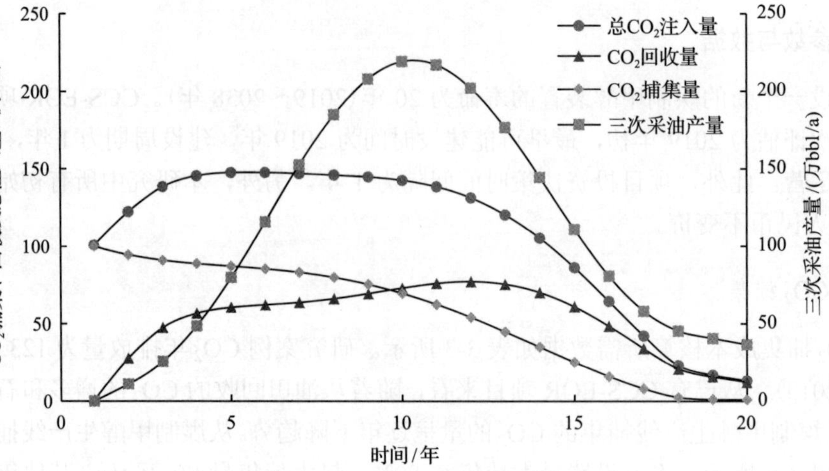

图 3-6　CO_2 注入与三次采油量

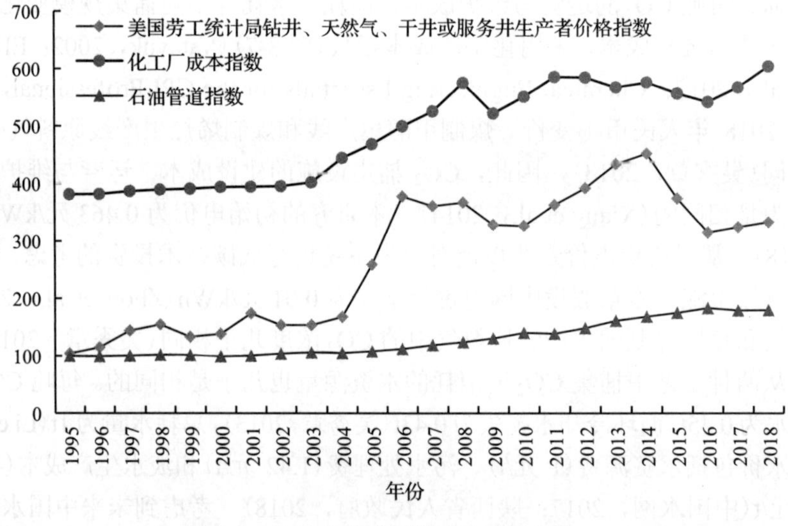

图 3-7　CCS 各技术环节成本调整指数

2. CO_2 运输

CO_2 运输成本核算所需数据如表 3-4 所示。CO_2 主运输管道长 30km，建设成本参考 McCollum 和 Ogden(2006) 构建模型进行计算。模型中区域因子为 0.8(Renner，2014)，地形(石漠)因子为 1.1。该模型计算出成本为 2005 年美元价格，然后我们采用石油管道指数(图 3-7)(FERC，2018)，及汇率(6.24)将其转换为 2018 年人民币不变价。主管道将 CO_2 运输至封存场地，而运输至每个封存井仍需建设支线管道。参考已有研究(Dahowski et al.，2009)，支线管道长度等于 17%的主管道长度再加上 40km，总长度为 45km。另外，CO_2 运输在不超过 200km 的情况下不需要设置增压站(IEAGHG，2005)，因此 CO_2 运输不消耗能源。参考已有研究结论(McCollum and Ogden，2006)，每年运营与维护成本为总建设成本的 2.5%。另外，CO_2 运输建设成本为满足最大运输规模的资本投入，且运输每吨 CO_2 的运营与维护成本不随运输规模变化而改变。

表 3-4　CO_2 运输成本核算所需数据

参数	数值
CO_2 运输规模	见图 3-6
主运输管道建设成本/亿元	0.70
主运输管道运营与维护成本/(元/t)	1.75
支线运输管道建设成本/亿元	1.11
支线运输管道运营与维护成本/(元/t)	2.87

3. CO_2 封存

CO_2 封存成本核算所需数据如表 3-5 所示。封存的 CO_2 包括来自煤制甲醇生产线的 CO_2 和自油田回收的 CO_2。年度 CO_2 注入量如图 3-6 所示。在 CO_2 驱油过程中，每口注入井的年注入量为 2.1 万 t(Dahowski et al.，2009)，70 口井才能满足最大 CO_2 年注入量。另外，假设 50%注入井为重新利用的原开采井，50%为新建井。重用井建井成本为新建井的 50%左右(ZEP，2011)。新建井的建设成本和运营与维护成本最初参考 McCollum and Ogden(2006)构建的模型进行计算，之后通过区域因子(0.8)、美国劳工统计局石油、天然气、干井或服务井生产者价格指数(图 3-7)(US BLS，2018)和汇率(6.24)，将其转换为 2018 年人民币不变价。另外，油田在开采前已经过勘探，不考虑勘探费。

表 3-5　CO_2 封存成本核算所需数据

参数	数值
每年 CO_2 封存规模	见图 3-6
新建井个数/口	35
重用井个数/口	35
单口新井建井成本/万元	337
单口重用井建井成本/万元	168
CO_2 注入设备总成本/万元	1005
CO_2 封存运营与维护成本/(元/t)	13.48

4. 原油生产

原油生产成本核算所需数据如表 3-6 所示。1 口注入井配备 1.5 口产油井(Dahowski et al.，2009)。产油井为原生产井，不建设新开采井，不增加开采设备，因而不增加建设成本。在原油生产过程中需要投入的其他成本为 25.33 元/t(Dahowski et al.，2009；Renner，2014；US BLS，2018)。鄂尔多斯油田 CO_2 与原油置换率平均为 1.9bbl 原油/t

CO_2(Dahowski et al.，2009)。CO_2驱替而增产的原油总产量如图 3-6 所示，在已知驱油年限内三次采油总量的基础上，通过拟合已有研究CO_2驱油产量趋势所得(Jakobsen et al.，2005)。

表 3-6　原油生产成本核算所需数据

参数	数值
每年CO_2驱替而增产的原油总产量/万 bbl	见图 3-6
原油开采其他运营与维护成本/(元/bbl)	25.33

5. CO_2回收

CO_2回收成本核算所需数据如表 3-7 所示。每年自油田回收CO_2的量如图 3-6 所示，其综合来自煤制甲醇生产线CO_2捕集量，以及拟合来自 Dahowski 等(2009)研究的数据获得。建设成本和运营与维护成本基于 Dahowski 等(2009)提供模型和数据计算获得。CO_2回收过程消耗电能为 52kWh/t(Bock et al.，2003)，之后通过区域因子(0.8)、化工厂成本指数(图 3-7)，以及汇率(6.24)将其转换为 2018 年人民币不变价。另外，CO_2回收建设成本为满足最大回收规模的资本投入，且回收每吨CO_2运营与维护成本、电耗等不随回收规模变化而改变。

表 3-7　CO_2回收成本核算所需数据

参数	数值
每年CO_2回收规模/万 t	见图 3-6
CO_2回收建设成本/亿元	1.37
CO_2回收运营与维护成本/(元/t)	28.27
CO_2回收能耗/(kWh/t)	52

6. 其他参数与数据

其他参数与数据如表 3-8 所示。以 1985～2018 年 WTI(West Texas Intermediate)原油价格(EIA，2018)为基础，计算油价波动率σ、增长率u，下降率d，以及油价增长、不变以及下降的概率P_u、P_m和P_d。另外，取 2019 年 WTI 原油价格均值作为本章的油价初始值。中国原油税费主要包括资源税、企业所得税和石油特备收益金三类。一次采油和二次采油的资源税的征收比例为油价的 6%，三次采油减免 30%(财政部，2014b)。石油特备收益金的征收比例根据油价进行阶梯调整(财政部，2014a)。企业所得税税率为 25%。另外，其他税费如增值税、城市维护建设税、教育费附加和安全费等的征收比例假设为油价的 2%。对于碳税，中国并没有给出明确的开征时间点和征收水平。假设 2022 年开征碳税，初始碳税征收水平为 10 元/t，年增量为 10 元/t。贴现率和无风险利率分别取 0.1 和 0.05(Zhang et al.，2014)。

表 3-8　油价与原油税费等其他参数与数据

参数	数值
原油初始价格/(元/bbl)	346.38
油价波动率	0.0684
油价增长率	1.1395
油价下降率	0.8776
油价上升概率	0.3857
油价不变概率	0.5937
油价下降概率	0.0206
企业所得税率/%	25
资源税率/%	4.2
其他税费征收比率/%	2
石油特别收益金/美元(征收比例/%)	65～70(含)(20)
	70～75(含)(25)
	75～80(含)(30)
	80～85(含)(35)
	＞85(40)
贴现率	0.1
无风险利率	0.05
碳税开征年份	2022
初始碳税/(元/t)	10
碳税年均增量/(元/t)	10

3.4.7　结果分析

1. 项目净现值、总投资价值与临界油价

仅从项目投资的净现值来看，基于净现值法的投资原则，CCS-EOR 项目应在 2019 年立即进行投资。因为较高的油价足以使项目在 2020～2038 年的 19 年间创造 6.47 亿元的收益。但对比净现值和总投资价值来看，企业应选择延迟投资，因为延迟投资可以获得 0.12 亿元的期权收益，立即投资的临界油价为 348.58 元/bbl。

2. 延迟期内项目年度投资概率

基于净现值方法和实物期权方法投资原则的 CCS 项目年度投资概率如图 3-8 所示。基于净现值方法投资原则的投资概率在 2027 年之前处于 90%以上，之后快速下降，2027 年之后降至 60%以下。这种情况主要是三个因素导致的：①项目服务年限过短而没有足够的时间收回成本；②CO_2 驱替采油产量呈现“低—高—低”的趋势；③石油特备收益金的征收比例根据油价进行阶梯调整，弱化了高油价带来的收益。基于实物期权方法投资原则的投资概率在 2022 年之前快速增加，之后逐步下降。具体来看，以延长石油新建煤制甲醇生产线为参考的 CCS-EOR 项目是最佳的 CCS 项目，2022 年是进行项目投资的最佳时间，最晚投资时间不能超过 2026 年，否则难以收回成本。

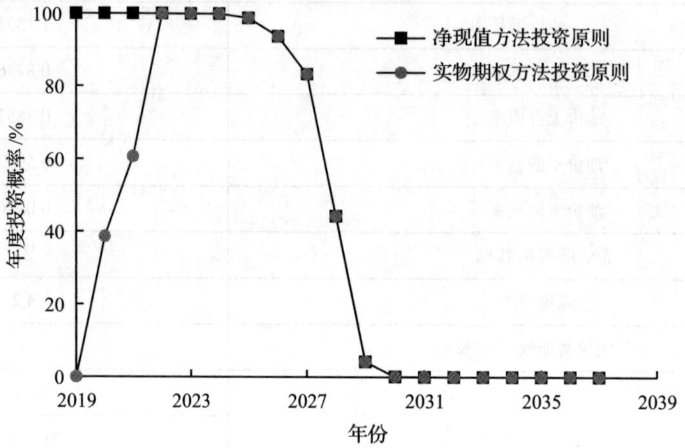

图 3-8　CCS-EOR 案例项目年度投资概率

3. 不确定性对净现值、总投资价值、临界油价和年度投资概率的影响

(1) CO_2 封存与原油生产成本的影响。

CO_2 封存与原油生产成本对净现值、总投资价值、临界油价和年度投资概率的影响如图 3-9 所示。随着 CO_2 封存与原油生产成本的增加，项目现金流逐渐恶化，期权价值却在逐步提高。CO_2 封存与原油生产成本提高 50%，净现值下降 2.08 亿元，临界油价提高为 349.34 元/bbl。另外，较差的投资条件使投资者延迟投资，以寻求更佳的投资时机，最佳投资时间推迟至 2023 年。在实际项目实施中，CO_2 封存与原油生产运营与维护成本跨度可能高于本书所讨论的范围(Koelbl et al.，2014)，对项目投资的经济性的影响更大。

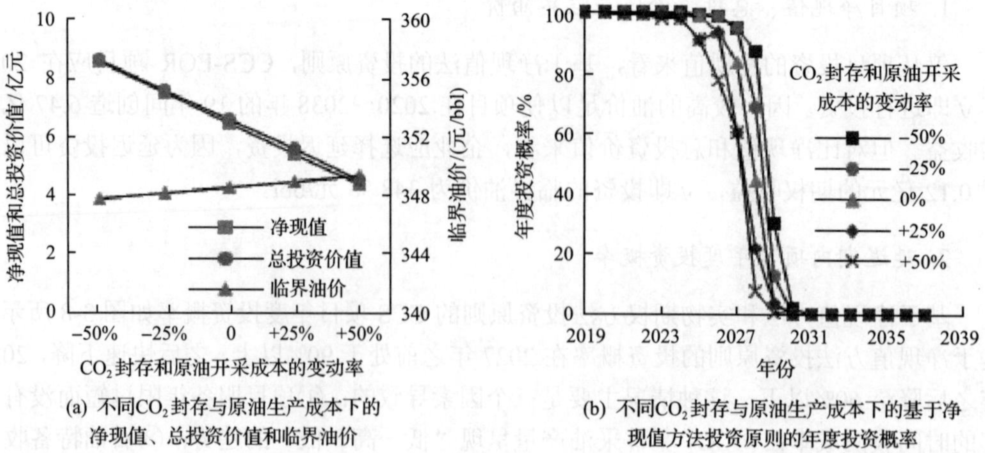

(a) 不同CO_2封存与原油生产成本下的净现值、总投资价值和临界油价

(b) 不同CO_2封存与原油生产成本下的基于净现值方法投资原则的年度投资概率

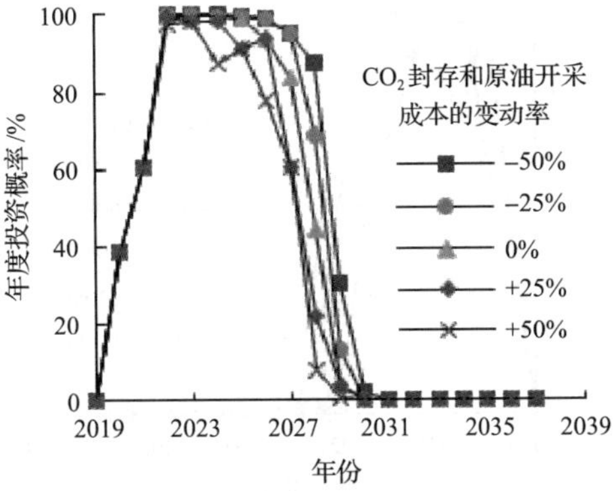

(c) 不同CO_2封存与原油生产成本下的基于实物期权方法投资原则的年度投资概率

图 3-9　CO_2封存与原油生产成本的影响

(2) 主管道运输距离的影响。

CO_2主管道运输距离对净现值、总投资价值、临界油价和年度投资概率的影响如图 3-10 所示。运输距离对项目投资的经济性及期权价值影响很大，但由于运输距离增加带来的成本增加主要体现在资本成本方面，随运输距离增加，期权价值下降。运输距离达到 150km 时，净现值下降 3.19 亿元，临界油价降至 346.71 元/bbl，CCS-EOR 项目最佳投资时间提前为 2021 年。基于当前中国部分排放源与油田的分布来看，运输距离会对中国潜在的部分项目实施的积极性产生较为显著的影响。

(3) 原油产量的影响。

原油产量对净现值、总投资价值、临界油价和年度投资概率的影响如图 3-11 所示。随着原油产量的下降，项目经济性下降，但期权价值逐渐小幅提高。原油产量下降 20%，净现值下降了 3.66 亿元。中国大部分油田的 CO_2 驱油效果弱于鄂尔多斯油田，甚至弱于本书设置的最悲观情景(Dahowski et al.，2009)。若将运输距离和 CO_2 封存与原油生产成本的影响考虑在内，在无资本补贴等财政支持政策的情况下，中国部分油田在短期内不具备 CCS-EOR 项目投资的可行性。

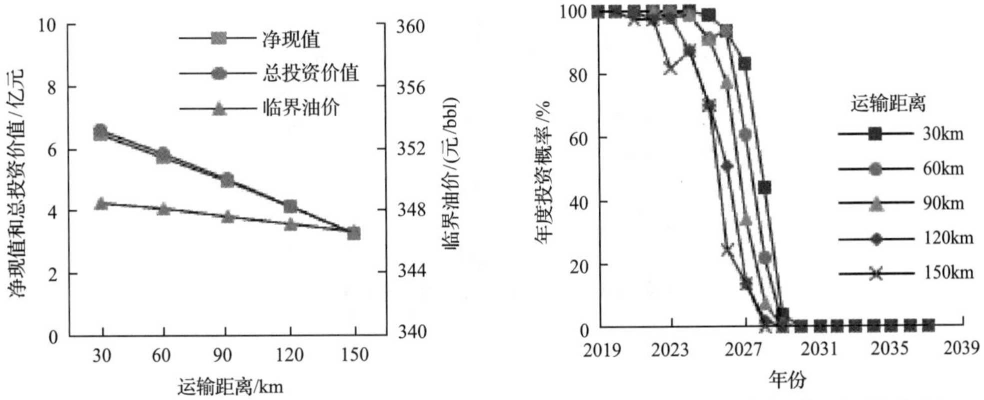

(a) 不同CO_2主管道运输距离下的净现值、总投资价值和临界油价

(b) 不同CO_2主管道运输距离下的基于净现值方法投资原则的年度投资概率

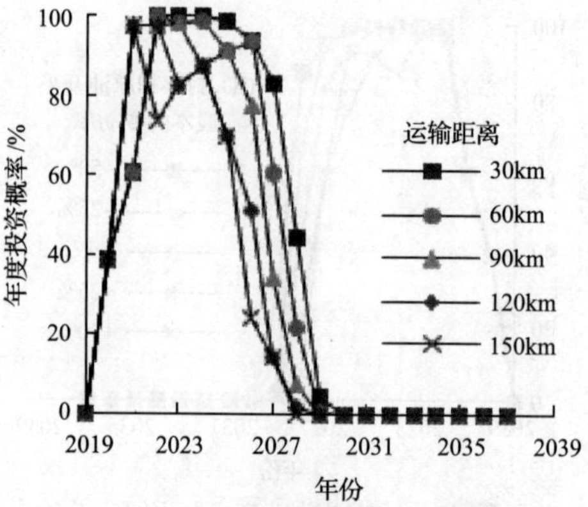

(c) 不同CO_2主管道运输距离下的基于实物期权方法投资原则的年度投资概率

图 3-10　CO_2主管道运输距离的影响

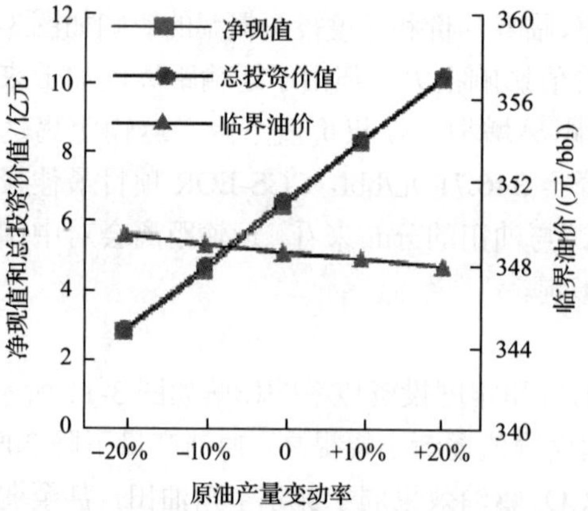

(a) 不同原油产量下的净现值、总投资价值和临界油价

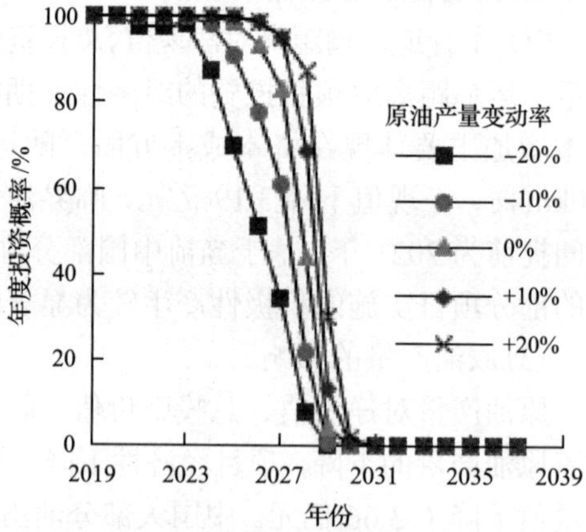

(b) 不同原油产量下的基于净现值方法投资原则的年度投资概率

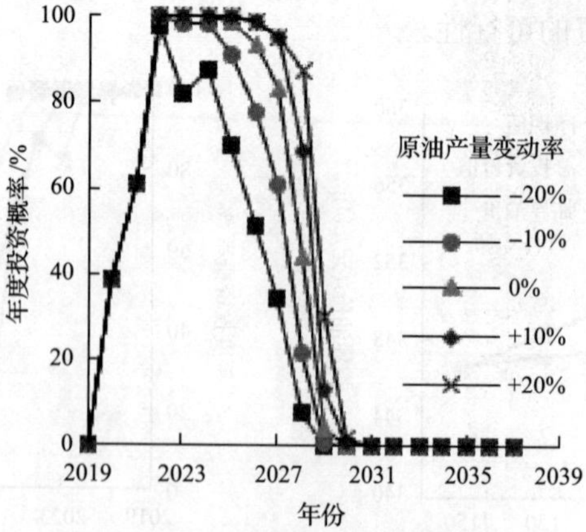

(c) 不同原油产量下的基于实物期权方法投资原则的年度投资概率

图 3-11　原油产量的影响

(4) 碳税税率及其开征时间的影响。

碳税税率及其开征时间对净现值、总投资价值、临界油价和年度投资概率的影响，如图 3-12 和图 3-13 所示。毫无疑问，初始碳税及其年均增量的提高会提高项目的净现值、期权价值和投资机会。初始碳税及其年均增量增加 1 元/t，净现值增加 0.13 亿元左右。初始碳税及其年均增量提高，在未来投资环境更加可期的情况下，投资者会选择延迟投资，最佳投资时机推迟至 2023 年。在相同的初始碳税及其年均增量下，推迟碳税开征时间变相地降低了每年的碳税税率。碳税开征时间推迟至 2030 年时，净现值下降了 1.24 亿元，期权价值消失，最佳投资时机提前为 2019 年。虽然碳税税率及其开征时间的变化，并没有改变项目的投资可行性级别，但中国碳税税率以及开征时间不确定性大(Fang et al.，2013)，我们认为在项目投资评估中引入碳税时要保持谨慎的态度。

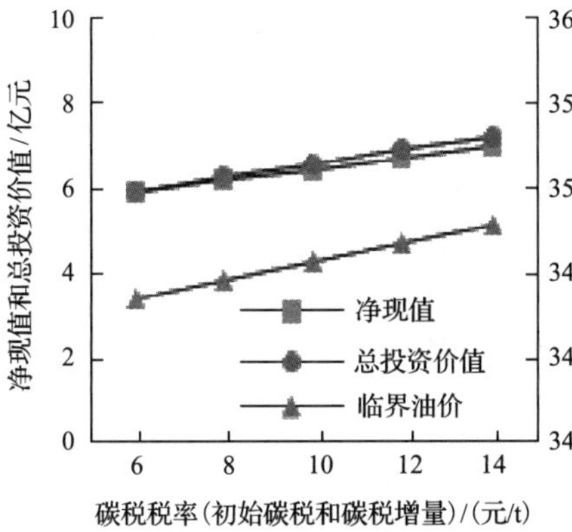

(a) 不同碳税税率下的净现值、总投资价值和临界油价

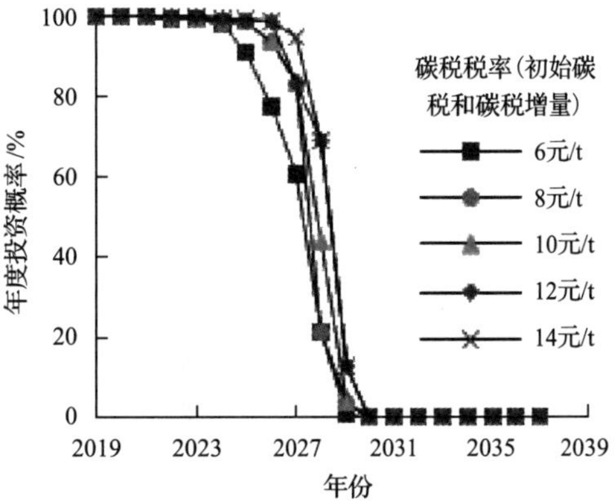

(b) 不同碳税税率下的基于净现值方法投资原则的年度投资概率

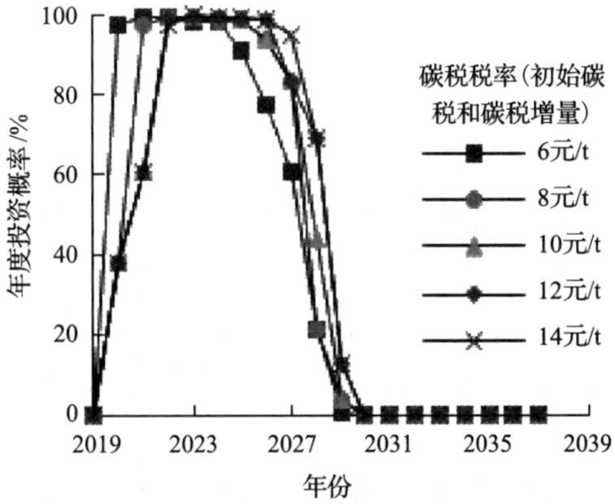

(c) 不同碳税税率下的基于实物期权方法投资原则的年度投资概率

图 3-12　碳税税率的影响

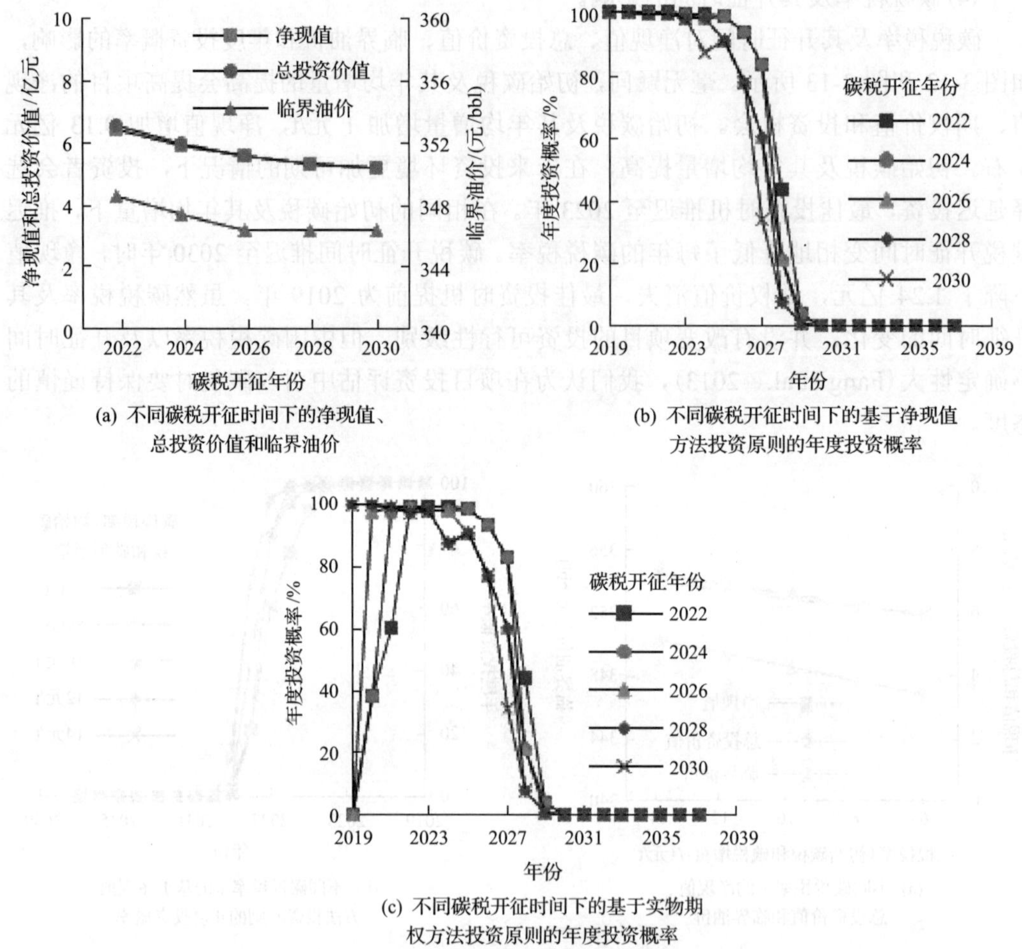

(a) 不同碳税开征时间下的净现值、总投资价值和临界油价

(b) 不同碳税开征时间下的基于净现值方法投资原则的年度投资概率

(c) 不同碳税开征时间下的基于实物期权方法投资原则的年度投资概率

图 3-13　碳税开征时间的影响

(5) 贴现率的影响。

贴现率对净现值、总投资价值、临界油价和年度投资概率的影响如图 3-14 所示。贴现率选取一般是主观的，体现了投资者对项目投资风险的态度。高贴现率意味着投资者将 CCS-EOR 项目视为高风险投资项目。当贴现率增至 12%时，投资净现值下降了 36.01%，最佳投资时机提前为 2019 年。国际能源署温室气体研发计划(IEA Greenhouse Gas Research and Development Programme)指出，贴现率选取 10%为合理值(IPCC，2002)。

(6) 油价波动率的影响。

油价波动率对净现值、总投资价值、临界油价和年度投资概率的影响如图 3-15 所示。从理论上来说，风险中性定理(Hull，2015)认为，随着波动率的增加，CCS-EOR 项目期权价值在延迟期内逐渐提高。但由于企业所得税标准以及阶梯从价计征的原油特别收益金的影响，期权价值反而下降。当波动率为 0.15 时，最佳投资时间提前为 2019 年。

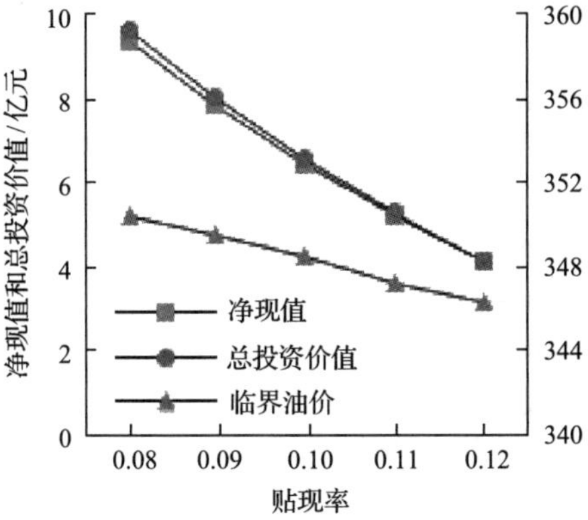

(a) 不同贴现率下的净现值、总投资价值和临界油价

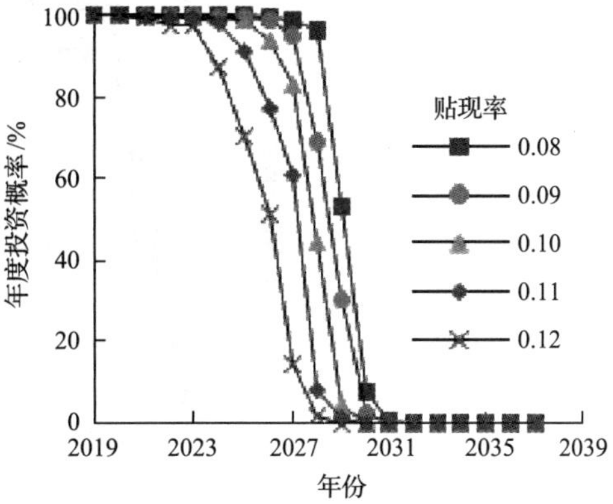

(b) 不同贴现率下的基于净现值方法投资原则的年度投资概率

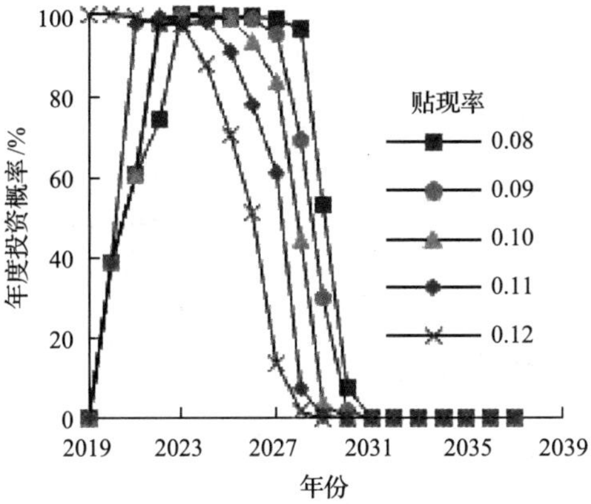

(c) 不同贴现率下的基于实物期权方法投资原则的年度投资概率

图 3-14　贴现率的影响

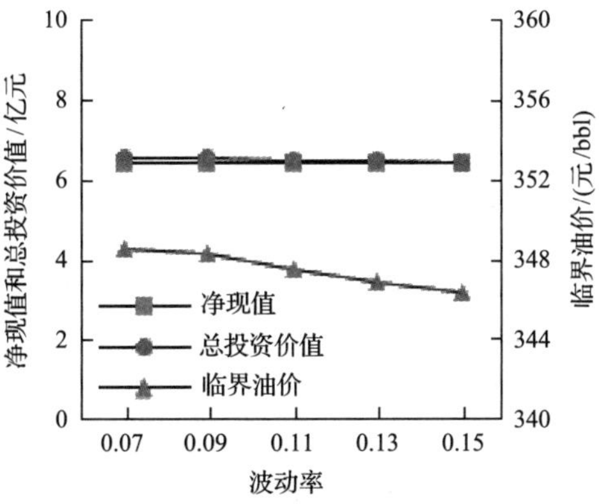

(a) 不同油价波动率下的净现值、总投资价值和临界油价

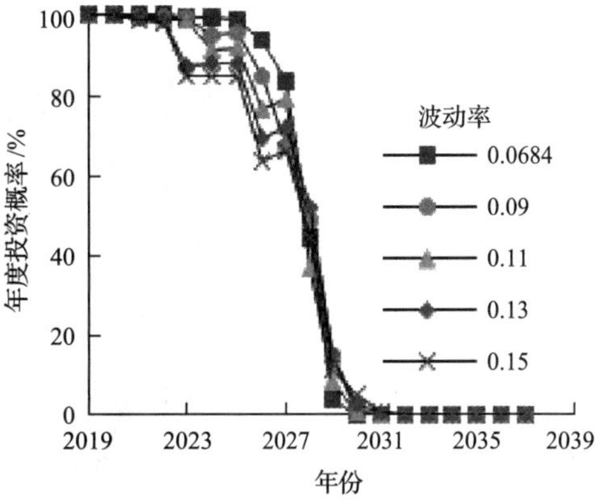

(b) 不同油价波动率下的基于净现值方法投资原则的年度投资概率

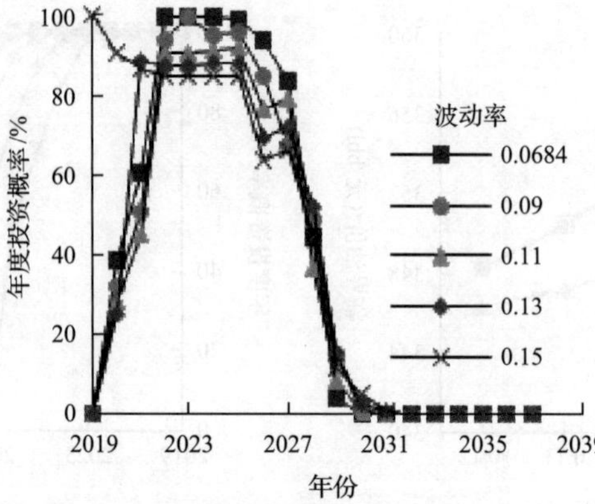

(c) 不同油价波动率下的基于实物期权方法投资原则的年度投资概率

图 3-15　油价波动率的影响

(7) 煤制甲醇生产线剩余服务年限的影响。

煤制甲醇生产线剩余服务年限对净现值、总投资价值、临界油价和年度投资概率的影响如图 3-16 所示。随着剩余服务年限的减少，每吨原油(油价)带来期权价值越小

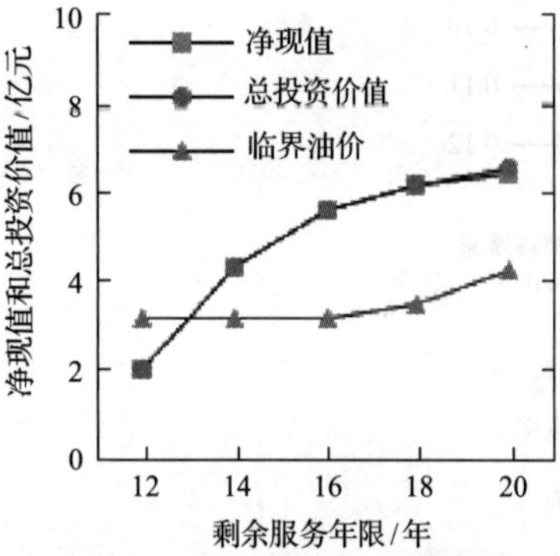

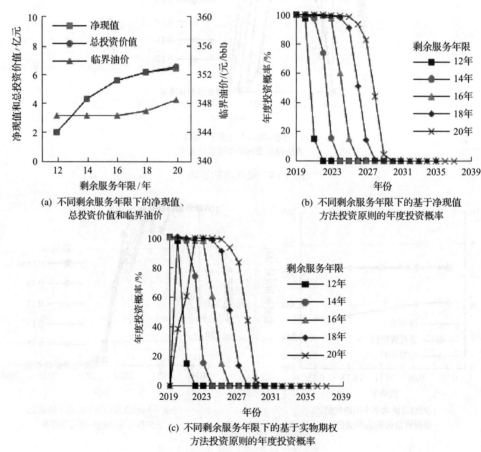

(a) 不同剩余服务年限下的净现值、总投资价值和临界油价

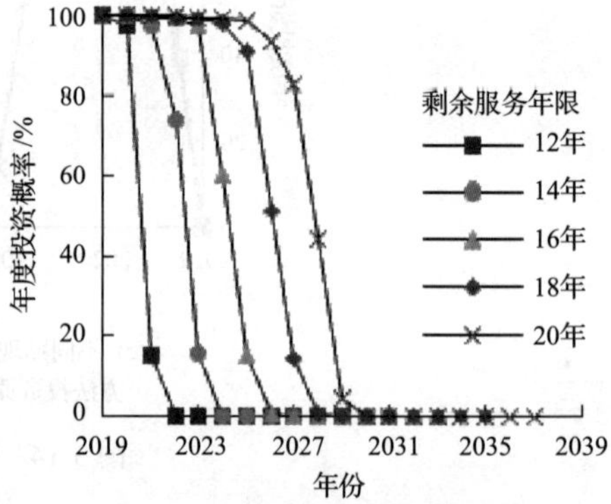

(b) 不同剩余服务年限下的基于净现值方法投资原则的年度投资概率

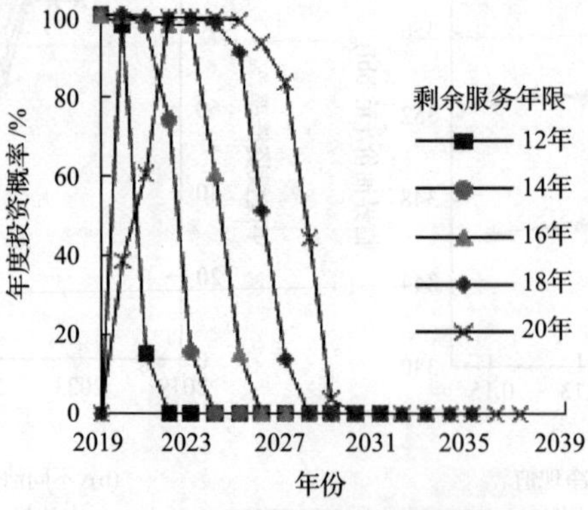

(c) 不同剩余服务年限下的基于实物期权方法投资原则的年度投资概率

图 3-16　剩余服务年限的影响

(Hull，2015)，服务年限为 16 年时期权价值消失。另外，较短的剩余服务年限，使项目无充足的原油产量收回成本，当剩余服务年限低于 11 年时，即使是灵活的决策也无法使 CCS-EOR 项目获益。因此可以认为，剩余服务年限低于 11 年的中国高浓度排放源，应放弃 CCS-EOR 项目投资。另外，延长石油煤制甲醇生产线剩余服务年限为 16 年，其 CCS-EOR 项目仍为最佳投资项目，最佳投资时间为 2019 年，最迟不应超过 2024 年。

(8) 资本补贴的影响。

资本补贴对净现值、总投资价值、临界油价和年度投资概率的影响如图 3-17 所示。政府给予的资本补贴可以显著改善 CCS-EOR 项目的现金流状况，并带来更高的期权价值。在获得建设成本 80%的补贴时，2019 年投资净现值提高了 82.69%，最佳投资时机推迟为 2025 年。所以说，资本补贴对于部分高浓度排放源 CCS-EOR 项目，特别是原油产量低和运输距离远的项目的投资，具有至关重要的推动作用。

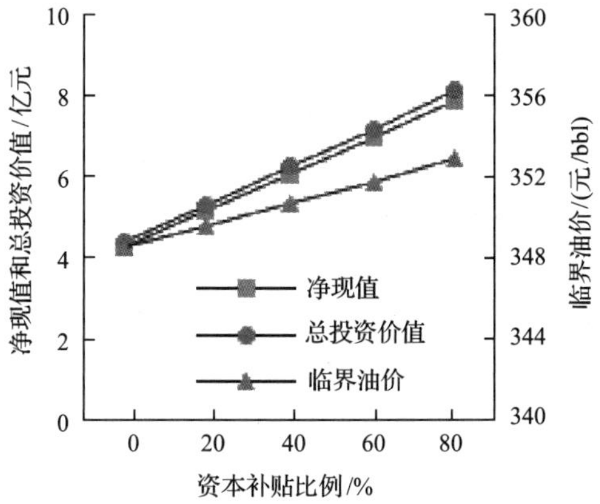

(a) 不同资本补贴下的净现值、总投资价值和临界油价

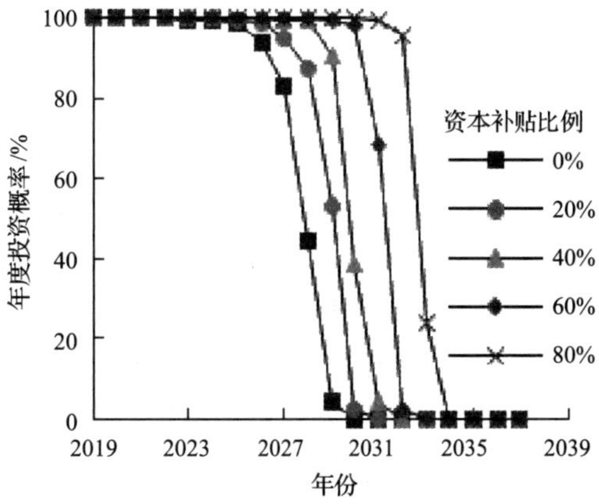

(b) 不同资本补贴下的基于净现值方法投资原则的年度投资概率

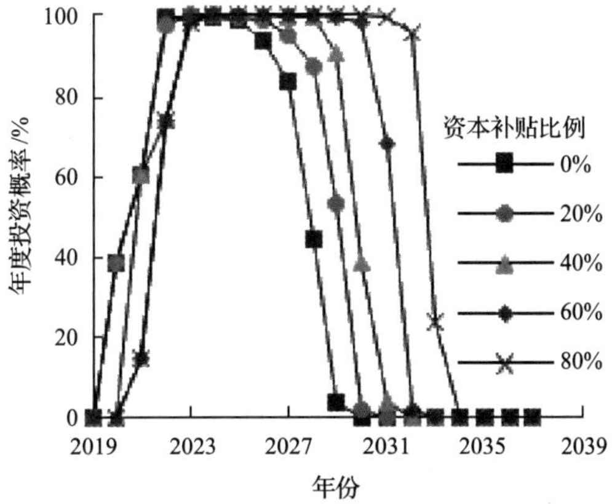

(c) 不同资本补贴下的基于实物期权方法投资原则的年度投资概率

图 3-17　资本补贴的影响

3.4.8 主要结论

高浓度排放源 CCS-EOR 项目投资面临着巨大的沉没成本、多重不确定性和灵活的投资时机，这符合应采用实物期权方法进行投资决策的项目特点。因此，本章将 CCS-EOR 项目投资视为看涨的美式期权。另外，我们开发了一种适用于高浓度排放源 CCS-EOR 项目投资决策方法，以中国延长石油 CCS-EOR 项目为案例，评估了中国高浓度排放源 CCS-EOR 项目投资的净现值、总投资价值、临界油价和年度投资概率 4 个决策制定的基本参考指标。本书考虑了油价、资本补贴、煤制甲醇生产线剩余寿命、贴现率、CO_2 封存与原油生产成本、原油产量、运输距离、碳税税率及其开征时间的不确定性。

2019 年是延长石油实施 CCS-EOR 项目的最佳时间，最晚不能超过 2024 年，否则难以收回成本。另外，作为一项战略性减排技术，尽早通过项目示范掌握 CCS 关键核心技术和管理经验，可以在未来的发展中不受制于别的企业甚至国家，进而在该领域及相关领域竞争中掌握主动权。因此，建议延长石油加快煤制甲醇生产线 CCS 项目的实施。

通过定量分析不确定性因素的影响发现，较短的剩余服务年限使项目没有充足的时间和原油产量收回成本，我们认为剩余服务年限低于 11 年的中国高浓度排放源应直接放弃 CCS-EOR 项目投资。主管道运输距离与原油产量对 CCS-EOR 项目的经济性影响很大。中国部分高浓度排放源与油田的距离比较远，除鄂尔多斯油田之外，其他油田的 CO_2 驱替原油产量较低，加之地质条件的复杂性，也可能会使 CO_2 封存与原油生产成本处于高位，致使目前中国部分高浓度排放源的潜在 CCS-EOR 项目不具投资可行性。但总体来说，即使在不确定的投资环境中，中国部分潜在的 CCS-EOR 项目具有较好的经济可行性，应该尽快进行项目实施。

3.5 本 章 小 结

在成本高昂、收益不确定性强的投资环境下，潜在的 CCS 项目投资决策制定困难，投资企业面临进退两难的投资境地。科学的评价方法可为投资决策提供支持。

首先，梳理了 CCS 项目投资特点，并对当前广泛采用的投资评价方法进行了分析，重点识别其优势、不足及适用对象。

其次，通过评价方法与 CCS 项目投资特点的匹配识别，发现应以实物期权法中的延迟期权决策方法为基础，构建同时考虑净现值方法和实物期权方法的投资原则的 CCS 项目投资评价方法。

最后，选择“陕西延长中煤榆林能源化工有限公司煤制甲醇生产线的 CCS+EOR 项目”进行了案例分析。结果表明，该 CCS-EOR 项目属于投资可行性最佳的一类 CCS 项目，2019 年是其实施的最佳时间。

第 4 章　CCS 项目投融资管理

作为一种应对气候变化的新兴减排技术，发展 CCS 技术已得到各国政府的高度重视。围绕 CCS 项目开展的投融资活动不仅具有一般基础设施工程项目投融资的典型特征，还具有跨部门、跨时空、高度不确定性等特点。充足的资金保障和高效的资金运营是保障 CCS 项目顺利开展的前提条件。因此，本章将围绕 CCS 项目投融资管理开展系统研究，旨在回答以下几个问题：

(1) CCS 项目投融资有怎样的特点？

(2) 主要国家 CCS 投融资发展现状如何？

(3) CCS 项目主要的投融资模式之间有何差异？

(4) 常用的 CCS 投融资工具有哪些，各类工具之间有怎样的差异？

4.1　CCS 项目投融资特征

与一般基础设施项目的投融资相比较，CCS 项目的投融资特征既具有相似性又具有其特殊性。与一般基础设施项目的投融资一样，CCS 项目的投融资具有服务社会、资金需求巨大、回收周期较长、回报率低等特点；而不同于一般基础设施项目的是，CCS 项目的投融资具有跨部门、跨时空、不确定性大的特点。

CCS 项目投融资在融资目的、融资规模、融资时间等方面与一般基础设施项目相似，都具有服务社会、融资规模大、持续时间长的特征。①从融资目的来看，建设和运营 CCS 项目旨在大规模减少温室气体排放，以实现全球气温升幅在 2℃以内（Li et al., 2019a）。而应对气候变化是全社会共同的责任，CCS 项目作为一项重要的应对气候变化的工程项目，对其融资也具备一定服务社会的特征；②从融资规模来看，CCS 项目从前期准备、建设到后期运营和关闭都需要大量资金的投入，涉及的资金往往高达亿元，具有融资需求规模大的特征（Li et al., 2018）；③从融资时间来看，融资期限长。投资和建设 CCS 项目不仅包括前期评估、论证、选择，中期的建设、运营，还涉及后期监管和维护等多个步骤，周期长达 5～6 年（Wilday et al., 2011）。

此外，CCS 项目在融资对象、融资主体、融资过程、融资风险方面还具有独特性，主要表现在以下方面。①从融资对象来看，CCS 项目是依托 CCS 技术建设和实施的。而 CCS 技术又涉及捕集、运输、利用和封存等多个环节的先进技术。因此，CCS 项目的投融资属于高度技术密集型，高度依赖先进技术的发展和进步（Liu and Liang, 2011）。②从融资主体来看，主要以企业、政府和国际组织为主。这主要是因为建设 CCS 项目不是单纯的以营利为目标，而且需要投入高额的资金、资金的回收难度高。因此，该项目还难以吸引银行、私人投资等机构的参与（何璇等，2014）。③从融资过程来看，CCS 项目的融资过程较为复杂。它不仅应用于钢铁、电力、油气、化工等不同的部门，还涉及众多不同领域的相关技术、管理方法、利益主体、设备及工具等（周洪等，2014）。④从融资风险来看，CCS 项目融资将面临极大的不确定性：一方面，CCS 项目还面临着环境和泄漏风险、工程风险等；另一方面，在当前碳排放交易市场体系尚未成熟、全球经济缓慢复苏、油价下跌等环境中，CCS 项目融资收益非常不确定（Yang et al.，2019）。

4.2　CCS 项目投融资现状

目前，全球已有 43 个大型 CCS 项目正在建设或运营中，而这些项目的建设和运营都需要大量的资金支持。这些资金的来源有多种渠道，包括政府、企业、私人机构以及国际组织等。为加快 CCS 项目大规模以及商业化发展，美国、加拿大、欧盟、澳大利亚等国家和组织还为 CCS 技术的发展还设立专门基金。本节将对以上几个主要国家和组织 CCS 项目投融资现状进行分析，旨在为今后开展 CCS 项目的投融资管理提供经验借鉴。

4.2.1 美国 CCS 投融资

无论是 CCS 技术成熟度还是商业化应用水平，美国均位于世界前列。为促进 CCS 项目的发展，美国利用了多种资源筹集资金，为多个 CCS 项目的融资提供资金支持。从资金的来源来看，美国 CCS 项目主要依赖财政拨款和私营机构投资(邱洪华和陈娟，2014)。

2002 年，美国政府提出洁净煤发电计划(CCPI)，旨在促进和支持商业化清洁煤生产技术在电厂的示范和应用。按照 CCPI 计划，能源部在第一阶段资助 3.16 亿美元，私营机构资助金额超 10 亿美元。在第二阶段，美国能源部将投入 3 亿～4 亿美元进行第二轮项目的资助(何国家等，2014)。其中，三个先进的煤炭发电 CCS 项目(AEP's Mountaineer CCS 项目、Southern Company Plant Barry 项目、Texas Clean Energy 项目)在 2009 年获得 CCPI 计划 9.79 亿美元。2003 年，美国提出未来发电计划(FutureGen)，由美国能源部、私人投资者、国际组织共同出资 10 亿美元，设计、建造和运行一座 IGCC 电厂，并配备 90%捕集率的 CCS 设施，以实现零排放电。然而该项目由于成本原因于 2008 年宣告停止(王润，2008)。2009 年，美国通过《美国复苏与再投资法案》(ARRA)中，将实行总额为 7870 亿美元的一揽子刺激经济复苏的方案，其中有 34 亿美元的财政拨款用于 CCS 项目的发展(仲平等，2012)。这笔拨款主要有三方面用途，其中 15.2 亿美元将通过价格竞标用于工业 CCS 项目发展，8 亿美元通过价格竞标用于支持 CCPI 计划，10 亿美元通过价格竞标用于 FutureGen 计划。表 4-1 和表 4-2 为美国电力部门和工业部门部署 CCS 项目的资金来源。此外，美国能源部还建立了七大区域性碳封存伙伴关系来推动 CCS 技术研发，以解决 CCS 发展的区域运输和封存的挑战。

表 4-1　美国电力部门部署 CCS 项目

项目名称	资助金额/百万美元	捕集能力/(百万 t/a)	捕集技术	封存类型	状态
FutureGen 2.0	1000	1.1	富氧燃烧	咸水层	2015 年取消
Antelope Valley	100	1	燃烧后捕集	EOR	2010 年取消
Hydrogen Electric California	408	2.6	燃烧前捕集	EOR	2016 年取消
AEP's Mountaineer	334	0.1	燃烧后捕集	咸水层	2011 年取消
Southern Company's Plant Barry	295	1	燃烧后捕集	咸水层	2011 年开始捕集
Petra Nova WA Parish	167	1.6	燃烧后捕集	EOR	在建设
Texas Clean Energy	811	2	燃烧前捕集	EOR	在评估
Kemper County	270	3	燃烧前捕集	EOR	在建设

资料来源：MIT. https://sequestration.mit.edu/tools/projects/us_ccs_background.html。

表 4-2　美国工业部门部署 CCS 项目

项目名称	资助金额/百万美元	捕集能力/(百万 t/a)	碳源	封存类型	状态
Decatur-Arthur Daniels Midland Company	141.5	1	乙醇厂	咸水层	2011 年开始
Port Arthur-Air Products	284	1	甲烷蒸汽重整器	EOR	2013 年开始
Lake Charles-Leucadia Energy	261.4	4.5	新甲醇厂	EOR	2014 年取消

资料来源：MIT. https://sequestration.mit.edu/tools/projects/us_ccs_background.html。

4.2.2 加拿大 CCS 投融资

加拿大将 CCS 视为保障石油生产和减少碳排放的重要手段，对 CCS 项目进行大量投资(Mitrović and Malone，2011)。在 2007 年，加拿大联邦政府和阿尔伯塔联合建立 CCS 项目组，以实现政府和产业的合作，促进 CCS 发展。2008 年，该项目组又提出三项立即行动来加快 CCS 的全面运用。第一项行动是联邦政府和省政府专项拨款 20 亿加元来完成第一批 CCS 项目融资；第二项行动是官方需要明确 CCS 项目的所有权和处置权问题，必须建立长期责任转移机制；第三项行动是联邦政府和省政府致力于制定完善的政策，为 CCS 活动创造潜在的商业价值。2011 年，加拿大联邦政府提出生态能源创新计划(ecoENERGY Innovation Initiative)，拟资助 14.8 亿加元以鼓励和促进洁净能源产业的发展，这其中的 1.4 亿加元用于 CCS 技术的研发和创新，以促进 CCS 技术发展(表 4-3)(靳敏，2013)。此外，清洁能源基金将在五年内提供近 7.95 亿美元，用于支持 CCS 项目研究、开发与示范，以加快加拿大在清洁能源技术领域领导地位的实现。表 4-4 列出了加拿大清洁能源基金资助的 CCS 项目情况。

表 4-3　加拿大 ecoENERGY 资助 CCS 项目情况

项目名称	资助金额/百万加元	捕集能力/(百万 t/a)	碳源(或技术)	封存类型	状态
Heartland Area Redwater	4	1	工业排放	咸水层	推迟
Alberta Carbon Trunk Line	33	≤14.6	炼油厂、化肥厂	EOR	2017 年运营
Fort Nelson	10	2.2	天然气加工厂	咸水层	2018 年开始
TransAlta Pioneer	27	1	燃烧后捕集	咸水层 EOR	2015 年运营
Husky Energy CO_2 Capture and Liquefaction	1.8	0.1	炼厂	EOR	2012 年运营

资料来源：MIT. https://sequestration.mit.edu/tools/projects/canada_ccs_background.html。

表 4-4　加拿大 Clean Energy 资助 CCS 项目情况

项目名称	资助金额/百万加元	捕集能力/(百万 t/a)	碳源(或技术)	封存类型	状态
Shell Canada Energy Quest	120	1.2	蒸气甲烷重整装置	咸水层 EOR	2015 年开始
TransAlta Pioneer	315.8	1	燃烧后捕集	咸水层 EOR	2012 年取消
Alberta Carbon Trunk Line	30	高达 14.6	炼油厂、化肥厂	EOR	2017 年开始运营

对地方政府而言，阿尔伯塔政府从 20 亿加元 CCS 基金中拨出一部分资金用于 4 个 CCS 项目建设并签署了意向书，见表 4-5。2011 年，加拿大萨斯喀彻温省政府批准 12.4 亿加元用于资助 Boundary Dam 电站的 CCS 项目。该项目也获得了加拿大联邦政府 2.4 亿加元资助，以减少其技术和资本风险。

表 4-5　阿尔伯塔项目资金支持的 CCS 示范项目

项目名称	资助金额/百万加元	捕集能力/(百万 t/a)	碳源	封存类型	状态
Shell Canada Energy Quest	745	1.2	蒸气甲烷重整装置	咸水层 EOR	2015 年开始
Alberta Carbon Trunk Line	495	≤14.6	炼油厂、化肥厂	EOR	2017 年开始运营
TransAlta Pioneer	436	燃烧后捕集	咸水层 EOR	咸水层和 EOR	2012 年取消
Swan Hills Synfuels	290	1.3	燃烧前	EOR	2013 年推迟

资料来源：MIT. https://sequestration.mit.edu/tools/projects/canada_ccs_background.html。

4.2.3 欧盟 CCS 投融资

欧盟通过多个资助计划为 CCS 项目的发展提供融资渠道，主要有欧洲能源复苏计划(EEPR)、NER300 计划以及其他创新基金等(GCCSI，2015)。

2009 年，欧盟通过 EEPR 计划。该计划旨在通过拨款 40 亿欧元使该地区能源供应更加可靠，同时以推动经济复苏和减少温室气体排放。其中，有 6 个 CCS 项目得到约 10 亿欧元的资助(表 4-6)。2010 年，欧盟提出 NER300 计划，该计划旨在通过将拍卖碳配额的资金用于支持 CCS 和可再生能源示范项目的发展。它由欧洲委员会、欧洲投资银行及成员国共同管理。表 4-7 为 NER300 第一轮拟支持的 CCS 项目情况。对 CCS 项目来说，这些资助将占 CCS 成本的 50%(包括增量投资成本以及高于收入来源的运营成本)。

表 4-6　EEPR 资助 CCS 示范项目(陈征澳等，2013)

项目名称	国家	利益相关者	资助金额/百万欧元	捕集能力/(百万 t/a)	捕集技术	状态
Janschwalde	德国	Vattenfall	180	1.7	富氧燃烧和燃烧后捕集	取消
Porto-Tolle	意大利	Enel	100	1	燃烧后捕集	取消
ROAD	荷兰	E.ON	180	1.1	燃烧后捕集	推迟
Belchatow	波兰	PGE	180	0.1～1.8	燃烧后捕集	2013 年取消
Compostilla	西班牙	ENDESA/CIUDEN	180	1	富氧燃烧	2013 年取消
Don Valley	英国	2Co	180	4.5	燃烧前捕集	推迟

表 4-7　NER300 第一轮拟支持 CCS 项目(Lupion et al.，2013)

项目名称	国家	利益相关者	捕集能力/(百万 t/a)	捕集技术
Don Valley	英国	2Co Energy	4.5	燃烧前捕集
Belchatow CCS	波兰	PGE	1.8	燃烧后捕集
Green Hydrogen	荷兰	Air Liquide	0.55	工业分离
Teesside Low Carbon	英国	Progressive Energy	2.5	燃烧前捕集
White Rose	英国	Alstom	2	富氧燃烧
C.GEN North Killingholme	英国	C.GEN NV	2.5	燃烧前捕集
Porto Tolle	意大利	Enel	1	燃烧后捕集
ULCOS-BF	法国	ArcelorMittal	0.7	燃烧后捕集
Reserve listGetica	罗马尼亚	Turceni Energy	—	燃烧后捕集
Peterhead	英国	SSE	—	燃烧后捕集

此外还有欧盟 2007 年启动的 FP7 计划，该计划旨在 2007～2013 年为科技研发及创新工作提供超 500 亿欧元的资金支持，以促进整个欧盟的科技创新与进步。该项计划支持的重点包括有第二代生物燃料、CCS 技术、太阳能、近海风能和智能电网技术。CCS 研究已从 FP7 计划获得资金资助。

4.2.4 澳大利亚 CCS 投融资

澳大利亚政府大力支持 CCS 的发展，为多个 CCS 项目的融资渠道主要有 CCS 旗舰计划(CCS Flagships Program)和全球碳捕集与封存研究院(GCCSI)。

CCS Flagships Program 作为澳大利亚清洁能源计划的一部分，旨在促进澳大利亚 CCS 技术的发展。该项目拟拨款 20 亿美元用于支持建设 2～4 个具有 1000MW 综合能力或其他产业中同等能力的商业化规模 CCS 项目。通过支持对工业生产过程中 CO_2 的捕集和储存，促进 CCS 技术的广泛应用。表 4-8 为 2009 年 12 月该计划资助的 CCS 项目情况。

表 4-8　澳大利亚 CCS 旗舰拟资助项目

项目名称	地点	捕集类型
Wandoan	昆士兰	IGCC 电厂
ZeroGen	昆士兰	IGCC 电厂
South West Hub project	西澳大利亚	多用户产业捕集
CarbonNet	维多利亚	多用户电厂捕集

2008 年 9 月，澳大利亚政府宣布组建 GCCSI，并于 2009 年 4 月正式启动。同年 7 月，GCCSI 开始独立运营，属于非营利性机构。该机构的成立旨在推广 CCS，其发展主要受澳大利亚政府资金支持，资助期限为 4 年，每年资助金额为 1 亿澳元。为攻克大规模综合性 CCS 示范项目面临的关键障碍，GCCSI 为 6 个 CCS 项目提供融资支持(表 4-9)，资助金额约为 1770 万澳元。2011 年 5 月，澳大利亚政府宣布大幅削减 CCS 项目的资金支持，目前计划至 2015 年减少 42090 万澳元资金支持，合 45460 万美元。

表 4-9　GCCSI 资助项目

项目名称	国家	资助金额/百万澳元
Latrobe Valley	澳大利亚	2.3
Callide Oxyfuel	澳大利亚	1.83
Rotterdam Network	荷兰	2.2
Romanian Turceni	罗马尼亚	2.55
Tenaska Trailblazer	美国	8.03
Tenaska Taylorville	美国	0.825

资料来源：MIT. https://sequestration.mit.edu/tools/projects/australia_ccs_background.html。

4.3　CCS 投融资模式

按照投资主体的不同，CCS 投融资模式主要分为三大类：政府主导投融资模式，企业主导投融资模式，以及资本市场投融资模式。

4.3.1 政府主导投融资模式

政府主导投融资是一种常见的 CCS 项目投融资模式，其投融资主体为政府部门。通常，政府通过直接拨款资助 CCS 项目，从而鼓励和吸引 CCS 项目的私人投资，为 CCS 的发展带来示范效应。政府主导的投融资优势在于投融资成本低、能实现资金的高效利用。由于是政府主导，投融资规模也会更加稳定。但这类投融资模式也存在一些不足之处，如资金供求双方在数量、期限、利率等方面受到的限制多，融资风险大等。考虑到政府财政支出规模有限，因而用于支持 CCS 项目投融资的资金少。因此，政府主导投融资不适合大规模、大容量的 CCS 项目资金需求。总体来说，政府主导投融资是 CCS 发展必需的渠道，但受制于投融资规模、灵活性方面的要求，建议未来 CCS 项目的政府投融资需与其他方式融合发展。

4.3.2　企业主导投融资模式

企业主导的投融资是 CCS 项目融资的又一重要模式，同时也是 CCS 发展过程中多样化资金来源的一项重要选择。企业作为融资方，需要为项目筹备资金。同时还需要建设和运营好 CCS 项目，以实现利润最大化。由于 CCS 项目资金需求量大，因此与之相关的企业往往也是大型企业，它们具有雄厚的经济实力，同时也是 CCS 项目的主要实施方。结合目前 CCS 项目的实践经验，企业主导的投融资模式往往也是多家企业联合投融资、建设和运营 CCS 项目。由于政府投融资数量有限，无论企业单独还是联合投融资，都是 CCS 项目发展非常有必要的渠道。但企业主导融资也有其局限性，例如融资规模受限于主营业务的发展，即企业很难将全部资金都投入到 CCS 项目中。此外，企业融资还有可能会面临权责不明确、管理低效等问题。

4.3.3　资本市场投融资模式

资本市场投融资模式是指在资本市场上利用各种金融工具为 CCS 项目的建设和运营提供投融资渠道，是一种市场化的投融资渠道。这种方式不仅能够有效地配置资源，为 CCS 项目提供足够、可靠的资金保障，还能够极大程度上减轻政府财政负担。目前，资本市场开展 CCS 项目的融资方式有信托基金、银行贷款、绿色债券等。然而，由于 CCS 项目获利渠道单一、市场成熟度不高等原因，现阶段资本市场的投融资模式应用有限，但未来该模式具有广泛应用前景。

4.4　CCS 投融资工具比较

本节结合美国、加拿大、欧盟、澳大利亚等发达国家和组织的 CCS 项目投融资实践，归纳出了 CCS 项目的主要投资方式，包括政府补贴、碳金融、税收激励、绿色债券、差价合约、贷款担保和双边政府补助。下面将对这几类投融资工具进行对比分析。

4.4.1　政府补贴

在碳税政策缺失的情境下，政府补贴对加快 CCS 技术示范和应用具有重要推动作用。由于应用 CCS 技术需要购买配套设备、项目建设和运维，财政补贴或拨款能够减少技术初期应用的成本，为开发者提供跨越“死亡之谷”的现金流。政府对 CCS 补贴与投资的形式包括上网电价补贴、政府直接投资、政府研发资助、公私合营等。作为新兴低碳技术，CCS 在初期示范和应用中具有较高的不确定性。为减少不确定性，政府对 CCS 项目的补贴与投资有利于引导和激励投资者的广泛参与，有利于在短期内创造“干中学”的技术发展激励机制。

4.4.2　碳金融

碳金融是指与碳排放权交易相关的各类金融活动的总称。为 CCS 项目融资将主要依赖碳金融市场中的清洁发展机制和碳排放权交易。CDM 的核心内容是允许发达国家与发展中国家进行项目级的减排量抵消额的转让与获得，以履行发达国家在《京都议定书》中所承诺的限排或减排义务。CDM 被认为是解决 CCS 融资问题的有效方法。碳排放权交易把 CO_2 的排放权当成一种商品，从而形成排放权的交易。建立碳排放交易体系后，碳排放配额的限制和较高的碳价格将促使化石能源企业大规模开展 CCS 项目建设，为 CCS 技术提供了市场激励机制。

4.4.3　税收激励

税收激励手段主要包括碳税、投资税收优惠、加速折旧、生产税收优惠、CO_2 封存税收优惠。征收碳税以欧盟国家为代表，对天然气、汽油、煤、电力等征收一定税率的碳排放税。征收碳税一方面为技术创新行动者提供参与 CCS 投资的积极性；另一方面也是政府投入气候变化治理和 CCS 投资的重要收入来源。税收优惠以美国为代表，美国政府投入 8 亿美元对 IGCC 发电行业实施高达 20%的税收优惠，投入 3.5 亿美元对其他装备 CCS 技术的燃煤发电厂实施高达 15%的税收优惠（Forbes et al.，2008）。在美国最新修订的《预算法案》“45Q”中规定，捕集并安全封存 1t 标准 CO_2 可获得政府 50 美元的税收抵免，而捕集 1t 标准 CO_2 并用于 EOR 项目实现安全封存可获得政府 35 美元的税收抵免，将准入门槛从 50 万 t/a 降低至 10 万 t/a，同时取消了每年最多补贴 7500 万 t CO_2 的限制条件。

4.4.4　绿色债券

绿色债券是由政府、金融机构等发行者向投资者发行的承诺到期支付利息和本金的债券债务凭证，募集的资金用于绿色项目的投资。CCS 项目能够有效减少碳排放，因此符合绿色项目定义。2017 年就有美国参议员提出，允许企业使用国家和当地政府发行的免税债券为 CCS 项目的建设和推广筹集资金。绿色债券是当前推动和促进绿色项目发展的最常用的债务工具，即能满足社会对绿色环保的需求，又能为项目的发展筹集长久性的资金。然而，这项工具仅限于那些具有经济性的 CCS 项目，对那些处于亏损的 CCS 项目激励效果有限。

4.4.5　差价合约

差价合约是一种金融衍生工具，主要利用约定的差价合约来交易。英国为推动 CCS 商业化发展，提供超 10 亿英镑的资金用于支持 CCS 项目的设计、建设和运营。英国政府将电差价纳入到安装 CCS 项目的电厂中，为建立 CCS 的电厂提供税收抵免来吸引 CCS

投资者。这种方式一定程度上激发了投资者的热情，另一方面增加的运营成本也成为制约 CCS 发展的重要因素。

4.4.6　贷款担保

贷款担保是政府为鼓励 CCS 贷款而提供的特殊担保的金融政策，其作用在于通过为借款者提供信用流动从而克服市场配置的缺陷。对于处于商业化早期的新兴技术，政府提供贷款担保能帮助新技术在没有获得市场资本投资的情况下成功推向市场。贷款担保政策工具能促进 CCS 投资者为 CCS 项目从金融市场获取支持。《2005 能源政策法案》批准美国政府运用贷款担保方式为 CCS 提供投资激励。美国能源部为先进清洁能源技术提供了 80 亿美元的贷款担保项目。贷款担保工具能提供有效政策激励，并减少政府政策成本。

4.4.7　双边补助

双边补助是指项目合作的双方都得到来自各国的资金帮助。为应对气候变化各国都在部署 CCS，合力攻克技术难题，共同资助解决 CCS 资金问题。目前，有多个国家开展国际合作，如中欧煤炭利用近零排放项目(NZEC)、中澳事氧化碳地质封存项目(CAGS)、中欧碳捕集与封存监管活动支持项目(STRACO2)等。这种方式能够允许各国灵活地开展 CCS 行动，但由于这种补助也不是无限期的，而且形式较为单一，因此无法解决 CCS 成本较高的难题。

基于上述几种主要的 CCS 投融资工具的讨论和分析，表 4-10 总结各类工具的优缺点，旨在为未来合理利用 CCS 投融资工具，以及有效地进行 CCS 投融资管理提供参考和依据。

表 4-10　CCS 投融资工具比较

融资工具	优势	劣势
政府补贴	引导和激励投资者的广泛参与；促进 CCS 重大行动的必要规模	规模有限；耗时长
碳金融市场	市场化融资工具，能够减少交易成本；鼓励 CCS 投融资和运营的创新	规模太小，难以承担 CCS 的投资建设成本；不确定性大
税收激励	提高参与 CCS 投资的积极性	规模太小，不涵盖 CCS 的全部成本
绿色债券	市场化工具，低成本募集资金；鼓励 CCS 运营商的创新	仅限于具有经济性的 CCUS 项目
差价合约	灵活地应对了 CCS 增加的运营成本和面临的能源处罚；激发了 CCS 投资者的热情	许多 CCS 项目处于亏损状态，差价合约不能有效解决成本问题
贷款担保	能为 CCS 项目从金融市场获取支持	回报低
双边补助	允许每个国家灵活地独立行动	形式比较单一；无法解决 CCS 成本较高的问题

4.5　本章小结

投融资问题是当前制约 CCS 项目发展的重要因素之一。未来 CCS 产业要实现商业化运作也必须依靠高效的投融资模式作保障。本章首先阐述了 CCS 项目投融资的特征，即 CCS 项目的投融资即具有服务社会、资金需求巨大、回收周期较长、回报率低的特点，还具有跨部门、跨时空、不确定性大的特点。在此基础上，重点分析了包括美国、加拿大、欧盟、澳大利亚主要发达国家和组织 CCS 项目融资现状，旨在为未来 CCS 项目的投融资提供实践经验。按照投融资主体的不同，将 CCS 项目投融资模式分为政府主导投融资模式、企业主导投融资模式、资本市场投融资模式三大类。最后通过对七种不同融资工具(包括政府补贴、碳金融、税收激励、绿色债券、差价合约、贷款担保、双边补助)的对比分析，归纳总结出各类工具的优劣势，旨在为灵活运用 CCS 项目投融资工具提供参考和指导。

第5章　CCS技术规范制定依据与关键问题

随着CCS技术的发展，CCS技术规范正逐步成为CCS技术领域关注的焦点。CCS项目实施需要相应的技术规范。良好的技术规范是推动CCS项目顺利实施的保障，也是CCS技术健康发展的重要支撑。本章旨在为CCS项目的技术与工艺设计、运营与操作管理、风险与环境管控、CO_2封存地选址以及封存场地关闭等相关的规范制定提供技术参考。为此，本章首先归纳出了CCS技术规范制定所需要参考的理论依据。其次，整理了CO_2捕集、运输和封存3个环节在制定技术规范时所需要解决的关键性问题，为制定CCS技术规范提供了技术参考。本章主要回答以下几个问题：

(1) CCS规范制定的理论依据是什么？

(2) 如何开展全流程链的CCS技术规范的制定？

(3) CCS项目在技术规范制定中需关注哪些关键问题？

5.1　CCS 规范制定的依据

5.1.1　规范制定的原则

为了保证 CCS 技术规范的质量和水平，依据《标准化概论》中制定技术标准的原则(李春田，2014)，在制定技术规范时，需要严格遵守以下几项基本原则。

(1) 符合国家相关的政策和法律法规。

凡属国家颁布的有关法律法规都应贯彻，CCS 技术规范中的所有规定均不得与国家法律法规相违背。制定技术规范是一项复杂的、具有行业规范效应的工作，在制定 CCS 技术规范时应将所涉及的国家法律法规进行整理，以确保符合国家、企业与人民群众的利益。

(2) 合理借鉴国际规范与标准。

ISO、IEA、世界资源研究所(WRI)等国际组织已经发布了部分 CCS 相关技术规范或技术标准。在制定规范时应该合理借鉴国际规范或标准，因为国际 CCS 规范或标准是全球 CCS 相关的研究人员、企业与法规制定部门经验的结晶，包含了不同制定方的共同利益诉求。借鉴国际规范也是推动 CCS 技术发展的重要基础之一。在制定我国 CCS 规范时应合理与之接轨，同时也要考虑我国特殊国情合理采纳，绝不能一味照搬。新时代的中国应有自己特有技术规范。例如，中国人口众多，环境资源压力较大，在制定规范时应该针对中国自身发展状况因地制宜开展规范制定。

(3) 合理利用国家资源。

全流程 CCS 示范项目需要投入大量人力、财力、原材料与土地等资源。例如，在电厂实施碳捕集装置时，捕集装置会增加电厂土地的需求量。技术规范应充分考虑设备的模块化与精简化。此外，还应该重点关注 CCS 设备的回收利用，水资源的循环使用，以及废水处理等节约资源有效的措施。

(4) 技术先进，经济合理。

先进 CCS 技术的实施与推广受到经济条件的制约，往往具有较高的成本。制定技术规范时，应反映 CCS 技术领域的先进成果，只有先进的技术规范才能促进 CCS 的技术进步。但先进的技术在应用初期又受到经济条件的制约。例如在捕集环节，原则是既要满足 CCS 捕集技术发展的要求，也要充分考虑碳捕集企业的经济承载能力。当局部 CCS 企业利益与国家长远发展利益之间发生矛盾时，CCS 技术规范应从长远的国家利益层面做出决策。

(5) 相关技术规范之间协调配套。

在全流程 CCS 示范项目中，相关技术规范协调配套十分重要。CO_2 捕集技术规范、CO_2 运输技术规范和 CO_2 利用封存技术规范彼此之间有着密切联系，因此，相互之间需要配套。例如，在制定二氧化碳浓度规范时，CO_2 捕集技术规范必须提前考虑到后续运输、利用和封存三项技术规范的要求。在制定规范时，这就要求各部门之间应该协调一致，确保捕集、运输、利用与封存相关的技术规范相互联系、相互衔接、相互制约，使多项规范之间协调一致。

(6)充分调动各方面积极性。

全流程 CCS 项目涉及投资、研发设计、建设运行等多家主体机构。如何充分调动参与机构的积极性，也是制定 CCS 技术规范需要考虑的问题。在制定技术规范时，需要充分调动相关行业、科研团队等单位人员的积极性。广泛听取 CCS 领域专家和企业工作人员的技术建议，充分发扬民主，力求经过协商达成一致。

(7)适时制定，实时复审。

技术规范不应该是静态的，需要适时制定与复审。任何技术都是不断进步与发展的，同样 CCS 技术需要不断更新与换代。CCS 相关技术规范对技术要求超前或者滞后，都对 CCS 技术的推广不利。这就要求技术规范的制定方，具有较高调查与研究 CCS 技术发展动态的能力。在 CCS 技术规范实施后，要依据实践经验与技术发展趋势，实时对技术规范进行复查，以确认 CCS 技术规范继续有效、修订或者废弃。

5.1.2　规范制定的流程

制定 CCS 技术规范有一套具体实施流程。依据李春田(2014)《标准化概论》中制定技术标准流程，可将每项技术规范的制定，都按一定的标准化流程进行。具体流程可划分为 9 个阶段，每个阶段名称与任务见表 5-1(李春田，2014)。结合 CCS 技术规范特点，对每个阶段的任务规划进行细化，以明确 CCS 规范制定流程以及每个阶段具体任务。

表 5-1　标准编制的过程及每个阶段形成的文件缩写(李春田，2014)

阶段名称	阶段任务
预备阶段	提出早期工作项目建议
立项阶段	提出早期工作项目
起草阶段	提出标准草案征求意见稿
征求意见阶段	提出标准草案送审稿
审查阶段	提出标准草案报批稿
批准阶段	提供标准出版稿
出版阶段	提供标准出版物
复审阶段	定期复审
废止阶段	—

(1)预备阶段。

主管单位依据 CCS 不同环节的技术特点，针对制定技术规范的每一个环节，进行 CCS 技术研究与论证，并收集国内外相关已有技术标准。主管单位起草所制定技术规范的名称与适用范围。在该研究与已有资料的基础上，结合国家发展战略与 CCS 相关技术发展实际情况，提出规范制定的目的与意义。此外，主管单位需要明确技术规范所涉及的单位与专家，制定工作进度表，核算工作需要的项目预算经费，提出可能遇到的问题。

(2)立项阶段。

负责 CCS 技术规范审查单位对提出的技术规范进行立项审查。主要依据技术规范制定原则，考虑本次技术规范是否符合国家法律法规，能否促进 CCS 相关技术的进步，并审查本次技术规范与现有技术规范是否能够对接与兼容。在此基础上确定是否适合立项。此外，在技术规范上考虑协调的需要，考虑是否可将已有技术规范或标准进行完善和修改，以协调本次 CCS 技术规范的实施。

(3)起草阶段。

负责起草的单位接到计划项目后，应组织 CCS 技术专家成立 CCS 技术规范起草工作组。工作组主要任务包括：①对 CCS 技术调查研究，研究已有 CCS 示范项目的技术资料与管理经验，获得不同技术环节的资料；②对 CCS 技术规范进行调研，在调研阶段必须进行科学广泛的调查，收集不同 CCS 环节最佳实践报告，已有的 CCS 技术规范与指南，必要的实验室数据等资料，以确保制定技术规范的质量；③对获取资料与实践数据进行整理归纳，并验证准确性。针对不同的 CCS 技术，可以利用已有 CCS 示范项目，对获取的参数进行验证。在验证数据时，要对实施的条件进行详细说明，例如，捕集规模、技术工艺、捕集纯度等条件，以验证报告的形式给出。对不能进行验证的数据材料，通过专家讨论鉴定其结果或结论的真伪，并说明不能进行验证的原因。

(4)征求意见阶段。

起草征求意见稿主要包含两项任务：一是起草技术规范草案的征求意见稿。根据 CCS 技术规范的目的，按技术规范的编写要求，起草技术规范草案征求意见稿。二是起草编制说明。编制说明包括：工作介绍、任务来源、协办单位和主要过程等；是否符合现行法律、法规；技术规范编制的原则和内容依据；数据资料验证过程与验证报告；CCS 技术的经济论证与预期经济效果；与国际相关 CCS 规范的对比情况，具体参数数据差异情况；具体实施 CCS 规范的要求和建议。

此外，征求意见要尽可能广泛，要涉及不同层面专家的意见。针对 CCS 核心技术，可组织 CCS 专题讨论，听取专家意见。编制工作组对反馈意见要认真地总结与分析。通过多次研讨，对征求意见稿进行修改并加以说明，完成 CCS 技术规范草案并送审。

(5)审查阶段。

送审稿的审查，由主管单位组织进行。送审稿中分歧意见较少、影响较小的技术规范，要在审查协商一致的基础上，由负责起草单位，形成技术规范草案报批稿。对 CCS 技术经济意义重大、涉及面广、专家分歧意见较多的 CCS 技术规范，应组织会审。

(6)批准阶段。

主管部门对 CCS 技术规范草案报批稿及相关报批资料进行技术审核，并完成必要的 CCS 技术规范相关的协调与完善工作。报批稿经主管部门复核后给予批准，在统一编写后发布。

(7)出版阶段。

CCS 技术规范出版稿，统一由指定的出版机构负责校正、印刷、出版与发行。

(8)复审阶段。

为了保证 CCS 技术规范的适用性，在其实施一段时间后，必须根据 CCS 技术的发展特点与我国经济建设的需要，对 CCS 技术规范的内容进行修订。CCS 技术规范复查工作由 CCS 技术规范的主管部门或专业技术委员会组织有关单位进行复审。复审的内容包括：当前 CCS 技术规范是否具备先进生产要求；能否推动企业进行相关 CCS 技术发展。对已经不满足上述条件的技术规范原则进行修改或删除。

(9) 废止阶段。

由于 CCS 技术受到全球科研领域的高度关注，新技术不断出现，CCS 技术更新换代较快。因此，相应的 CCS 技术规范也同样要跟上技术发展脚步。对于成熟的 CCS 技术规范草案，可以采用快速程序，在立项阶段采取严格审查和复审，在其他环节可进行简化处理。经复审后确定为无必要存在的 CCS 技术规范，经主管部门审核同意后发布，予以废止。

5.1.3　规范制定的结构

为了便于 CCS 相关企业执行技术规范，CCS 技术规范内容应繁简合理、宽严适度，分为若干层次的要素进行叙述。本节规范制定借鉴了《标准化概论》中的技术标准制定结构(李春田，2014)。

(1) 资料性概述要素。

资料性概括要素主要包含技术规范的封面、前言与引言。CCS 技术规范的封面应包括技术规范的标志、中英文名称、分类号、发布单位、实施日期、发布日期和出版社等内容。前言由特定部分和基本部分组成。特定部分用于说明系列技术规范的结构，与对应国际标准(ISO/TC 256)的一致性程度、与之前技术规范的不同之处、技术规范中附录的性质等内容。基本部分用于说明该项规范的提出单位、批准部门、归属单位、起草单位、主要起草人与规范解释部门等情况。引言为可选要素，可以在引言中说明 CCS 技术规范制定的原因与依据，介绍 CCS 技术规范包含的内容，以及该技术规范对 CCS 技术发展的意义。

(2) 规范性一般要素。

这部分包括 CCS 技术规范的名称、适用范围和规范性引用文件，用于对技术规范内容做一般性介绍。名称为必备要素，应力求简练，做到既能明确技术规范的主题，又能使其具有独特一面，并与其他规范有所区分。范围为必备要素，应明确 CCS 技术规范的对象和涉及的各个方面，例如在《二氧化碳捕集、利用与封存环境风险评估技术指南》(教育部科技司，2016)中，明确规定了适用于陆上扩建或新建的二氧化碳捕集、地质利用与封存项目，提出不适用于化工利用与生物利用项目，由此指明 CCS 技术规范适用的界限。规范性引用文件为可选要素，应在其下方列出该 CCS 技术中所引用的规范性文件，一般为已有相关规范或者评价技术导则等。这些文件一经引用便成为该项 CCS 技术规范不可缺少的内容。对于注日期的引用文件，应给出年号以及完整的名称，凡是不注日期的引用文件，其现有效版本仅适用于该 CCS 技术规范。

(3) 规范性技术要素。

规范性技术要素是规范正文的实质内容，主要包括：术语和定义、规范性参考文献、符号与缩写术语均，为可选要素；抽样与试验方法均同，为可选要素；分类和标记，为可选要素。

此外，CCS 技术规范中的附录，根据性质分为规范性附录和资料性附录。规范性附录为可选要素，用于给出 CCS 技术规范正文的附加条款，从而成为 CCS 技术标注不可分割的一部分，与规范正文具有同等效力。资料性附录为可选要素，主要是对规范附录起到进一步解释作用，不具备与正文同等效力。例如相关参考文献，相同试验数据对比等资料。

(4) 一般规则和要素。

一般规则和要素主要为了说明 CCS 技术规范的可读性与易理解性。原则是要求使用国际通用公式与符号，公式尽量用关系式，特殊情况下才用数值关系式。在使用规范文字与标点符号时，主题要素与补充材料要有明显区分，以方便执行者理解哪些条款必须遵循，那些条款作为补充可以选择性执行。在使用法定计算单位时，尽量从相关的 CCS 技术规范(可参考 ISO/TC 256 相关数学用语)中选择已有数学符号。此外，在表示量值时，应写出其单位，方便执行者进行计算与验证。

5.2　捕集技术规范中的关键问题

全流程 CCS 项目中碳捕集是最先实施的技术。碳捕集技术规范的制定，直接影响其他环节技术规范的制定，是 CCS 技术规范制定的关键部分。本节将从捕集技术的烟气的预处理、烟气处理工艺与流程、捕获性能的评估程序、安全与环境评估以及系统管理五个方面的关键性问题进行阐述，为制定捕集技术规范提供理论参考。

根据 IPCC 特别报告指出(IPCC，2005)，CO_2 捕集系统主要分为四类：工业生产过程捕集、燃烧后捕集、富氧燃烧与燃烧前捕集。燃烧后捕集是当前较为成熟的技术，因此，本节以常规燃煤电厂加装燃烧后捕集(PC+PCC)为例，阐述捕集环节需要解决的关键性问题。

5.2.1　烟气处理工艺与流程

燃煤电厂排放的烟气在进入电厂捕集系统之前，需要进行预处理，经四道程序达到捕集系统所需的要求(DOE/NETL，2013)。首先，烟气经过选择性催化装置去除烟气中的 NO_x，流经静电除尘装置去除灰尘，再通过烟气脱硫设备去除 SO_2。经过前三道程序的处理基本可达到捕集系统要求，但因为烟气温度较高，还需要对已处理烟气进行冷却，将其温度控制在标准温度范围以内，具体流程见图 5-1。

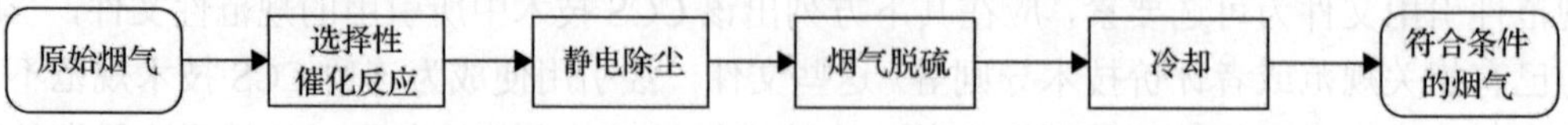

图 5-1　烟气处理过程

当前，PC+PCC 的碳分离技术主要包括以下三种：化学溶剂的吸收法、物理吸附法和膜分离法。化学溶剂的吸收法由于其捕集效率高、相对成熟，已得到了大规模示范。常见的吸收剂以醇胺类为主包括一乙醇胺(MEA)、二乙醇胺(DEA)以及 N-甲基二乙醇胺(MDEA)等。待处理过烟气进入吸收塔，吸收剂与烟气逆流通过吸收塔，在此过程中吸收剂与 CO_2 发生化学反应，将 CO_2 从烟气中吸收到吸收剂中形成富 CO_2 溶液，也称富液；

富液进入热交换器预热后进入再生塔，在再生塔中受热分解，释放出 CO_2 变为贫 CO_2 溶液，也称贫液；贫液经过换热和冷却后回到吸收塔循环利用。再生塔塔顶出口的 CO_2 经过脱水、压缩后进入管道输送处理。整个工艺流程伴随着化学反应与热交换，中间需要能量与水资源，同时也有小部分副产品产生以及废水生成。为了更好实施 CO_2 捕集，在制定技术规范时，需要注意以下关键事项：①烟气在通入吸收塔时，流量大小，要根据整个系统规模进行设定；②设定烟气中 CO_2 的比例；③依据整体系统能耗与经济性设定系统捕集率，一般设定在 80%～95%；④根据系统规模、CO_2 流的流速和 CO_2 比例，设定化学溶剂的流量与流速大小；⑤整个工艺主要有三种能耗，即再生塔富液中 CO_2 分离需要加热释放 CO_2 需要的能耗，整个系统循环泵等设备需要的能耗，CO_2 压缩系统电力供应需要的能耗，在制定技术规范时要结合捕集量、溶剂特性等参数计算额外能耗，设定耗能技术规范指标；⑥冷却系统需要大量的水资源，应严格设定取水量与耗水量。

5.2.2　捕获性能的评估程序

(1) 捕集率。

一般情况下将捕集系统捕集效率定义为

$$\eta_{CO_2} = (F_{CO_2 in} - F_{CO_2 out}) / F_{CO_2 in} \times 100\% \tag{5-1}$$

式中，η_{CO_2} 为电厂 CO_2 捕集效率，%；$F_{CO_2 in}$ 为 CO_2 捕集装置入口的 CO_2 质量流量，m^3/h；$F_{CO_2 out}$ 为 CO_2 捕集装置出口的 CO_2 质量流量，m^3/h。

(2) 单位能耗。

一般情况下将单位能耗定义为

$$E_{SPC} = (E_{PCC} / M_{cap}) \times 100\% \tag{5-2}$$

式中，E_{SPC} 为电厂捕集系统的能耗，kWh/t CO_2；E_{PCC} 为捕集系统消耗电力，kW；M_{cap} 为 CO_2 单位时间捕集量，t CO_2/h。

(3) 捕集成本。

根据(IPCC，2005)不同评估方式，捕集成本分为三种：①因 CCS 改造电厂所增加的成本，包括投资成本和运营成本；②CO_2 规避成本；③单位捕获 CO_2 所需要的总成本。这三种成本目前已得到广泛认可。

第一，电力增加成本计算方法为

$$\mathrm{COE} = \frac{\mathrm{TCR} \cdot \mathrm{FCF} + \mathrm{FOM}}{8760\mathrm{CF}} + \mathrm{VOM} + \mathrm{HR} \cdot \mathrm{FC} \times 100\% \tag{5-3}$$

式中，COE 为平准化电力成本，元/kWh；TCR 为总资本量，元；FCF 为固定收费因子，无量纲；FOM 为固定运营成本，元/a；VOM 为可变运营成本，元/kWh；HR 为电厂热转换效率，kJ/kWh；FC 为单位燃料费用，元/kWh；CF 为电量容量因子，无量纲。

第二，规避 CO_2 成本为

$$\mathrm{Cost}_{CO_2\mathrm{avo}}=\frac{\mathrm{COE}_{\mathrm{cap}}-\mathrm{COE}_{\mathrm{ref}}}{M_{CO_2\mathrm{ref}}-M_{CO_2\mathrm{cap}}} \tag{5-4}$$

式中，$\mathrm{Cost}_{CO_2\mathrm{avo}}$ 为 CO_2 规避成本，元；$\mathrm{COE}_{\mathrm{cap}}$ 为电厂实施 CCS 后电力平准化成本，元；$\mathrm{COE}_{\mathrm{ref}}$ 为电厂实施 CCS 前电力平准化成本，元；$M_{CO_2\mathrm{ref}}$ 为电厂实施 CCS 前排放的 CO_2 量，t；$M_{CO_2\mathrm{cap}}$ 为电厂实施 CCS 后排放的 CO_2 量，t。

第三，获 CO_2 成本为

$$\mathrm{Cost}_{CO_2\mathrm{cap}}=\frac{\mathrm{COE}_{\mathrm{cap}}-\mathrm{COE}_{\mathrm{ref}}}{M_{CO_2\mathrm{unit}}} \tag{5-5}$$

式中，$\mathrm{Cost}_{CO_2\mathrm{cap}}$ 为单位发电量的 CO_2 捕集成本，元；$M_{CO_2\mathrm{unit}}$ 为单位发电量的 CO_2 捕集量，t。

5.2.3　安全与环境评估

在制定捕集技术规范时，应从人身安全、材料设备安全与环境安全等方面，系统性地考虑安全生产问题。在采用燃烧后捕集的电厂，可能存在火灾类、爆炸类、毒气类、电力类与机械类等的安全隐患（IEAGHG，2009a）。①火灾类安全隐患主要是针对捕集环节的胺类捕集溶剂，容易受到硫、氧和 NO_x 的影响产生火灾。②爆炸类一般指在捕集系统中，由于安全阀被堵塞，系统压力不能及时释放而最终导致的超压爆炸。原因是胺类捕集液易与 CO_2 反应生成碳酸盐，若其长时间聚集在安全阀，就可能发生超压爆炸事故。③毒气类安全隐患主要有两种，一种是有毒的捕集液泄露所导致有毒性气体释放，另一种是高浓度 CO_2 气体泄露引起人的窒息或者死亡。根据 IEA 数据结果（IEAGHG，2009a），空气中 CO_2 对人体的伤害与 CO_2 浓度与人暴露在这种浓度下的时间有关，可划分为 SLOT（specified level of toxicity）与 SLOD（specified level of death）两类，两个标准致死率分别为 1%与 50%，触发这两种危害等级的时间与浓度见表 5-2。④电力类安全隐患包含电击与电爆炸。⑤机械类事故发生在 CO_2 气体压缩环节，通常情况下，CO_2 压缩需要几个巨大压缩装置，可能存在机械故障，产生安全隐患。这几类可能存在的安全隐患，在制定技术规范时都应涉及，在系统设计阶段应规避。

表 5-2　不同 CO_2 浓度触发 SLOD 与 SLOT 危险的时间（IEAGHG，2013）

暴露时间/min	CO_2 浓度/%	
	SLOT	SLOD
0.5	11.5	15
1	10.5	14
10	8	11
30	7	9
60	6	8

在化石燃料发电厂或其他工厂中，安装 CO_2 捕集系统时，需要依据当地的法律、法规和技术规范，应进行环境影响评估，以获得建设和运营资质。在捕集环节，环境评估主要有以下关键性问题：①排放到空气中的烟气所包含的有害物质对周围产生的影响；②捕集系统所用水量对当地水资源的影响；③化学溶剂产生的废水所包含的有害物质对当地环境的影响；④在生产过程中产生的有毒废弃物或副产品堆积造成的环境影响；⑤在捕集与运输交叉环节，CO_2 泄露对土壤的影响；⑥当地自然灾害所引发的事故，间接对环境的影响。

5.2.4　管理系统

在捕集环节，管理系统可分为三个方面：捕集系统的管理、捕集系统操作管理，以及与捕集系统相关的其他领域管理。在捕集系统管理中，做好环境、健康和安全(EHS)方面的识别与评估是捕集系统管理的主要内容。为了确保(PC+PCC)捕集系统的正常运行，在操作管理方面应注意以下几点：①系统在启动和关闭时，通过管理操作规范，将 CO_2 流的温度、压力控制在合理变化范围内；②系统运行时，按规范设定 CO_2 流的流量；③制定设备出现故障时的应急操作规范，例如当电源故障、选择性催化还原(SCR)设备、电除尘器(ESP)、烟气脱硫(FGD)设备、吸收塔、再生塔等发生故障时，如何进行应急规范操作。与捕集系统相关的其他领域管理规范，应站在全流程 CCS 项目的角度进行制定。例如当 CO_2 运输或者封存环节出现了泄漏时，捕集环节应该如何规范操作来应对突发事故；在 CCS 全生命周期评估时，EHS 方面的评估又该如何进行识别与评估(ISO，2016a)。

5.3　二氧化碳运输规范中的关键问题

由于输送介质物性差异，在 CO_2 输送管道设计中沿用现有油气管道设计标准会带来诸多问题。相对于油气管道技术规范，CO_2 输送管道会出现对防爆要求过高，缺少针对窒息、溶胀等危险因素的防范措施。其工程建设投资将增大，安全隐患问题将增多。为此，我们明确了制定 CO_2 输送管道规范中的关键性问题。

5.3.1　管道运输边界

目前，CO_2 管道运输边界划定较为清晰，ISO 对 CO_2 输运管道边界进行了定义(ISO，2016b)，如图 5-2 所示。从图上可以看出，CO_2 运输介于捕集系统与封存、利用环节之间，其与其他的系统边界地划分，以法兰或者阀门为边界点。与捕集环节的隔离点是捕集系统与运输系统相连的法兰，法兰包含在 CO_2 运输系统中。与利用、封存环节的隔离边界，分为陆上与离岸两类。陆上的封存、利用环节与运输管道的边界以法兰为边界点，离岸封存以海底阀门为边界点。并且法兰与海底阀门均归属 CO_2 运输管道。该运输管道边界为开放式结构，允许非捕集环节 CO_2 源进去，同时也向其他运输管道输送 CO_2 源。

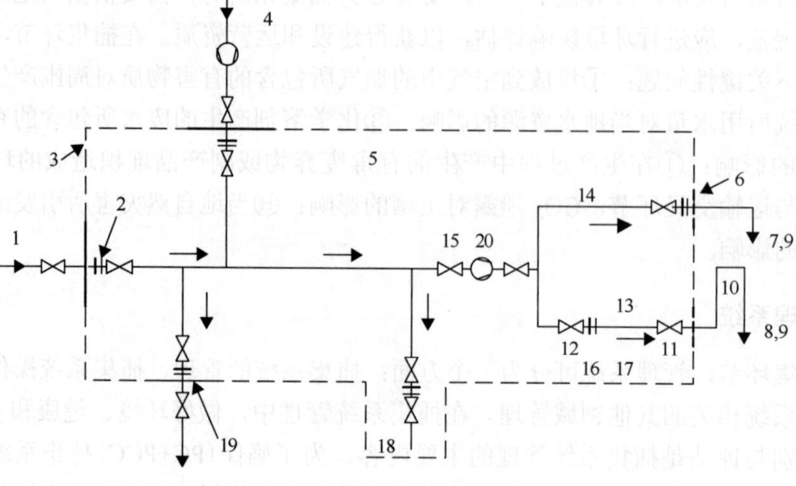

图 5-2　CO_2管道运输边界定义图(ISO，2016b)

1-CO_2捕集端；2-隔离关节；3-边界限制；4-其他 CO_2源；5-ISO 自定运输系统内部；6-封存设备边界；7-陆上封存设备；8-离岸封存设备；9-EOR；10-立管(不在运输边界内)；11-海底阀门；12-海滩阀门；13-离岸管道；14-陆上管道；15-阀门；16-路面；17-开放水域/海洋；18-第三方运输系统；19-出口到其他用途；20-泵/压缩机

5.3.2　气源组分与输送相态的选择

在实际 CO_2运输中，CO_2不可能达到百分之百纯度，在制定技术规范时应充分认识 CO_2 纯度问题。CO_2 流中往往夹杂其他一些化学物质与水分，这会导致管道的腐蚀。进入管道系统的 CO_2 流含水量要低于 250ppm(Uilhoorn，2013)。一般情况下，根据 CO_2的不同用处，管道中 CO_2纯度在 95%～99%(IEAGHG，2014)，具体数值取决于实际 CO_2用处。在管道中 CO_2纯度方面，北美地区对进入 CO_2管道的气源组分有明确规范，从美国得克萨斯州的 Melzer 咨询公司提供的数据可以看出(表 5-3)，食品级别要求最高，管道 CO_2体积分数要求在 99.9%以上。

表 5-3　北美地区不同公司对 CO_2 输送管道气源组分的要求(刘建武，2014)

不同类型 CO_2 输送管道	CO_2	H_2O	SO_2	总硫	N_2	碳氢化合物	O_2
金德尔-摩根公司的 CO_2 输运管道	≥95%	≤0.48g/m³	≤20g/m³	≤35g/m³	≤4%	≤5%	≤10g/m³
乙醇厂 CO_2 运输管道	>98%	干燥	—	40g/m³	0.9%	2300g/m³	0.3%
大平原合成染料厂 CO_2 管道	96.8%	<25g/m³	<2%	<3%	0	1.3%	0
气体处理厂 CO_2 管道	≥96%	≤0.19g/m³	≤10g/m³	≤10g/m³	—	≤4%	≤10g/m³
科菲维尔化肥厂 CO_2 管道	99.3%	0.68%	—	—	—	—	—
食品生厂中 CO_2 运输管道	≥99.9%	≤20g/m³	≤0.1g/m³	≤0.1g/m³	0	CH_4 含量≤50g/m³；其他含量≤20g/m³	≤30g/m³

CO_2 有气态、液态、固态与超临界四种状态。其中，超临界状态是指温度和压力高于其临界值(31.1℃，7.38MPa)的状态，如图 5-3 所示。超临界 CO_2流体的强度与常规

液态溶剂的相似，黏度与气体相似，扩散系数也接近于气体，具有较好的流动性。运输管道中的 CO_2 需要处于超临界状态。例如北美地区采用 CO_2 输送压力通常控制在 8.8～18.6MPa。

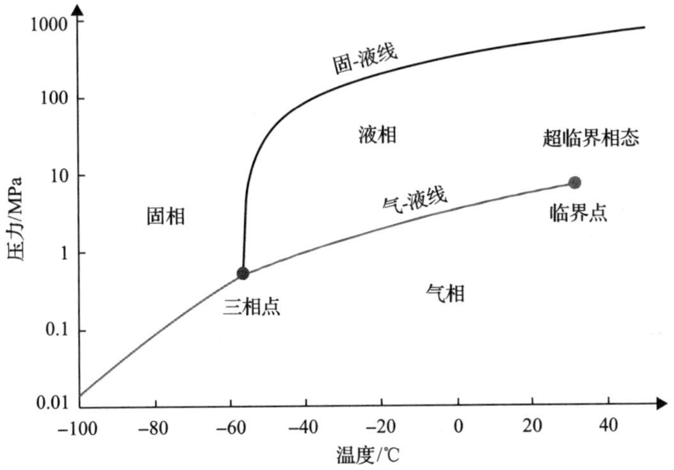

图 5-3　纯 CO_2 相图(刘建武，2014)

5.3.3　管道设计和材料

管道设计中的关键参数选取十分重要。在设计之初，可以按照设计要求，利用相关模拟软件进行模拟。依据北美相关 CO_2 管道建设经验，关键参数主要包括(IEAGHG，2014)：①管道长度；②管道直径和管道壁厚；③管道的最大运输量；④管道的运输压力；⑤管道中 CO_2 流体性质；⑥管道的涂层或绝缘材料选择；⑦管道的线路及其所在地形；⑧管道所经过地方的地温和导热系数。

为了达到 CO_2 输运管道调试与正常运行的要求，在候选材料选择上，一般材料遵循 ISO 管道建设标准。对外涂层、润滑剂等材料的选取较为严格。根据国外 CO_2 管道建设和运行经验，不建议使用内涂层防腐或减阻剂。在选取润滑剂时，要依据 CO_2 管道组分、设计压力与设计温度等参数进行优选，因为普通润滑剂会使阀门、泵等部件处变质。

除此之外，候选材料还包含关键辅助设备：压缩设备、脱水设备与阀门。压缩设备数量不仅与管道尺寸有关，还与输送的体积以及 CO_2 相位等因素有关。考虑到管道建设的经济性，目前管道材料一般选取碳钢材质，当 CO_2 流含水时，该材料存在高腐蚀率。为了防止这种情况发生，CO_2 流中的水含量应尽可能低。管道输运系统中的阀门主要是指应急关停阀门，在管道发生泄漏时，这些应急阀门可以将损坏管道部分隔离。应急关停阀安装距离由管道所在地区法规以及人口密集程度等因素决定，一般间距范围为 10～20km。

在全球已有的管道运输项目中，应该注意到不同级别的 CO_2 管道的物理特性存在着很大的差异(表 5-4)。在管道设计与材料选取中，应依据实际地理条件进行选取，这就要求在制定管道技术规范时，要按一定弹性选取管道物理特性参数。

表 5-4 CO_2 管道项目的物理特性(IEAGHG，2014)

管道物理特性	低等	中等	高等	参考项目数量/个
长度/km	1.9～97	116～380	656～808	28
外径/mm	152～270	305～508	600～921	26
壁厚/mm	5.2～9.5	10～13	19～27	12
设计能力/(Mt/a)	0.06～2	2.6～7	10～28	26
压力最小值/bar	3～10	31～35	72～151	14
压力最大值/bar	21	98～145	151～200	17
压缩机容量/MW	0.2～8	15～17	43～68	16

注：1bar=100kPa。

5.3.4 安全运行操作

在 CO_2 管道运行之前，负责运行的单位必须为每个管道系统制定操作手册。为了保证管道的正常运行，并且能够确保管道在维护期间的安全，操作手册的内容应包含以下关键点(IEAGHG，2014)：①管道施工与操作记录，包含管道图纸与地图，以便安全操作和维护；②及时有效地收集事故报告所需的数据；③根据操作要求，维护和修理管道系统；④确定可以立即响应的管道设施区域；⑤分析管道事故以确定其发生的原因；⑥去除已识别的安全隐患，避免相同事故再次发生；⑦在操作启动和关闭管道系统时，要确保所有管道安全；⑧建立并保持与消防人员、警察的联络，并使其熟悉管道的应急措施。

5.4 CO_2 地质封存选址规范中的关键问题

根据 IPCC 报告，CO_2 可在油气藏、深部咸水层、不可开采的煤层进行地质封存(IPCC，2005)。本节主要讨论 CO_2 在油气藏、深部咸水层封存之前，封存地选址的规范性问题。针对 CO_2 地质封存，国外开展了大量工作。美国能源署能源技术国家实验室(NETL)、英国地质调查局(BGS)、澳大利亚碳捕集和封存研究组织等机构发布的 CO_2 地质封存选址标准或者最佳实践，本节将结合国外已有的研究，归纳出 CO_2 地质封存技术规范中的关键性问题。

5.4.1 封存场地选址规范流程

封存场地筛选的基本流程见图 5-4，在封存场地筛选过程中，要注意以下问题(DOE/NETL，2017a，2017b)：①区域地质数据勘探，在规范中应该要求选址单位提供尽可能全面与翔实的地质数据资料；②封存潜力评估，潜力评估方法有多种，依据实际地理情况选择合适的评估方法；③确定区域调查分析，主要包括潜在环境敏感区域、人口聚集中心位置、矿产资源以及封存地对现有工程项目的影响等问题；④运用模拟方法对封存场地进行数据模拟，建立封存场地的 3D 静态地质模型，以及经济成本建模分析；⑤社会问题，涉及土地利用、未来人口发展趋势、评估周围人口对项目认可度、与利益相关者进行谈判等；⑥对选择封存场地进行风险评估，动态模拟仿真与敏感性分析、风险评估。

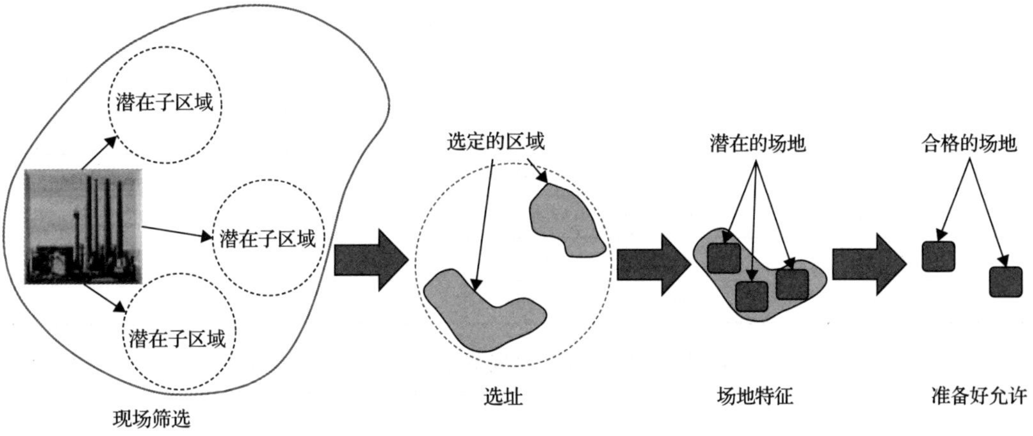

图 5-4　CO_2 封存选址流程(NETL，2017a)

5.4.2　封存场地适宜性评价规范

CO_2 封存场地适宜性评价是一个非常复杂的科学分析工程，需要充分利用已有的地质资料，建立综合评价体系进行评估。主要考虑四大类因素：①封存场地地质特征；②封存场地风险评估；③封存场地封存成本；④封存场地社会、法律、法规与环境保护要求。在这四类因素中，地质特征是基础。因此，这里重点阐述 CCS-EOR 与深部咸水层地质筛选规范。

(1) CCS-EOR 的适宜性评价规范。

CCS-EOR 包含混相驱与非混相驱两种方法。在项目实施经验上，已有研究对其进行了总结与归纳，并对评价规范进行了量化。表 5-5 为 CO_2 混相驱筛选评价规范，表 5-6 为 CO_2 非混相驱筛选评价规范。这些筛选规范仅代表一般准则，并非所有油藏都符合，具体实施选择仍需要针对具体项目作出判断。

表 5-5　CO_2 混相驱筛选评价规范(沈平平和廖新伟，2009)

评价因素	好	较好	中等	较差	差
渗透率/mD	0.1～10	10～50	50～200	200～500	＞500
原油黏度/(mPa·s)	＜2	2～4	4～8	8～10	＞10
孔隙度/%	10～15	15～20	20～25	25～30	＞30
		8～10	6～8	4～6	＜4
油藏深度/km	1.5～2.0	2.0～2.5	2.5～3.0	3.0～3.5	＞3.0
		1.2～1.5	1.0～1.2	0.8～1.0	＜0.8
油藏温度/℃	80～90	90～100	100～110	110～120	＞120
		70～80	60～70	50～60	＜50
原油密度/(g/cm^3)	＜0.82	0.82～0.86	0.86～0.88	0.88～0.90	＞0.90
油藏倾角/(°)	＞70	50～70	30～50	10～30	＜10

续表

评价因素	好	较好	中等	较差	差
储层厚度/m	＜10	10～20	20～30	30～40	＞40
油藏压力/MPa	15～20	12～15	25～30	30～35	＞35
			10～12	8～10	＜8
油湿指数	0.8～1	0.6～0.8	0.4～0.6	0.4～0.4	0～0.2
渗透率变异系数	＜0.5	0.5～0.55	0.55～0.6	0.6～0.65	＞0.65
原油饱和度/%	＞70	55～70	40～55	25～40	＜25
封闭能力/m	＞400	200～400	100～200	0～100	≤0

表 5-6 CO_2 非混相驱筛选评价规范（沈平平和廖新伟，2009）

筛选参数	CO_2 非混相驱
原油黏度/(mPa·s)	100～1000
原油密度/(g/cm^3)	＞0.9
原油饱和度/%	30～70
油藏深度/km	600～900
储层厚度/m	10～20
渗透率变异系数	0.5～0.55

(2) 二氧化碳深部咸水层适宜性评价规范。

对于深部咸水层封存地适宜性评价规范，主要参考赵兴雷等(2017)对盆地尺度的深部咸水层的筛选规范。主要对封存能力和注入性、风险最小化、环境因素三方面进行评价规范，详细内容见表 5-7。

表 5-7 深部咸水层封存地筛选评价规范（赵兴雷等，2017）

评价因素	好	较好	中等	较差	差
区块面积/km^2	＞50000	＜50000	＜10000	＜5000	＜1000
封存地深度/m	＞3000	—	1500～3000	—	＜1500
平均渗透率/mD	＞1000	100～500	50～100	10～50	1～10
孔隙度/%	＞25	20～25	15～20	10～15	5～15
液体压力比	＜1.0	—	1.0～1.2	—	＞1.2
储层失效	湖泊与沼泽	—	河积相	—	洪积相、冲积相
主要盖层	盆地性盖层	—	区域性盖层	—	岩性圈盖层
地热/(℃/km)	＜20	—	20～40	—	＞40
地质条件	断层不发育	—	断层裂隙中等发育	—	断层裂隙发育分布广泛
活断层/km	＞40	—	20～40	—	10～20
地应力区	应压力区	—	走滑断层区	—	拉应力区
碳氢化合物储量	巨大	大	中	小	无
与碳氢化合物距离/km	＜20	—	20～40	—	＞40

续表

评价因素	好	较好	中等	较差	差
沉积相	湖泊与沼泽	—	河积相	—	洪积相、冲积相
主要封存地层	盆地封存	—	区域封存	—	岩层封存
缓冲地层	湖泊相	—	河积相	—	洪积相、冲积相
潜在封存地层露头到封存场地的距离/km	＞60	—	40～60	—	20～40
新生代沉积地层	有	—	—	—	无
水文特征	区域性流动，长幅度流动	—	中等尺度流动	—	局部流动
地震记录	—	—	—	—	—
地震烈度	低(Ⅳ)	—	中(Ⅵ)	—	高(Ⅶ)
自然资源开发的矛盾/m	＜200	—	200～800	—	800～2000
临近封存场地的煤开采/km	＞10	—	5～10	—	＜5
煤资源/km	无	—	＜800	—	＞800
与城市距离/km	＞25	15～20	10～15	5～10	＜5

5.4.3　注入和封存操作

在 CO_2 注入与封存运营阶段，CO_2 注入操作可分成 4 个步骤(DOE/NETL，2017a)：注入前基本设施检测、注入系统搭建、开始 CO_2 注入，以及关闭与注入后检测。CO_2 注入流程图见图 5-5。

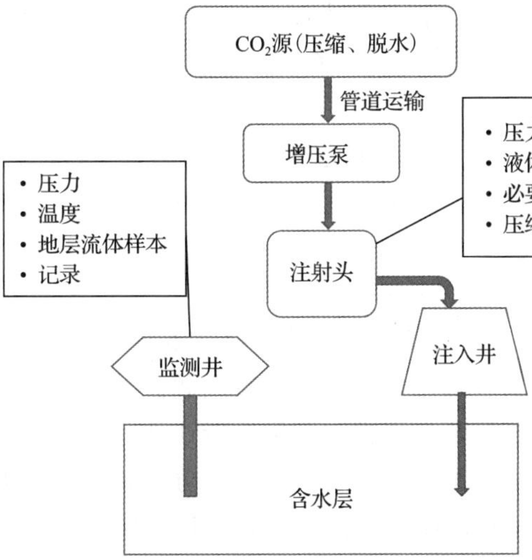

图 5-5　CO_2 注入流程图(DOE/NETL, 2017a)

在制定操作规范时，应从重点关注以下几点问题：①管道是注入最基本设备，要求较高，CO_2 管道应严格满足预设要求；②明确增压泵的选择类型与操作注意事项；③规范手动与电动阀门正确安装位置，保证其在应急情况下系统可以快速与安全地停止运行；④计量设备的校准应按照注射中的规定定期进行检查；⑤在规范制定中要规范地面建筑物的安全性；⑥注入期间，操作员必须监控操作的各个方面。

5.4.4 监测和验证

地质封存监测与验证技术是进行相关风险评估的基础，在确定封存场地是否适合长期封存 CO_2 中发挥着重要作用。根据美国能源部(DOE/NETL，2009)监测与检验最佳实践，此阶段规范制定需要注意以下几个方面：①要求监测设备必须能够做到监测与验证的有效性；②估算 CO_2 在封存中运移；③评估 CO_2 泄漏到大气中对地面人与动植物的安全和健康产生影响；④评估和监控在泄漏发生时所需的补救措施。

5.4.5 封存场地关闭

根据封存场地关闭最佳实践(CO_2CARE，2013)，在关闭封存场地之前有以下方面的要求：①证明储存 CO_2 将被完全和永久封存；②界定项目，履行全部财务义务；③确保场地已经密封。此外，运营商必须证明：①注入 CO_2 后所观察到数据与现象符合建模模拟，并与预期设定基本相同；②没有在封存场地监测到 CO_2 泄露；③封存站点所封存 CO_2 正朝着长期稳定方向发展。在制定规范时要防止以下事件的发生：①防止井中的任何流体泄漏到地面；②防止可能引起的所有物理危害；③防止地层之间的任何污染物迁移。

5.5 本章小结

为制定 CCS 技术规范提供了理论依据，整理了 CCS 技术规范制定的原则、制定的流程与 CCS 技术规范的结构。归纳了捕集技术相关的技术规范，并针对捕集环节需要解决的关键性问题进行讨论。最后分别阐述了 CO_2 在运输规范制定、注入和封存规范制定中所涉及的关键性问题。

CCS 技术规范制定的原则共计 7 项，涉及国家、企业以及 CCS 技术 3 个层面。CCS 技术规范制定流程包括预备、立项、起草、征求意见、审查、批准、出版、复审、废止 9 个步骤。此外，本章阐述了 CCS 技术规范结构中 4 个要素，即资料性概述要素、规范性一般要素、规范性技术要素与一般规则和要素。

依据已有 CCS 技术标准、工程的最佳实践等资料，本章分别整理出捕集技术规范、CO_2 运输规范，以及 CO_2 地质封存选址规范中的关键问题。其中，捕集环节技术规范包含捕集系统边界定义、烟气处理工艺与流程、捕集性能评估、安全与环境问题以及系统管理 5 项内容；运输环节明确了 CO_2 系统边界、气源组分与输送相态的选择、管道设计与材料以及安全运营 4 类注意事项；在 CO_2 注入与封存环节中，主要对 CO_2 封存地适宜性评估、CO_2 注入与封存操作、封存地监测与验证以及封存场地关闭 4 项内容关键问题进行描述，明确了各项所应重点关注事项。

第 6 章　CCS 项目风险管理

国际标准组织(ISO)将风险定义为不确定性对目标的影响,通常以事件(包括环境变化)后果和发生可能性的乘积来表达。CCS 技术在为应对全球气候变化做出努力的同时，也面临多种类型的风险。常见风险包括政策法规缺失或不健全导致的政策风险；高成本、高投资以及缺乏投融资渠道导致的经济风险；潜在 CO_2 泄漏和诱发地震对健康安全环境的影响；附近居民或环境非政府组织(NGO)的强烈反对导致项目延期或终止的社会风险等。为推广 CCS 技术的商业化应用，实现其应有的全球减排效应，有必要对 CCS 技术实施系统性的风险管理。本章主要回答以下几个问题：

(1)CCS 项目面临的主要风险有哪些?

(2)如何进行 CCS 项目风险管理，以及常用的风险评价方法有哪些?

(3)如何应对 CCS 项目的主要风险?

6.1　CCS 项目风险管理概述

6.1.1　CCS 项目风险的概念及特征

对于风险的概念，学术界缺乏统一的定义。由于对风险的理解和认识程度不同，或对风险研究的角度不同，不同学者对风险的概念有着不同的解释。总体而言，风险包括三方面的内涵：风险是一种可能性或不确定性；风险是不确定性导致的后果；风险的可能性及后果可以通过一定的方法进行测量。因此，本书对 CCS 项目风险定义为：CCS 项目在全生命周期内，由于受到各种不确定因素的影响造成与预期目标发生偏差的可能性及其后果的严重性。

一般项目的风险具有以下四方面的特征：①风险客观存在且不以人的意志为转移。因为无论是自然界的物质运动，还是社会发展的规律，都由事物的内部因素所决定，由超越人们主观意识的客观规律所决定。②风险是相对的、可变的。它不仅与风险的客体(即风险本身)有关，而且与风险的主体(如建设运营单位等)有关。③风险是不确定的，例如风险是否发生是不确定的，风险发生时间是不确定的，风险损失程度是不确定的。④风险是可以预测的，虽然个别风险的发生是偶然的、不可预见的，但通过大量的观测会发现，风险往往呈现出明显的规律性，如可利用概率论和数理统计的方法测算风险事故发生的概率及其损失程度，并且构造损失分布模型，为风险评估提供基础。

CCS 项目的风险除了具有风险的普遍性外，还有其独特性，如显著的不确定性、多元性和复杂性，这些都与 CCS 项目本身的独特性质息息相关。

(1)显著不确定性。

CCS 项目显著的不确定性主要体现在以下几个方面：①技术成熟度不够。当前捕集环节最成熟的方法是燃烧后化学吸收，但能耗高、成本高，严重阻碍了投资积极性，而新一代的捕集技术，如膜技术、化学链燃烧、离子液体等捕集技术仍处于研发阶段，捕集环节的高能耗、高成本的缺点难以得到解决。另外，高压 CO_2 的运输技术、CO_2 在地下储存场所的行为模拟技术、监测与修复技术等都存在许多缺陷，大大增加了 CCS 项目的不确定性。②CO_2 封存具有隐蔽性。为了保证 CO_2 处于超临界状态，注入深度至少需要达到地下 800m(通常适合封存的储层深度约为 2000m 左右)。在这种情况下，CO_2 异常移动、潜在的地质构造缺陷很难被观测或探测到，加剧了封存环节的不确定性。③与一般项目不同，CCS 项目在关闭后仍需要进行达几十年甚至上百年的监管，以确保封存的 CO_2 处于安全稳定状态，这就需要大量人力物力财力的投入，进一步凸显了 CCS 项目显著的不确定性。

(2)多元性。

多元性特征是指 CCS 项目的风险来自多方面、多领域。现阶段发展 CCS 技术，不仅受技术本身成熟度的影响，还与投资成本、市场现状、能源战略、环境、气候政策、法律法规、公众反应以及国际气候政策和国际局势等因素息息相关，因此，CCS 项目风险研究应该综合考查来自不同方面、不同领域的影响因素。

(3) 复杂性。

CCS 项目风险的复杂性，一方面反映在风险因素的多元性上，另一方面体现在技术系统的复杂性。CCS 技术是一系列复杂技术单元的集合体，涉及燃料燃烧、CO_2 吸收分离技术、CO_2 压缩技术、高压运输和注入技术、泄漏监测和修复技术等。除了要保证各技术单元的运行状态稳定且高效外，还需要充分协调技术单元之间的连贯性，如源汇匹配问题等。另外，全流程 CCS 项目在空间和时间维度跨度大的特征给项目的风险评估、风险应对和风险责任分配等带来了巨大挑战，也加剧了 CCS 项目风险的复杂性。

6.1.2　CCS 项目风险管理流程

各类项目的风险管理基本上都是依据 ISO 31000: 2009 规定的流程而开展的，该标准将风险管理分为明确状况、风险评估、风险应对、沟通与协商以及监督与审查五个部分(图 6-1)，其中风险评估是风险管理最重要的一个环节。

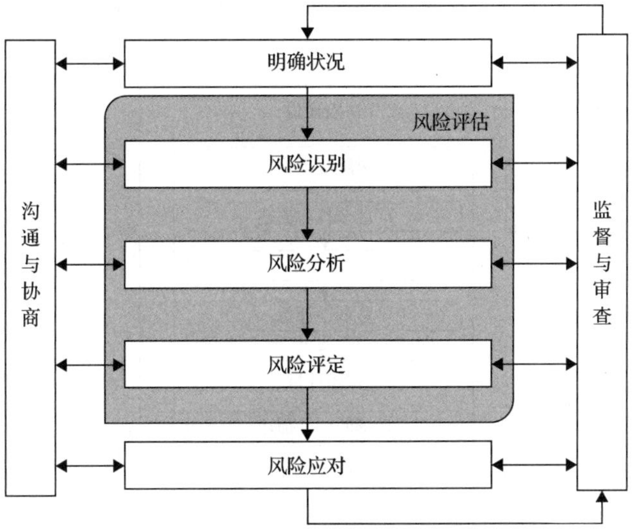

图 6-1　风险管理流程图(ISO，2009)

(1) 明确状况。

明确风险管理目标，界定风险管理需要考虑的内外部参数，确定风险管理过程的范围及风险准则(包括可能性、后果的确定方法、风险容许的程度等)。

(2) 风险评估。

风险评估分为风险识别、风险分析和风险评定。其中，风险识别就是识别风险源、事件(包括环境变化)、致因及潜在后果。风险分析就是理解风险的性质和确定风险程度的过程，为风险评价和风险处理提供基础。风险分析包括风险估计/估测。风险评价就是将风险分析的结果与风险准则相比较，确定风险是否可接受。

(3) 风险应对。

风险应对也是修正风险的过程。主要的方法有风险自留、风险消除、风险减缓、风险减小、风险预防和风险分担等。

(4) 沟通与协商。

项目施工方与内外部利益相关者密切的沟通与协商，涉及风险管理的每个阶段。其内容包括风险的成因、后果及处理措施等问题。另外，利益相关方的观点也会对决策结果产生重大影响，而且由于其价值观、需求及关注点等不同，各方的观点也不尽相同，因此需要充分考虑利益相关方的需求。

(5) 监督与审查。

监督是不断检查、监测、严格观察或确定状态，以识别绩效水平的变化。审查是为达到所建立的目标，确定有关事务的适宜性、充分性和有效性的活动。该过程也应包含在风险管理的所有阶段。

国际能源署温室气体研发工作组 (IEAGHG) 也于 2009 年开发了一个基于部署商业规模 CO_2 地质封存 (GCS) 项目的风险管理流程图，如图 6-2 所示。主要分为背景和问题形成、沟通与交流、风险评价和风险管理四部分。其中风险评价又分为风险源评价、暴露评价、效果评价以及风险特征描述。风险管理包括风险评定、风险应对及监管与核实。

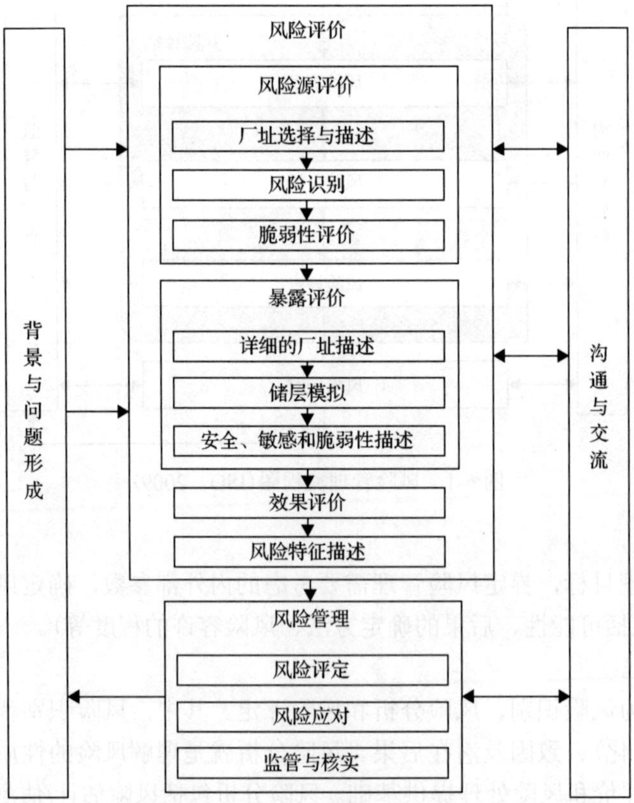

图 6-2　GCS 风险管理流程图 (IEAGHG，2009b)

6.2　CCS 项目风险识别

6.2.1　CCS 项目风险识别方法

CCS 项目的风险识别就是识别风险源、事件、原因及潜在后果的过程。现阶段，其风险识别的方法只能依靠定性的方法，即通过专家判断来识别。而专家判断是基于框架法和实际经验来进行的(图 6-3)。其中，框架法有特征事件过程(features events and processes，FEP)、失效模式与影响分析(failure mode and effects analysis，FMEA)、事故树、事件数等。实际经验包括现存的其他 CCS 项目、类似的项目(如核废料储存、天然气运输等)、管理经验等。

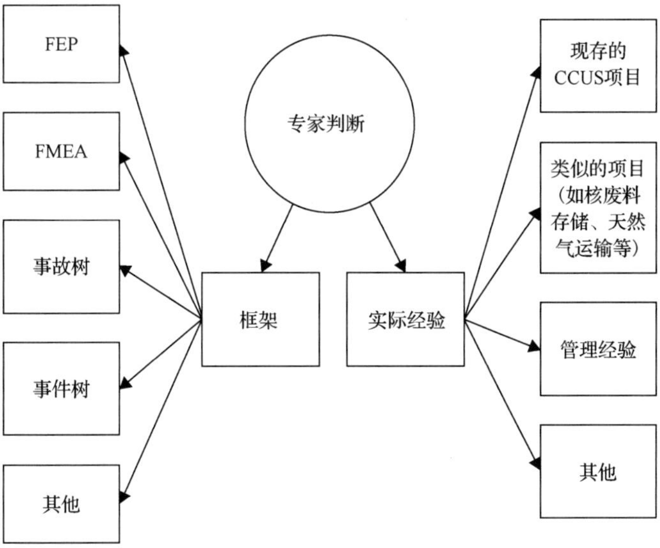

图 6-3　风险识别方法分类

(1) FEP：即特征，事件和过程法。其中，特征为具体的厂址参数，如岩层孔隙率、井数、储层的渗透性等；事件可以看成为较短时间内的过程，如地震、井喷；过程主要是指物理或化学过程，如地质或地球化学过程、多相流体行为等，其影响着系统的演化等。Quintessa(2010)专门针对 GCS 长期安全性和性能评估开发了 FEP 数据库，共涉及约 200 个 FEP，并对每个 FEP 进行了详细的描述。同时将这些 FEP 分为八类：①评价基础类别；②外部因素类别；③CO_2 存储类别；④CO_2 特性、作用及运输类别；⑤岩石圈类别；⑥钻孔类别；⑦近地表环境类别；⑧影响类别。该方法的用法有两种，即自下而上和自上而下。自下而上就是直接运用数据库开发评价模型；而在自上而下的方法中，数据库被用来核查模型中所有相关的 FEP 是否都被涵盖。

(2) FEMA：失效模式与影响分析，对系统中各个工序逐一进行分析，找出所有潜在的失效模式，并分析其可能的后果，从而预先采取必要的措施，以提高系统的可靠性。

(3) 事件树是从起因推理结果的过程，是正向逻辑推理过程。而事故树则是从结果分析原因，最终得到影响事故发生的根本事件，是一个逆向逻辑推理过程。

6.2.2　CCS 项目风险识别

鉴于核废料处理项目与 CCS 项目具有一定的相似性，通过梳理相关风险管理(宣亚雷，2013)的文献资料，以及 CCS 项目各个环节的具体分析，共识别出七大类 18 种风险，如表 6-1 所示。

表 6-1　CCS 项目风险分类表(宣亚雷，2013)

风险类别		项目准备阶段				项目实施阶段			项目关闭阶段	项目关闭后阶段
		设想与计划	可行性研究	评估与批准	设计与建设	捕集	运输	封存		
政策	政策法规风险	√	√	√	√	√	√	√	√	√
经济	成本风险	—	√	—	√	√	√	√	√	√
	投融资风险	—	√	—	√	√	√	√	√	√
HSE	健康风险	—	—	—	—	√	√	√	√	√
	安全风险(泄漏)	—	—	—	—	√	√	√	√	√
	安全风险(诱发地震)	—	—	—	—	—	—	√	√	√
	环境风险	—	—	—	—	√	√	√	√	√
技术	设备制造风险	—	—	—	√	√	—	√	—	—
	技术工艺风险	—	√	—	√	√	√	√	√	√
	新材料研发风险	—	√	—	√	√	—	—	—	—
	数据缺失风险	—	√	√	√	—	—	√	√	√
	技术操作风险	—	—	—	√	√	√	√	√	√
市场	市场不成熟风险	—	√	—	√	√	√	√	—	—
	市场竞争风险	—	√	—	√	√	√	√	—	—
能源	能源惩罚风险	—	—	—	—	√	—	—	—	—
	用水资源风险	—	—	—	—	√	—	—	—	—
社会	公众接受程度	—	—	—	√	—	√	√	—	—
	环境 NGO 接受程度	—	—	—	√	—	√	√	—	—

注：“√”表示相应环节涉及该类风险，“—”表示不涉及该类风险。

(1)政策风险贯穿 CCS 项目始终，是指有关 CCS 政策法规的缺失或不完善而影响 CCS 项目顺利发展的风险。现阶段，国际上关于 CCS 项目的政策法规还处于研究制定阶段，一些发达组织和国家(如欧盟、美国、英国、澳大利亚等)一直积极倡导 CCS 相关立法及项目实施的制度化和规范化，而发展中国家(除中国外)至今尚未将 CCS 的立法提上日程。政策风险受到市场、经济及社会等多方面因素的影响。

(2)经济风险指因 CCS 项目的高成本、高投资以及缺乏相关投融资渠道而制约 CCS 项目商业化应用的风险。一方面，高投入低收益造成入不敷出的局面，严重阻碍了投资人的投资意愿；另一方面，高额的捕集成本(约占总成本的 70%～80%)导致发电成本大幅增加(IEA，2011)，在低碳价及政策支持力度不足的情形下，更加剧了 CCS 项目的部署难度，因此急需通过技术、市场、政策等多种手段来应对 CCS 面临的经济风险。

(3)健康安全环境(HSE)风险，指与健康、安全以及环境相关的潜在风险。CCS 项目导致的 HSE 风险主要发生在封存阶段，如井孔或盖层完整性失效引发的 CO_2 泄漏，以及更为严重的诱发地震。除此以外，捕集和运输环节也存在着 HSE 风险，但不会引发严重的事故，而且可通过已有手段妥善应对，因此本书仅考虑封存阶段的 HSE 风险。

(4)技术风险指由于 CCS 技术不成熟或技术效率低等原因影响 CCS 技术顺利发展的风险。具体可细分为五类：①核心设备制造能力薄弱或缺失导致的设备制造风险，如 IGCC 电厂的燃气/氢汽轮机和膜转换反应器等；②CCS 技术的工艺流程落后或不完善造成的能效下降甚至引发安全事故的技术工艺风险，如捕集工艺的选择、管道工艺设计、井孔建造参数、注入压力等；③因研发能力不足导致高效先进材料缺失的新材料研发风险，如固体复合吸附剂、分子膜、离子液体等分离材料，以及用于燃烧炉内的耐高温耐腐蚀的隔离材料等；④技术操作人员缺乏经验及专业技能造成的技术操作风险；⑤主要发生在封存阶段的数据缺失风险，如断层、裂隙的分布及发育情况以及储层的可注入性及容量等数据的缺失。另外，运输阶段的技术风险较小的原因是 CO_2 管道运输可以很好地借鉴油气管道成熟的运营经验。

(5)市场风险指由于当前全球碳排放交易市场不成熟及与其他减排技术的市场竞争而影响 CCS 项目顺利发展的风险。从目前较低的碳价和相对不成熟的碳市场来看，将 CCS 减排量纳入全球碳排放交易市场的条件尚不成熟，因此 CCS 项目很难在市场机制下自由运营。另外，由于 CCS 技术在国家政策法规中的地位尚不明确，导致大部分投资倾向于其他减排技术，进一步加剧了 CCS 项目的市场风险。

(6)能源风险主要指发生在捕集环节能源惩罚和用水资源风险。电厂加装 CCS 后，燃料消耗增加三到四成，而水耗增加更是接近一倍，与大力提倡的降低能耗、提高能源利用效率的政策相违背。而通常该类风险的研究集中在 CCS 的成本方面，主要受到技术和政策的影响较大。

(7)社会风险指由于 CCS 项目对健康安全环境的潜在危害，可能会受到公众或环境 NGO 的强烈反对，导致项目延期或终止的风险。如荷兰 Barendrecht CCS 项目就因当地居民对该项目安全问题的担忧而遭到强烈反对。随着 CCS 项目的逐渐部署及公民环境意识的增强，CCS 项目的社会风险将会越来越高，并且主要受到健康安全环境及政策的影响。

6.3　CCS 项目风险因素分析

6.3.1　政策风险

任何项目健康稳序的发展都离不开强有力的政策推动和完善的法律法规保障，CCS

项目也不例外。总的来说，CCS 项目政策法规风险的影响因素有国际局势、国际政策法规以及国家或地区层面的政策法规三类。

首先，战争、金融危机等不确定的国际局势可能会直接或间接的影响 CCS 项目的顺利发展。如挪威、荷兰等积极倡导 CCS 技术的国家由于受到欧债危机的影响，一方面导致不少 CCS 项目的投资计划被迫搁置或取消，另一方面可能因此阻碍在该领域的国际合作，直接影响全球 CCS 项目的发展势头。

其次，近年来各国在气候变化大会上围绕气候变化、减排义务及减碳资金等问题一直争论不断，而美国将退出应对全球气候变化的《巴黎协定》，这些悬而未决的问题加剧了 CCS 项目发展面临的不确定性。另一方面，虽然部分国际气候政策文件有相关 CCS 项目发展的条款，但这些政策中并没有确定 CCS 项目在碳减排中的地位，直接导致该类项目发展缺乏动力。

最后，不少国家和地区都在制定适宜各自的 CCS 相关政策法规，但侧重点和执行力度各有不同。欧盟《CO_2 地质封存指令》主要是从许可证、责权利、监测与核查等方面进行了规定，但仅对实施 CCS 项目的成员国有一定的约束力；美国主要从技术层面对 CCS 技术进行了规定，如《地下灌注控制计划》专门为 CO_2 注入井设置了详细的技术规范，并定义为第六类灌注井；在新修订的《预算法案》中“45Q”将 CO_2 地质封存的政府补贴进行了大幅提升，同时降低了准入门槛，取消了存储上限(IEA，2018)。英国和澳大利亚的政策法规侧重于海洋封存，为 CO_2 离岸封存提供了监管框架，尤其是澳大利亚，从环境、安全、注入和行政管理等方面，为 CO_2 近海封存制定了全面的法律框架。相比之下，中国的 CCS 政策法规和国外有着较大的差距，虽然不少规划、方案中涉及 CCS 技术，如《中国应对气候变化专项行动》将 CCS 技术列为重点任务；《国家应对气候变化规划(2014—2020 年)》(国家发改委，2014b)要求推动实施 CCUS 一体化示范工程；《“十三五”国家科技创新规划》(国务院，2016)将 CCS 技术列为科技创新 2030 重大项目，并鼓励开展百万吨级燃烧后碳捕集示范项目。但我国现有 CCS 相关的政策法规仅是从宏观层面鼓励发展 CCS 技术，尚未开展专门立法，至今没有 CCS 的政策法律框架。总的来说，在国家或地区层面上，我国 CCS 政策法规风险主要体现在三个方面，即政策相对温和、政策支持力度不足，以及缺乏支持项目发展的正向政策。

6.3.2 经济风险

CCS 技术是一个技术集群，因其工艺复杂、流程较多、能耗高、运营周期长，以及盈利点较少等原因致使 CCS 项目的投资高昂，且资金回收期具有显著的不确定性。上述原因使得经济风险成为制约全流程 CCS 项目商业化运用的主要原因之一。本节将从成本风险和投融资风险两个角度展开分析。

(1) 成本风险。

关于 CCS 成本的研究主要集中在成本分析、技术经济评价、技术进步、协同发展四个方面(表 6-2)：①对不同 CCS 技术减排成本的比较分析；②对 CO_2 驱油、驱气、驱水所带来的经济效益进行技术经济评价；③通过技术进步来预测未来 CCS 减排成本及经济效益等；④通过 CCS 技术与可再生能源的协同发展，在保证供电安全的同时降低成本。

例如 Wang 等(2016，2017)对利用地热或太阳能为再生塔提供热量，用以提高 CCS 电厂的发电效率及降低成本的可行性进行了研究。

表 6-2 CCS 技术成本的主要研究方向

研究方向	内容	参考文献
成本分析	在碳排放密集行业对各种 CCS 技术(包括生物质能 CCS)的减排成本、发电成本、能效下降等进行比较分析	IPCC(2005)，Rubin 等(2015)，Jasmin(2015)
技术经济评价	在不同情景下，通过 EOR/EGS/ECBM/EWR 的方式对项目的经济效益进行技术经济评价	Hammond 等(2011)，Leeson 等(2017)
技术进步	通过技术进步预测未来 CCS 项目的减排成本及经济效益	Viebahn 等(2012)，Wu 等(2016)
协同发展	通过与可再生能源的协同发展，在保证供电安全的同时，降低成本	Chalmers 和 Gibbins(2006)，Choptiany(2012)，Li 等(2015)，Wang 等(2016，2017)

当然现有研究也存在着一些不足之处。首先，大多数研究聚焦于微观层面，没有放眼于整个能源系统。由于 CCS 技术的能源惩罚，电厂在不扩容的情况下，势必导致发电量下降，直接影响供电安全。因此在对 CCS 的成本进行分析时，不仅需要在微观层面考虑补偿能源惩罚对成本的影响，还要在宏观层面结合能源系统对全社会减排成本进行全面的情景分析。另外，为实现 2℃温控目标，现有 CCS 项目的规模要扩大 1000 倍以上，这包括技术规模从试点到产业的扩大、分析规模从单个电厂到多个电厂的扩大，以及经营规模从小到大的的扩大(Sathre et al.，2012)。然而现有研究尚未考虑到未来这些规模扩大对成本的影响，如在一种技术从实验室研究到商业化应用的过程中，其物质和能量的消耗并非简单的线性变化(Bisio and Kabel，1985)；加装 CCS 设备的电厂边际减排成本在项目规模扩大的过程中也会不断变化；随着 CCS 项目规模的扩大，可能会受到因材料或设备供应不足的制约。因此在对成本分析时还需要考虑规模扩大的影响，需要对不同发展阶段的 CCS 成本进行实证分析。

(2)投融资风险。

现阶段国内外 CCS 项目都存在着巨大资金缺口，根本原因在于多种不确定性导致投融资渠道单一，即以政府直接投资、补贴和减税的形式为主，以大型企业和国际机构投资为辅。因此，急需拓宽融资渠道，降低投资风险。主要可以从以下几个方面来应对投融资风险：①建立信托基金。考虑到未来近 75%的 CCS 项目会建立在非经济合作与发展组织(OECD)国家，因此应建立针对资助这些国家和地区研发、示范与推广 CCS 项目的信托基金。②将 CCS 项目纳入全球碳市场。但此法难度较大，尤其是因潜在的泄漏使得减排量核算非常困难，另外还需要对现有交易体系进行改革。③适当制定强制性的政策法规和技术标准。如：对超额排放的企业实施惩罚措施；提高碳强度高的企业或产品的准入门槛。④在一定程度上提高碳税以刺激企业投资 CCS 项目。⑤积极鼓励私人资本进入 CCS 技术的研发。在促进 CCS 技术发展的同时，使投资方拥有专利而获取一定的市场份额，但仍需良好的政策引导。⑥建立 CCS 商业化保险市场，化解部分 CCS 项目的投资和运营风险。⑦加强国际合作，促进技术转让。

6.3.3　健康安全环境风险

HSE 风险直接关系到人类、动植物及其所处环境的安全状况，进而影响到社会对 CCS 技术的接受程度及其全球减排效应。然而，归根结底 HSE 风险源于 CO_2 泄漏和诱发地震。尤其是发生在封存环节的井孔和盖层泄漏。本节主要从井孔泄漏、盖层泄漏以及诱发地震三个方面展开。

(1)井孔泄漏。

井孔是发生泄漏的主要途径，尤其是油气田中废弃多年且没有按规定进行封闭的井孔。井孔的泄漏可能发生在单个结构内，也可发生在结构间的界面上，如图 6-4 所示。图 6-5 为井孔破坏的主要机理(Bai et al.，2015)：①通过化学场对套管或水泥造成腐蚀或碳化；②通过压力-温度场使套管发生变形与疲劳，水泥发生开裂与剥离；③由于材料或结构缺陷使得完井质量差。

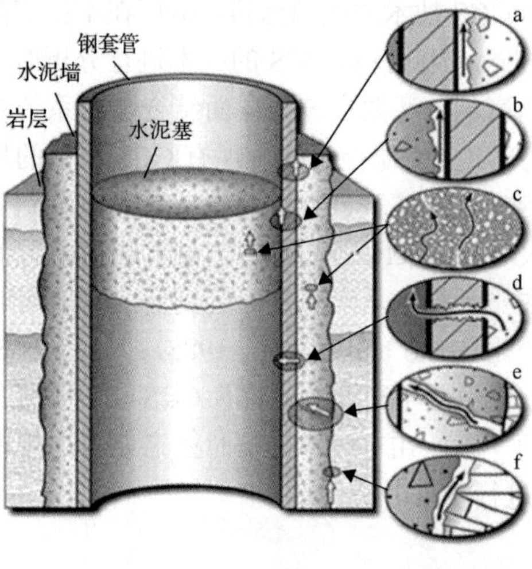

图 6-4　潜在井孔泄漏的通道(Celia et al.，2005)

a、b-钢套管与水泥间；c-穿透水泥；d-穿透钢套管；e-通过裂缝；f-水泥与岩层间

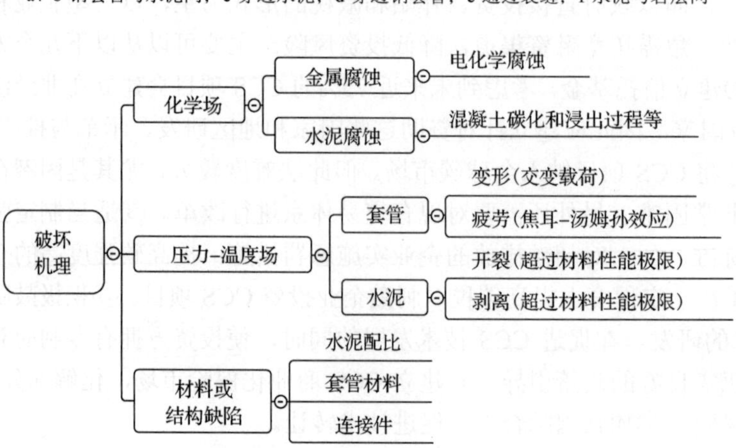

图 6-5　井孔破坏机理

鉴于井孔泄漏的严重后果，有必要对井孔的完整性进行系统评估。关于井孔完整性的研究主要从四方面展开(表 6-3)，即井孔数量统计、井孔故障概率、故障井孔的渗透率，以及 CO_2 的泄漏量。由于井孔的数量具有典型的场地特性，现有研究集中在统计大型油气田的在用及废弃井孔。仅 2010 年，美国就新建各类井孔约 70 万口。关于井孔故障率的研究，主要从持续套管压力和机械完整性两方面展开。Davies 等(2014)统计发现，美国宾夕法尼亚州已有井孔发生持续套管压力的概率为 6.3%。Peng 等(2007)对中国胜利油田孤岛油藏的统计中发现 30%的井孔存在持续套管压力的现象。另外 Lustgarten 和 Schmidt(2012)统计发现，美国地下注入井发生机械完整性故障概率为 1%～10%。虽然这些故障率看起来较高，但直接导致环境污染的井孔很少，据 Kell(2011)统计，在美国俄亥俄州和得克萨斯造成地下水污染的井孔占比仅为 0.07%和 0.02%，较上述概率低 2～3 个数量级。这一现象的主要原因是，通常一个部件失效不能形成一条完整的泄漏通道，只有该泄漏通道上所有组件同时失效，才可能引发事故(King and King，2013)。如套管腐蚀→水泥环裂缝→直通地下水的断层或裂隙，这样一条完整的泄漏通道才能导致地下水发生污染。对于井孔渗透率的研究方法，比较典型的是利用垂直干扰测试法进行测量。关于泄漏量的计算，目前研究多用仿真方法进行计算，如 TOUGH、COMSOL 等数值模拟软件。

表 6-3　井孔完整性的研究领域

研究内容	研究方法	研究范围	部分结论	参考文献
井孔数量	基于油气田的记录进行统计	有大量生产或已废弃井孔的资源开发区	具有典型的场地特性，且逐年递增	Davies 等(2014)
井孔故障概率*	持续套管压力①	井孔周边的水泥环及其界面	6.3%	Davies 等(2014，2015)
			3.9%	Watson 和 Bachu(2007，2008)
			43%	Brufatto 等(2003)
			30.4%	Peng 等(2007)
	机械完整性②	井孔的所有组件	1%～10%	Lustgarten 和 Schmidt(2012)
故障井孔渗透率	垂直干扰测试	竖向泄漏通道	0.5～1mD	Crow 等(2010)
			7～80mD	Hawkes 和 Gardner(2013)
CO_2 泄漏量	TOUGH③；CO_2-PENS④；COMSOL⑤	储层中 CO_2 或盐水的泄漏量	—	Jordan 等(2015)
				Viswanathan 等(2008)
				Kim 和 Hosseini(2014)

* 直接导致环境污染的井孔远远小于存在故障的井孔，如美国得克萨斯州造成环境污染的井孔占比 0.02%，俄亥俄州约为 0.06%(Kell，2011)。

①表示由于井孔套管密封性失效，使得流体进入井孔屏障内，导致屏障内压力出现积聚的事件。

②表示关键性设备从安装到寿命结束的时期内始终处于满足安全稳定状态。

③～⑤表示可用于计算 CO_2 泄漏量的商用软件。

(2) 盖层泄漏。

CO_2 的另一个泄漏通道是盖层。CO_2 可以在储层压力、毛细管压力和浮力的作用下从盖层的孔隙中缓慢扩散，但需要漫长的时间才可泄漏到地表。而通常所说的盖层泄漏是指通过断层或裂隙发生的泄漏。

关于盖层完整性的研究，大多研究集中在盖层的指标属性和泄漏机理如表 6-4 所示。具有低渗透性和高孔隙压力的盖层能够有效阻碍流体向上运移；盖层的延展性可在一定程度上约束导通裂隙的扩张；足够大的盖层可以完全覆盖住 CO_2 储层，不仅可阻止流体向上继续扩散，也可保证水平运移的流体始终处于盖层的圈闭下。盖层泄漏的机理为裂隙/断层的活化或再生，以及发生在储层-盖层交界面上的剪切滑移与破坏。然而，现有研究缺乏对盖层失效的后果及影响的研究，如失效盖层的渗透率的计算及 CO_2 从盖层泄漏后的运移机理等，这些都是未来的研究重点方向。

(3) 诱发地震。

关于诱发地震的研究已经持续多年，尤其是在页岩气、天然气的开发与储存领域，相对缺乏 CO_2 注入诱发地震的研究，主要是现阶段封存量有限。经过多年的研究，诱发地震的基本机理已经明确，即净流量的不平衡，导致裂隙或断层附近的孔隙压力和应力状态发生变化，当积聚的能量短时间内释放就会诱发地震，如图 6-6 所示。

表 6-4　盖层完整性的主要研究内容及其观点

研究内容	主要观点	参考文献
指标	具有很低的渗透性和很高的孔隙压力的盖层能够有效的阻碍流体的向上运移	Hawkes 等 (2005)，Pawar 等 (2015)
	盖层的延展性可在一定程度上约束导通裂隙的扩张；泥岩盖层的渗透性会随着变形的增加而逐步减弱，从而可以防止泄漏事故的发生	Gutierrez 等 (2000)，Rutqvist (2012)
	足够大的盖层可以完全覆盖住 CO_2 储层，不仅可阻止流体向上继续扩散，也可保证水平运移的流体始终处于盖层的圈闭下	Dewhurst 等 (1999)，Pawar 等 (2015)
机理	原生裂隙/断层的扩张或活化；积聚的孔隙压力超过盖层的破裂强度，引发新断层或裂隙的出现；储层-盖层界面的剪切滑移或破坏	Hermanrud 和 Bols (2002)，Hawkes 等 (2005)，White 等 (2014)

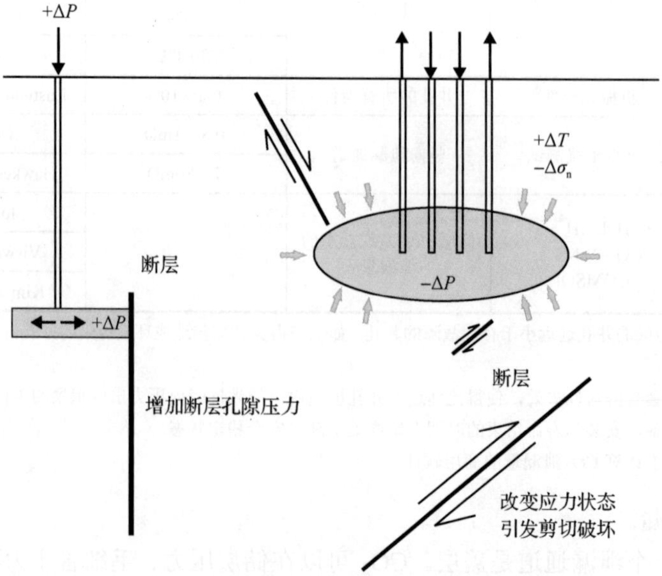

图 6-6　诱发地震机理 (Mcgarr et al.，2002；Ellsworth，2013)

ΔP-孔隙压力的变化量；ΔT-内聚力的变化量；$\Delta\sigma_n$-正应力的变化量

现有众多 CCS 项目中，对诱发地震研究最多也最具代表性的三个项目(Verdon et al.，2013)是挪威的 Sleipner CCS 项目、加拿大的 Weyburn CCS-EOR 项目以及阿尔及利亚的 In Salah CCS 项目(表 6-5)。Sleipner CCS 项目的 Utsira 砂岩层具有良好的流动性，且孔隙度大、渗透性极好、储层空间极大，使得该项目在累计运营 20 多年后，仍没有发生过较明显的微震。可见，类似 Utsira 砂岩层这样的储层最适合进行 CO_2 地质封存。加拿大 Weyburn CCS-EOR 项目，由于 EOR 使得储层压力基本处于平衡状态，加上其良好的渗透率和孔隙度，使得微震事件发生次数较少。因此，三次采油的油气田也是 CO_2 地质封存的一个不错的选择。而在 In Salah CCS 项目中，其储层的渗透率很低，孔隙度也一般，而且没有进行有效的储层压力管理，使得 CO_2 注入过程中储层压力激增，发生了上万次的微震事件，但鉴于其巨厚(950m)的盖层，没有引发严重的安全事故。为了安全起见，In Salah CCS 项目于 2011 年提前终止。由此可见对于预防诱发地震，需要严格选址和储层压力管理。

表 6-5　典型 CCS 项目的微震事件对比(Verdon et al.，2013)

项目	起始时间	注入量/Mt	储层参数	微震次数	原因
Sleipner CCS	1996	>20	孔隙度：30%～40%， 渗透率：1～3D， 孔隙体积：6000 亿 m^3	较少	Utsira 砂岩层具有良好的流动性，孔隙度大，渗透性极好，储层空间巨大(仅用不到 0.0033%)
Weyburn CCS-EOR	2000	>25	孔隙度：15%～26%， 渗透率：10～30mD	10^2～10^3	EOR 使得储层压力基本处于平衡状态；采油过程使得储层结构(孔隙压力)发生了较大的变化
In Salah CCS	2004	4	盖层：950m， 孔隙度：13%～20%， 渗透率：约 1mD	>10^4	低渗透性，低孔隙率造成孔隙压力激增；巨厚盖层在一定程度上保证了安全性

对于诱发地震的评估主要从危害评估和风险评估两方面进行，如表 6-6 所示。对诱发地震的危害进行评估时，首先需要对震源和发生概率进行描述与预测，然后对可能出现的地表变形进行计算，最后结合两个结论得出地震危害曲线，进行危害评估。而对地震风险进行评估时，需要结合危害评估结果与构筑物的易损性评估结果，得到地震风险曲线，从而评估地震风险。不同的评估内容具有不同的评估方法与挑战，例如，具有较强时空依赖性的孔隙压力和应力扰动对地震概率预测结果的影响，以及地表变形预测公式的适用条件等，都是未来重点研究方向。

表 6-6　概率性地震危害/风险评估

评估类别	研究内容	研究方法	挑战	参考文献
概率性地震危险评估(PSHA)	震源描述与概率预测	基于历史数据和注入参数的(半)经验方法	小断层或裂隙不易被发现；缺乏历史地震监测数据；孔隙压力和应力扰动具有很强的时空依赖性	Gerstenberger 等(2005)， Shapiro 等(2007，2010)， Goertzallmann 和 Wiemer(2013)
		仿真模拟	缺乏详细的岩体特征数据；需要较强烈的假设和边界条件(预测结果偏差较大)	Mcclure 和 Horne(2011)， Cappa 和 Rutqvist(2012)， Rinaldi 等(2014)

续表

<table>
<tr><th>评估类别</th><th>研究内容</th><th>研究方法</th><th>挑战</th><th>参考文献</th></tr>
<tr><td rowspan="4">概率性地震危险评估(PSHA)</td><td rowspan="3">地表变形预测</td><td rowspan="2">地表变形预测公式(GMPEs)</td><td rowspan="2">传统 GMPEs 不能预测震级小于 4.5 的地表变形；改进的 GMPEs 将预测震级降到 3.5，但受到多种条件约束</td><td>Abrahamson 等(2008)</td></tr>
<tr><td>Douglas 等(2013)，Atkinson(2015)</td></tr>
<tr><td>仿真模拟</td><td>缺乏详细的岩体特征数据；需要较强烈的假设和边界条件(预测结果偏差较大)</td><td>Graves 和 Pitarka(2010)，Foxall 等(2013)</td></tr>
<tr><td>地震危险评估</td><td colspan="3">利用上面两步的结论得出地质危害曲线，进行地震危险评估</td></tr>
<tr><td rowspan="4">概率性地震风险评估(PSRA)</td><td rowspan="3">易损性评估</td><td>Zion①</td><td>依赖经验数据和专家判断，结果具有较大的不确定性，对主观判断十分敏感</td><td>Kennedy 和 Ravindra(1984)</td></tr>
<tr><td>SSMRP②</td><td>相对于 Zion 更加耗时</td><td>Smith 等(1981)</td></tr>
<tr><td>BNL③</td><td>计算方法复杂，评估难度大</td><td>Hwang 等(1984)</td></tr>
<tr><td>地震风险评估</td><td colspan="3">通过将危害曲线与易损性函数的卷积，得到地质风险曲线，进行地震风险评估</td></tr>
</table>

注：①基于经验的安全指数法；②半经验半模拟的安全裕度法(其中响应分析通过精细化分析得到，能力风险通过经验获得)；③基于可靠度等知识进行的精细化数值分析的 BNL(布鲁克国家实验室开发)法。

6.3.4　技术风险

CCS 项目的每个环节都有着相对成熟的技术经验，因此技术风险不是项目面临的主要风险。但为了实现全流程 CCS 项目的商业化运营，需要从技术层面来降低能耗和成本，如技术工艺、设备和新材料的制造与研发，以及技术人员水平等方面。

(1)技术工艺风险。

落后的工艺流程一方面导致技术效率和能源利用效率低下，另一方面可能引发意外事故，都会影响项目的顺利发展。通常 CCS 改造是指在碳强度高的系统上加装碳捕集装备，二者的结合增加了工艺的复杂性和风险程度。如燃烧后捕集过程中常用的化学溶剂吸收法需要消耗大量的能源和水，导致效率低、成本高，这是阻碍燃烧后捕集项目的重要风险因素；燃烧前捕集技术具有先进高效的特点，但燃气/氢轮机的制造、膜分离等核心技术工艺不成熟，目前难以实现规模化应用；富氧燃烧捕集能够产生高浓度的 CO_2 尾气，可大幅降低捕集成本，但该方法是所有捕集技术中最不成熟的，如何提高锅炉的耐高温性以及氧燃料的电力/水循环效率成为亟待解决的问题。另外，技术工艺不成熟还可能导致运输和封存环节出现泄漏、井喷及诱发地震等事故。

(2)设备和新材料的制造与研发风险。

该风险主要发生在捕集环节。为了提高捕集效率，需要选用高效低耗的捕集设备及材料，如用于 IGCC 电厂的燃烧炉、燃气/燃氢轮机及膜转换反应器等新型设备；用于 CO_2 分离的纳米材料以及钯-沸石化合物膜、硅膜、钯合金膜、混合传导膜等各种膜分离材料。目前发达国家在这些方面处于领先地位，而我国的研发相对滞后，使得我国在推行 CCS 技术时面临较大的阻碍。因此，我国需要继续通过大力研发和国际合作来弥补这方面的不足。

(3)技术人员水平风险。

鉴于 CCS 技术的复杂性、多元性，以及缺乏实际操作经验，作业人员在操作过程中容易出现操作不当而引发 CO_2 泄漏、管道爆裂等事故，在危害操作人员人身安全的同时，也大大增加了项目失败的风险。该类风险较易发生在运输和封存环节。

6.3.5　市场风险

(1) 市场不成熟风险。

将 CCS 项目的减排量纳入到碳排放交易体系，可在一定程度上降低成本，增加收益，提高企业抵抗经济风险的能力。但一方面，现阶段碳排放交易体系尚不成熟，没有形成全球统一的碳市场，CCS 项目的核准减排量不能在全球范围内进行交易；另外一方面，碳交易机制尚不完善，缺乏明确统一的碳价，且长期处于低位，不足以弥补相关企业巨额的资金投入。

(2) 市场竞争风险。

目前，各个国家和地方在政策和资金等多个方面大力支持提高能效和可再生能源(如风能和太阳能)等碳减排技术，然而对 CCS 技术的支持力度却相对较弱，这导致私人资本偏离 CCS 技术，严重阻碍了 CCS 项目的健康稳步发展。

6.3.6　能源风险

CCS 项目的能源风险主要是指能源惩罚风险和用水资源风险。与常规电厂相比，加装碳捕集设备后，粉煤电厂的燃料消耗要增加 24%～40%，IGCC 电厂增加 14%～25%，而 NGCC 电厂要增加 11%～22%。能源惩罚长期居高不下将大大削弱政府和企业投资 CCS 项目的积极性，而且这与我国当前大力提倡的降低能耗、提高能效的政策相违背，使得能源惩罚成为阻碍 CCS 项目发展的重要风险因素。

另外，加装 CCS 设备后，电厂的水耗出现了大幅增加(表 6-7)，如对于实施燃烧后捕集的超超临界电厂，其单位耗水量增加一倍有余(生产单位电力所需的冷却水大幅增加)，这将严重制约水资源缺乏地区推广 CCS 技术。

表 6-7　三种捕集系统性能比较(李政等，2012)

捕集系统		供电效率/%	效率下降/%	发电成本增幅/%	水耗增幅/%
燃烧后捕集	亚临界	25～27	29～31	93	85
	超临界	27～29	28～31	90	83
	超超临界	33～34	25～26	71	108
燃烧前捕集		32～37	16～26	52	45～75
富氧燃烧		29～34	19～27	36	22～44

6.3.7　社会风险

由于 CCS 项目对健康安全环境的潜在危害，公众或环境 NGO 可能会强烈反对项目实施，从而造成项目延期或终止。例如，荷兰 Barendrecht CCS 项目就因当地居民对该项目安全问题的担忧而遭到强烈反对。虽然我国尚未出现此类情况，但是随着 CCS 项目的逐渐部署及公民环境意识和自我保护意识的增强，CCS 项目的社会风险将会越来越高。

宣亚雷等(2013)针对 CCS 项目的接受程度进行了问卷调查，研究发现社会风险主要受到情感、利益和信任三个因素的影响。环境保护部就公众对 CCS 技术认知程度的问卷调查发现被调查对象对 CCS 技术有基本了解，但对其环境安全性了解甚少。

6.4　CCS 项目风险评价方法

常用的风险评价方法可分为三类，即定性、定量和半定量的方法。表 6-8 对各类风险评价方法的数据、应用领域及缺点进行了归纳总结。在项目初期，由于缺少相关数据和经验，定性方法较为适用。而在项目后期，宜采用定量方法进行风险评价。定量方法可以分成确定性风险评价(DRA)和概率性风险评价(PRA)。在能够确定输入值的情况下，可以运用 DRA 得出具体的结论，但 DRA 不可以用来处理不确定性。而 PRA 指通过输入变量的概率密度函数(PDFs)来确定结果的范围，该方法还可以进行不确定性分析。因此 PRA 在 GCS 项目中广泛的运用。

表 6-8　风险评价方法分类

分类	方法	在 GCS 中的应用	数据	缺点
定性	特征事件过程(FEP)	GCS 项目的选址	FEP 数据库、专家定性判断	只限于 GCS 的选址阶段
	脆弱性评估框架(VEF)	建立选址和监管框架	专家定性评估	脆弱性分类不精确；只涉及 GCS 阶段
	蝶形图(BT)	GCS 项目初期的风险识别，并分析原因与结果，提出应对措施	头脑风暴	主观因素大；精度低
	结构化的假设分析技术(SWIFT)	用于 GCS 项目的风险识别	专家调查表	需要反复编制调查表与专家沟通，耗时较长；没有统一标准，对调查人的要求较高
定量	确定性风险评估(DRA)	初期风险评估	实际检测数据、专家打分判断	不可进行不确定性分析
	概率性风险评估(PRA)	详细的风险评估，不确定评价	概率密度函数(PDFs)	需要关于 GCS 项目详细的数据
半定量	筛选与排名框架(SRF)	GCS 的风险管理	专家定性和定量赋值(权重、特征值、确信程度)	专家赋值主观性强；判定厂址优劣的分界线尚未统一定论
	证据支持逻辑(ESL)	详细的概率风险评价，处理不确定性	专家赋值(三值法)	假设模型的建立烦琐；专家赋值主观性较强
	认证框架(CF)	GCS 的风险管理	实际地层数据；专家打分	建模难度大，数值模拟结果数据库只能对潜在厂址进行粗略的评价
	风险矩阵(RM)	GCS 风险评定	专家打分	难以划分等级；主观性强；无法对风险进行总计；不能对不同风险后果进行或比较
	贝叶斯网络(BN)	GCS 项目子系统内部依赖性和参数不确定性的分析	基于已知信息进行专家赋值	数据量大；分析计算复杂；部分数据必须使用主观概率，存在一定的主观性

6.4.1　脆弱性评价框架

脆弱性评估框架(VEF)是一个定性的评估方法，旨在识别导致风险的条件，判断该条件对潜在后果的脆弱程度。在 VEF 中将脆弱性分为低脆弱性和高脆弱性。图 6-7 为基于 GCS 项目脆弱性评估的概念模型。第一列描述地质封存系统及其特性，该模型将封存场所分为注入区和封闭区；第二列表示注入过程及注入后可能出现的事故，如 CO_2 预期外的迁移，压力变化等；第三列表示潜在的影响类别及受体，如人体、大气、生态系统等。

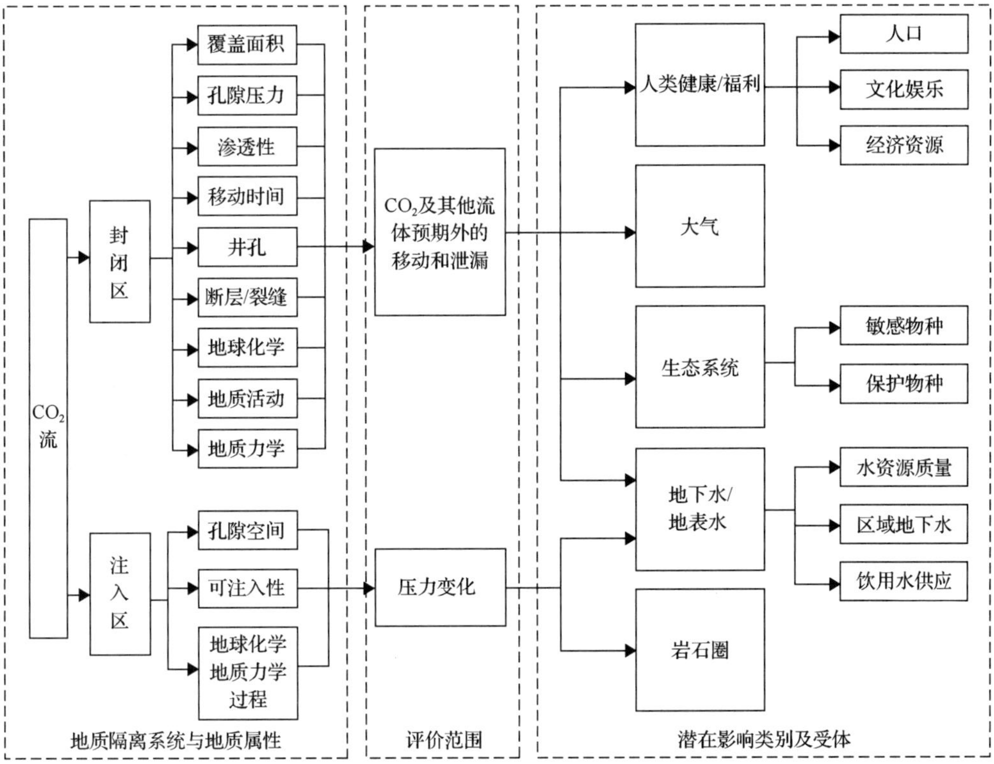

图 6-7　脆弱性评估的概念模型(Bacanskas et al.，2009)

图 6-8 展示了注入区域脆弱性的评估流程。当某潜在注入区域具有足够的封存容量，可注入性(如渗透性等)满足规模化注入 CO_2 的要求，且其地质化学和地质力学过程可为注入和封存创造有利条件时，该注入区域就具有较低的脆弱性。然而，VEF 法对脆弱性的划分很笼统(只分为两类)，因此，需要通过实测数据和专家意见来细化脆弱性的划分方案。另外，该方法目前仅适用于 CO_2 地质封存阶段。未来可向捕集、运输等领域延伸，以实现对 CCS 项目全流程的脆弱性进行评价。

6.4.2　蝶形图

蝶形图(BT)分析被用于展示某个风险从原因到结果的路径，由分析事件起因的事故树和分析后果的事件树两部分组成，但蝶形图分析的重点是原因与风险之间，以及风险与结果之间的障碍，如图 6-9 所示。如果实际情况无法保证某项全面故障树分析的复杂性，或者人们更加重视确保每个故障路径上都有一个障碍或控制措施，就可以使用蝶形图进行分析。尤其当导致故障的路径清晰且独立时，蝶形图分析就非常有用。通常，蝶形图是在头脑风暴式的讨论会上绘制的。其优点是清晰简单便于理解，是一种有用的沟通工具。但受主观因素的影响大，判断精度较低。

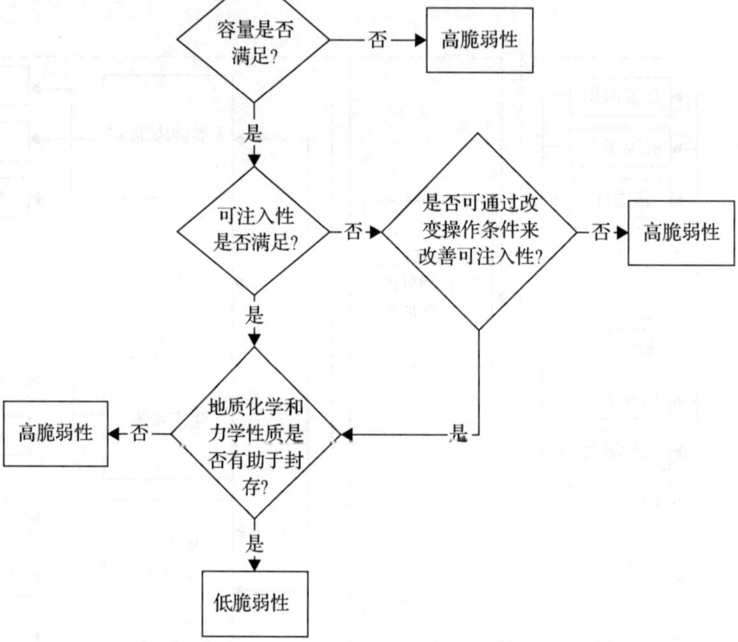

图 6-8　脆弱性评估流程图(EPA，2009)

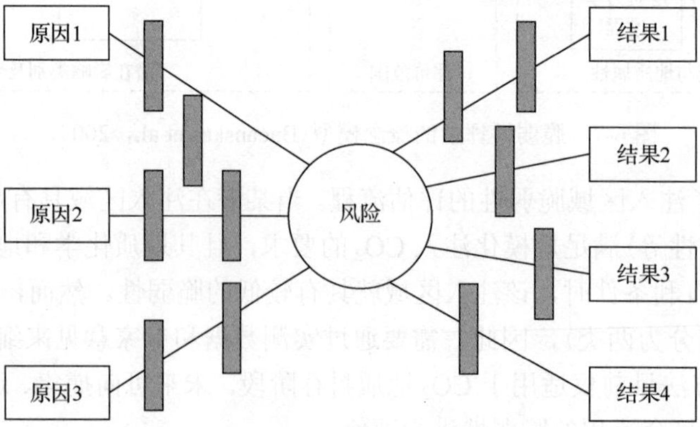

图 6-9　蝶形图概念模型(IEC/ISO，2009)

6.4.3　筛选与排名框架

筛选与排名框架(SRF)主要用于 GCS 项目的选址问题，通过对潜在封存场地的排名，选出需要重点勘探的封存场地。该方法将封存场地分为主封存层、次级储层，以及上覆岩层和水体三个部分，如图 6-10 所示。当主要盖层发生泄漏后，次级盖层会封存 CO_2；当次级盖层发生泄漏后，CO_2 会被次级盖层上部的岩层、地下水、地表水吸收或捕获，最后剩余的 CO_2 才会释放到大气中。

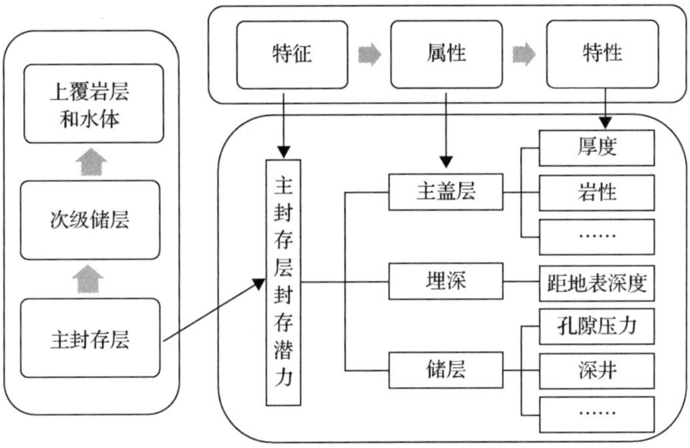

图 6-10　筛选与排名框架概念模型

SRF 将每个封存层分三级进行排名。第一级是特征，第二级是属性，第三级是特性。例如对主封存层来说，特征对应的是其封存潜力，属性对应的是主盖层、埋深、储层；而特性包括厚度、岩性、孔隙压力等。SRF 的分级过程类似于层次分析法(AHP)。分级完成后，就需要对第三级每个特性进行专家赋值。在赋值过程中，需要对每个特性赋三个值，即权重、评估值和确信程度。图 6-11 为赋值后的计算过程，其实就是简单的加权平均算法，首先求得每个特性值的加权特征值，然后分别得到第二级属性、第一级特征的评估值和确定性，最后将三个储层进行合并，得到该封存场地的总平均值。每个潜在封存场地都有一个总平均值，就可以对这些封存场地进行排名与筛选。

SRF 是典型的半定量的评估方法，主要用于 GCS 项目的选址阶段。虽然专家赋值是基于实际地层数据，但具有较强的主观性，正是由于这种透明性和简单性，该方法切不可滥用。

6.4.4　证据支持逻辑

证据支持逻辑(ESL)是用于衡量决策过程中不确定性大小的半定量评价方法。在实际操作中，可应用由 Quintessa(2014)开发的专门用于 ESL 的软件 TESLA。ESL 评价方法可以分为四个步骤，即层次逻辑假设模型、模型参数化、置信度传递过程和结果分析及可视化，如图 6-12 所示。

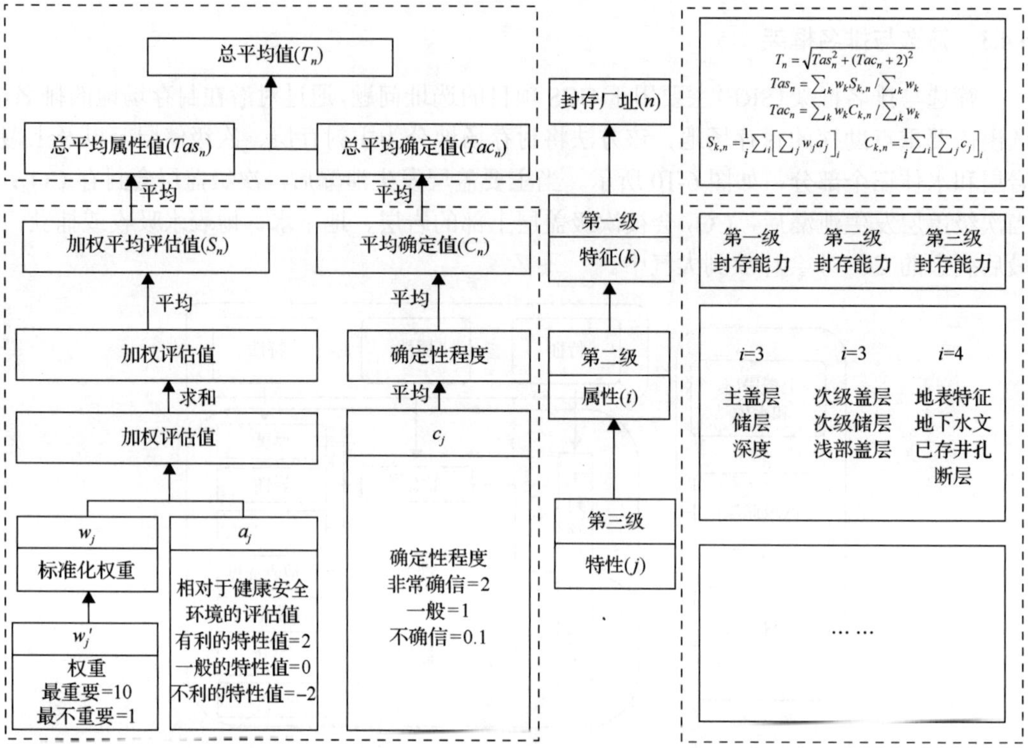

图 6-11　筛选与排名框架流程图(Li et al.，2013)

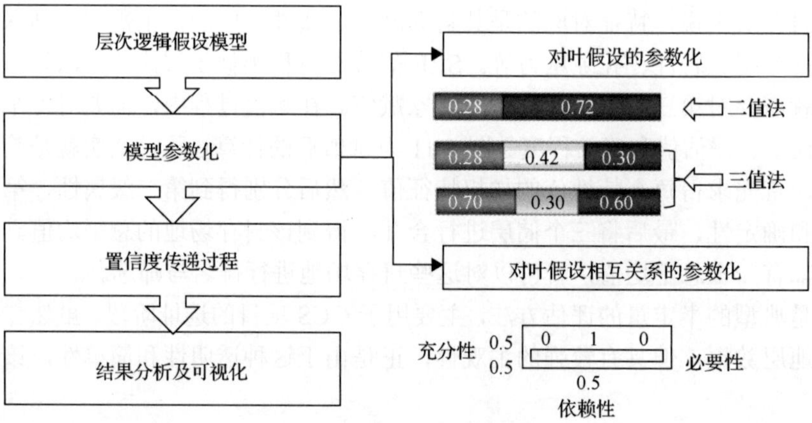

图 6-12　证据支持逻辑概念模型

建立假设模型，就是将一个根假设逐步分解到可以直接给定置信度的叶假设的过程。这与事故树类似，需要多个领域的专家共同制定。例如判断一个场地是否适合 CO_2 地质封存，不可能直接给出一个确定的结果，但如果将这个根假设逐步分解到叶假设(如储层厚度、深度、渗透率、孔隙度、地热梯度等)，这时就可以通过专家打分的方式为叶假设设置一个相对于根假设的置信度，经过计算，就可以推测出根假设的置信程度。

在对叶假设进行赋值时，与常规的二值法不同，该方法应用的是三值法。如二值法中，一个事件 A 发生的概率为 0.28，则 A 不发生的概率为 0.72。而三值法中，会出现一个不确定度的概念，这是由于缺乏数据或证据造成的。这时仍需要对事件 A 不发生的概率进行赋值，例如赋值为 0.3，继而求得不确定性的大小。当然，这里的不确定性可能为正值，也可能为负值。这是由于专家赋值过程中对某一事件过分确信或过分不确信造成的。在该方法中，不确定性为正值用白色表示，负值用黄色表示。

除了对单个假设进行赋值外，还需要对各假设之间的关系进行赋值，ESL 是通过对其充分性、依赖性及必要性赋值来实现各假设关系的参数化：①充分性，某子假设的置信度对其父假设的贡献度。②依赖性，兄弟假设之间的相关度。③必要性，父假设为真时，子假设必然为真；子假设为假时，父假设必然为假。赋值完成后就可以通过 TESLA 直接计算，得出根假设的置信度。为进一步分析计算结果，TESLA 软件还可以通过比率图的形式直观展示决策过程(Quintessa，2014)。

6.4.5　认证框架

认证框架(CF)是一种用于认证封存厂址的安全性和有效性的半定量评估方法。其目的就是通过提供一个框架，让不同利益相关方以一种简单透明的方式分析泄漏风险，如图 6-13 所示。CF 做出了四个假设：①泄漏途径为井孔、断层和裂缝；②用隔间来表示受泄漏影响的区域，包括排放配额与大气(ECA)、健康与安全(HS)、近地表区域(NSE)、地下饮用水(USDW)和矿产资源(HMR)；③通过浓度和流量来量化泄漏对隔间的影响；④泄漏的概率用 CO_2 与泄漏通道相交的概率和泄漏通道与隔间相交的概率的乘积表示。

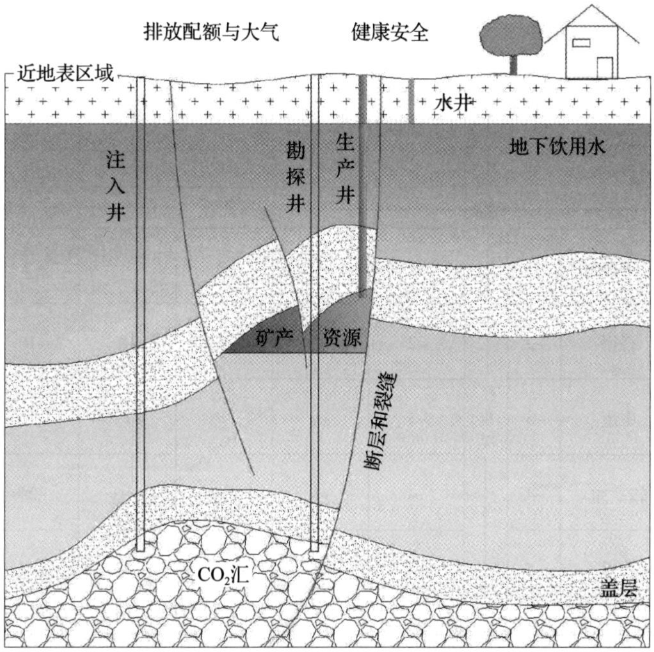

图 6-13　认证框架概念模型(Oldenburg et al.，2009)

6.4.6　风险矩阵

风险矩阵(RM)是一种将定性或半定量的后果分级与产生一定水平的风险或风险等级的可能性相结合的方式。简单来说，就是用矩阵表示风险后果等级与风险发生可能性。它是一种筛查工具，根据在矩阵中所处位置来确定哪些风险需要进一步更细致的分析，哪些无须进一步考虑。风险矩阵同样也需要一个专家团队，共同对可能性和后果做出判断。

图 6-14 所示的风险矩阵将风险的可能性和严重程度按大小分为五级，风险值按二者乘积计算，就得到了范围为[–1,–25]的风险值。风险值为–1 的网格表示风险可以忽视，即安全状态；风险值为[–2,–4]网格表示风险可接受，需要多加注意，持续改进；风险值为[–5,–9]的网格表示不良风险，此时需要证明风险是处于合理可行的最低限度；风险值为[–10,–16]的网格表示不可容忍的风险，即不可冒此风险；风险值为[–20,–25]的网格表示项目不可实施，若出现此风险需要疏散人员；虚线箭头表示风险降低的过程。

风险矩阵的优点为使用方便，能快速划分风险的重要程度。但其缺点也很突出：①没有适用于各种相关环境的通用系统；②难以清晰鉴定等级；③主观性强；④不能对不同风险后果等级进行比较；⑤无法对风险进行总计，即不能给出一个项目的总风险，或无法确定一定数量的低风险是否可以鉴定为中等风险。

[–20,–25]	不可时施：需要疏散该地区的人员
[–10,–16]	无法容忍：不可冒此风险
[–5,–9]	不良风险：证明是否可达合理可行的最低限度
[–2,–4]	可接受：多加注意，持续改进
–1	可以忽略：可安全进行

减轻 ↑　控制措施　← 预防　　可能性 →　　严重度 ↓

		非常不可能 1	不可能 2	一般 3	可能 4	非常可能 5
一般	–1	–1	–2	–3	–4	–5
轻微	–2	–2	–4	–6	–8	–10
中度	–3	–3	–6	–9	–12	–15
较严重	–4	–4	–8	–12	–16	–20
严重	–5	–5	–10	–15	–20	–25

虚线箭头表示风险降低的过程

图 6-14　风险矩阵概念模型(Hnottavange-Telleen，2013)

6.5　CCS项目风险应对

本节针对所识别的七个风险类别分别提出一系列具体的应对措施，不仅可为相关部门制定CCS政策法规制定提供参考，还可以为企业加强CCS项目风险管理提供借鉴。

6.5.1　政策法规风险应对

为应对CCS项目面临的政策风险，可借鉴国外在构建CCS政策法规所关注的重点问题和应对措施(表6-9)。在搭建CCS监管框架时，应针对不同环节选择不同的法律途径。例如，捕集环节适用《大气污染防治法》和《火电厂大气污染排放标准》；槽车运输适用《道路运输条例》；但管道运输需要对现有的《石油天然气管道保护法》修正后才可适用；CO_2离岸封存需要制定新的政策以弥补该环节的法律空白。在建立许可证制度和监管内容时，应重视CCS事前、事中和事后监管的结合，并完善CCS项目许可证制度与信息公开制度等。在解决CCS项目涉及的权利冲突时，应明确权利边界、充分发挥民事法律的作用等。在设置关闭后责任时，应明确CCS项目关闭后责任主体与程序规则。

表6-9　应对政策法规风险的措施(宋婧和杨晓亮，2016，有修改)

重点问题	应对方法	建议
如何搭建CCS法律监管框架	将CCS监管纳入现有法律框架；制定新的法律进行监管	针对CCS不同环节选择不同的法律途径
如何建立许可证制度和项目监管内容和程序	以许可证制度为核心；以信息公开为保障的程序设定	重视CCS事前、事中和事后监管相结合；完善CCS项目许可证制度与信息公开制度
如何解决CCS所涉权利冲突	明确权利边界；强调事前沟通；主要以协商的方式解决冲突	明确权利边界；赋予后申请者征询义务；充分发挥民事法律的作用
如何设置关闭后责任	确定封闭保证期；规定长期监管责任	明确CCS项目关闭后责任主体与程序规则，填补全流程监管的空白

6.5.2　经济风险应对

结合文献资料的分析结果，成本风险可从以下几个方面予以应对：①增加研发投入，重点攻关低成本、低能耗的新型捕集技术(Boothandford et al.，2013；Porrazzo et al.，2016；Bui et al.，2018)，如膜分离技术、化学链燃烧、固体吸附剂、离子液体、低温吸附等；②通过规模效应降低CCS的成本；③制定针对CCS项目的补贴和优惠政策(如美国预算法案的45Q)；④开发捕集工业集群和CO_2储运中心(IEAGHG，2015)，以降低基础设施的建设费用及实施风险；⑤加强与可再生能源发电技术的协同效应。

现阶段国内外CCS项目都存在着巨大资金缺口，根本原因是投融资渠道单一，即以政府直接投资、补贴和减税的形式为主，以大型企业和国际机构投资为辅。因此，急需拓宽融资渠道，降低投资风险。主要可以从以下几个方面来应对投融资风险：①建立信托基金。考虑到未来近 75%的 CCS 项目会建立在非 OECD 国家，因此应建立用于资助这些国家和地区研发、示范与推广 CCS 项目的信托基金。②将 CCS 纳入全球碳市场。但此法难度较大，尤其是因潜在的泄漏使得减排量核算非常困难，另外还需要对现有交易体系进行改革。③适当制定强制性的政策法规和技术标准。例如对超额排放的企业实施惩罚措施，提高碳强度高的企业或产品的准入门槛。④在一定程度上提高碳排放税以刺激企业投资 CCS 项目。⑤积极鼓励私人资本进入 CCS 项目的技术研发，可以在促进 CCS 技术发展的同时，使投资方拥有专利而获取一定的市场份额，但仍需良好的政策引导。⑥建立 CCS 商业化保险市场，化解部分 CCS 项目的投资和运营风险。⑦加强国际合作，促进技术转让。

6.5.3 健康安全环境风险应对

对于应对安全风险的措施，结合文献资料及总结分析可归纳为五类(表 6-10)，即选、监、疏、堵、抽。①选就是通过精细化选址从源头上排除风险较大的厂址，也可通过选用高强度、耐腐蚀的材料，防止井孔及管道出现由于材料缺陷导致的泄漏。②监就是通过全天候全方位实时监测，及时发现问题，并妥善处理，做到防患于未然。③疏就是通过驱油、驱气、驱水等方式进行储层压力管理，防止出现压力积聚。④堵就是封堵，防止 CO_2 继续泄漏。可以通过挤压胶结+封隔器的方法(Bai et al.，2015)修复泄漏井孔，当发生严重泄漏时，可直接进行全断面封井等。还可以通过采用降低注入压力，关闭阀门，增加化学密封带和液压屏障等方式对泄漏进行封堵。⑤抽就是通过抽取已封存的流体或已泄漏到环境的 CO_2，从而在一定程度上降低损害后果。

表 6-10 应对安全风险的方法

应对方式	应对方法
选	精细化选址；选用高强度、耐腐蚀的建井材料
监	全天候全方位实时监测
疏	EOR/ECBM/EWR
堵	挤压胶结+封隔器；完全封井；降低注入压力，减小注入率；关闭阀门，停止注入；化学密封带；泄漏上游增加液压屏障
抽	抽取已封存的流体；抽取已泄漏到环境的 CO_2

6.5.4 技术风险应对

CCS 项目技术风险应对可从以下几方面重点展开：①加强研发能力、提高技术水平及效率，寻求新工艺、新材料的应用；②加强与科研机构、实体企业的合作，促进具体项目的落地实施，在实践中推进技术的成熟；③通过开展技能培训培养一批专业的技术操作人员。

6.5.5　市场风险应对

市场风险的应对措施涉及提高碳交易市场的成熟度，降低与同类碳减排项目的竞争性。可从完善碳交易市场和鼓励 CCS 商业模式创新两个方面予以应对。

(1) 完善碳排放交易市场。2011 年，北京、天津、上海、重庆、深圳、广东和湖北七个地区启动碳排放权交易试点。2017 年底国家发改委印发的《全国碳排放权交易市场建设方案(发电行业)》标志着全国碳排放交易体系正式启动。为建成一个功能完善、运行有效、稳定、健康且持续发展的碳市场，我国重点开展了一系列工作，如提高数据准确性和透明度、健全法律监管框架，创建碳期货交易市场等。同时，欧美许多国家希望与中国合作推动全球碳市场的发展。借此机会，我国可从平台建设、数据库管理、碳交易操作规范等方面进一步完善碳交易市场，充分利用市场机制控制并减少温室气体排放，推动绿色低碳发展。

(2) 鼓励商业运营模式创新，详见本书第 7 章。

6.5.6　能源风险应对

对于应对能源风险的安全措施，可从以下两个方面予以展开。

(1) 提高能源利用效率。由于显著的能源惩罚，CCS 项目需要额外消耗大量的能源与资源，为此本着节能减排的基本原则，应积极采取多种措施充分提高能源利用效率，从而有效应对 CCS 技术的能源风险。

(2) 发展 CCS 生态工业园区，建设 CO_2 捕集工业集群和储运中心。发展生态工业园区，以科学理论的基础建设实施发展生态工业园区，结合多个行业、企业，与当地自然和社会环境形成复合生态系统。在该系统中个体可以通过能源资源交换和循环利用，提高资源利用率，实现效益最大化。在 CCS 项目中应用生态工业园区的理念，可大幅提高项目的能源资源利率，例如可在工业园区建设 CO_2 捕集集群和储运中心，从而降低基础设施的建设费用及实施风险。

6.5.7　社会风险应对

CCS 项目的社会风险主要源于公众，提高公众接受度、摒除偏见是应对该类风险的重要手段。

(1) 制定并实施 CCS 公众传播策略。统筹考虑传播时机、传播方式(媒介)、传播内容及传播主体，全方位规划并制定有效可行的实施策略。加强与当地民众的交流与沟通，并及时反馈信息。

(2) 鼓励公众参与。鼓励公众参与到 CCS 项目建设过程中，将 CCS 项目的管道建设、地质封存工程及环境风险等信息及时、明确的告知相关民众；通过多渠道充分征求公众关于应对 CCS 项目安全和环境风险的建议；极积与公众进行沟通协商，并传输正确的科学观点和知识，解除民众的疑虑和顾虑；组建公众代表小组，深入项目建设现场，并积极参与相关环境监测与管理活动。开发商应在项目建设前期及项目建设实施阶段遵循相关政策条例，做好相关社会稳定工作，将公众参与做到实处，将公众观点作为项目决策的重要考量因素。

6.6 本章小结

依据《风险管理原则与实施指南》(ISO 31000)中风险管理具体流程，本章通过风险识别、风险因素分析及风险评定等方法对CCS项目的风险问题进行了系统的研究，深入了解CCS项目的风险情况，并在此基础上提出了相关风险的应对策略，可为决策者制定CCS技术发展战略和实施风险管理提供借鉴。

通过梳理相关风险管理的文献资料，以及对CCS项目各个环节的具体分析，共识别出政策法规、经济、健康安全环境、技术、市场、能源和社会7大类18种风险。其中经济、技术和能源风险主要发生在捕集环节，健康安全环境风险主要发生在运输和封存环节，而政策法规、市场和社会风险属于外部风险因素，作用于整个CCS项目，而且各种风险因素之间有着千丝万缕的联系。

CCS项目常用的风险评价方法可分为三类，即定性、定量和半定量的方法。在项目初期，由于缺少相关数据和经验，定性或半定量的评价方法较为适用。而在项目后期，宜采用定量方法进行风险评价。本章主要对6种常用风险评价方法的适用条件、所需数据以及优缺点进行了详细的梳理和总结。

针对CCS项目的各类风险提出了如下应对措施：第一，通过制定有效的技术发展政策、修订相关法律法规以及制定专门的CCS规章制度来应对政策法规风险；第二，通过规模效应、增加研发投入、建设捕集工业集群和CO_2储运中心以及拓宽融资渠道等方式应对经济风险；第三，通过防、堵、梳、排、截五种方式缓解健康安全环境风险；第四，通过加强CCS技术研发、鼓励技术合作、开展CCS技能培训以降低技术风险；第五，通过完善碳排放交易市场、鼓励商业运营模式创新以应对市场风险；第六，通过提高技术效率、发展CCS生态园区以降低能源风险；第七，通过制定并实施有效的CCS公众传播策略、鼓励公众参与来提高社会接受程度，从而降低社会风险。

第7章　CCS项目商业模式管理

无论何种技术，要实现商业化发展往往离不开商业模式创新的推动，当然，商业模式的创新与该技术本身的特征和发展阶段也息息相关。CCS技术的发展和商业模式的创新是CCS项目发展的必经之路，可使其顺利且高效地运营。为此我们在本章节探索了以下几项问题：

(1) CCS商业模式的发展是否具有必要性？

(2) 影响CCS项目商业模式选择的因素有哪些？

(3) 在2℃温控目标下，CCS技术各发展阶段的商业模式是否会有所转变？

7.1 发展 CCS 项目商业模式的必要性

盈利性问题严重阻碍 CCS 商业化进程。因此，将 CCS 核准减排量纳入碳交易市场，给予资本补贴、发电补贴等方式来推动 CCS 发展的方式得到了广泛的关注(Philibert et al.，2007；IEA，2008；Reiner and Liang，2012；Zhang et al.，2014；Carbon Capture and Storage Information Center，2016；CSLF，2017，Li et al.，2019b)。毫无疑问，上述方式是从直接提高收益角度提出的。除此之外，商业模式的发展与创新也是一种推动 CCS 发展和商业化的重要方式。现实中企业往往会通过合理的商业模式将新的想法和技术商业化(Chesbrough，2010)，CCS 技术发展也不例外。

早在 2009 年，Liang 和 Wu(2009)就对中国 CCS 运营模式进行了专家问卷调研，专家一致认为应提前进行合理的商业模式的考虑和研究。Esposito 等(2011)指出，CCS 商业化需要企业开发商业模式，才能高效地进行安全和可靠的运营。对于决策者来说，可行的商业模式可能会激励更多的公司进入市场，而对 CCS 开发者来说，它可以提供竞争优势(Kapetaki and Scowcroft，2017)。Herzog(2011)强调了 CCS 商业模式创新的重要性。Esposito 等(2011)提出了合资模式、“Pay at the Gate”模式和自建与运营模式三种商业化模式。不过，选择什么类型的商业模式要基于对项目内外部特点与环境和业主自身条件的判断和把握。在此，基于对影响 CCS 项目商业模式选择的因素和 CCS 技术发展阶段与水平的基本判断，我们总结了适用于不同发展阶段的 CCS 项目商业模式。

7.2 影响 CCS 项目商业模式选择的因素

每一类项目都有其特点，包括项目本身的技术、成本特点，外部的政策、市场与融资情况等。除此之外，对于同一类型的项目，其业主在业务范围、技术、管理人员与经验储备方面也有差异。这些因素往往会影响商业模式的选择，对于 CCS 项目也是如此。接下来将详细分析上述因素在 CCS 项目中的情况。

7.2.1 CCS 项目特点

(1)技术。

CCS 技术是包含了 CO_2 捕集、运输、利用与封存四个技术环节的技术集群，技术环节之间具有明显的跨学科、跨产业、跨领域的特征。一方面，捕集对象(企业)、运输体系所属企业和利用与封存企业多不属于单一企业。另一方面，不同环节有较大的业务差异和较强的技术专业性。CO_2 捕集包含脱硫、脱硝、干燥、溶剂吸收及再生、压缩等复杂的技术细节。CO_2 运输可以选择公路罐车、铁路罐车、轮船、管道 4 种方式，运输过程中，CO_2 需要处于较高的压力或稳定性状态，以保持临界或者密相状态。CO_2 利用与封存，首先要进行封存场地的地质条件的探查与定量分析，以确保封存的安全性和有效性，这也是在技术层面区别于前两个环节的关键所在；其次，在 CO_2 利用与封存过程中需要进行持续的监测，预防 CO_2 泄漏与迁移。CCS 技术的不同环节技术领域差别较大，一般需要运营企业具有专业的技术和管理团队，这就决定了进入 CCS 领域，就需要有相应的技术、技术和管理人员，以及管理经验的储备。

(2)成本。

CCS 项目高成本一直是阻碍其推广的重要因素之一。百万吨级别的 CCS 项目成本需要数亿甚至十几亿美元的投资，进行大规模 CCS 项目实施一般需要高额的融资或者多家企业的合资。高昂的成本使得试图参与 CCS 项目部分技术环节甚至全价值链的企业需要外部资金的介入，这些外部资金可能来自政府、银行、合资/合作者或者被委托企业。

7.2.2 CCS 项目外部环境

(1)市场。

来自市场的收入来源少且不稳定。当前，在较高的油价水平下部分 CCS-EOR 项目会产生盈利，但在原油市场长期震荡的环境下，项目运营也存在一定的风险。另外，即使将 CCS 项目纳入碳交易机制或其减排可以用于抵消碳税，其短期内碳价仍会受到不确定的减排政策和不健全的机制影响，当然随着时间的推移，这种影响会逐步减弱。考虑在 CCS 技术发展初期碳价、原油价格的不确定性，可以通过合资/合作等方式进行风险分担和收益合理的分配。

(2)融资。

对于 CCS 这样一种同时具有公益性和商业性的技术来说，其融资来源可能来自政府、国际资助、政策性银行、商业银行、合资/合作企业或者被委托企业等。但不同的发展阶段,CCS 技术表现出来的发展潜力及盈利性会是融资单位是否进行融资的重要考量。CCS 技术发展初期的融资可能来自政府、国际资助、政策性银行、合资/合作企业，随着 CCS 技术的商业化，融资单位会增加商业银行、被委托企业等。

(3)技术、管理或服务领域企业。

企业经营领域与技术、技术人员、管理人员和管理经验储备往往是直接相关的。不论本身是否拥有 CCS 技术某一环节或者全价值链实施的对象(如排放源、封存场地等)，具有战略视野的大型企业，都会较早参与相关技术研发与示范，进行技术、技术和管理的人才与经验的储备，以期在未来 CCS 大规模商业化阶段占领市场。这些企业可能成为独立经营，或基于技术的合资/合作或被委托企业。但企业发展侧重点不同，即使拥有 CCS 技术某一环节或全价值链实施的对象(捕集源、封存场地等)，也可能不会进行 CCS 技术与管理的布局。这些企业 CCS 项目的实施需要与具有技术和管理优势的企业合资/合作，或委托给具有技术和管理优势的企业。

7.3 CCS 发展阶段和水平基本判断

在讨论商业模式之前，首先参考 IEA 在 2016 年发布的 2℃温控目标下 CCS 捕集规模发展路线图(图 7-1)，对全球 CCS 发展阶段和水平做了以下基本判断。

(1)将 2030 年之前定义为 CCS 技术发展初期。

在此阶段，CCS 项目逐步进入大规模示范阶段，CCS 已纳入碳交易机制，或可抵消碳税。此时全球气候政策仍存在不确定性，碳交易市场和碳税机制建立时间短，碳价和碳税水平较低，各种配套机制不完善，存在较大的不稳定性。但在无政策财政支持的情况下，少数 CCS-EOR 项目可实现盈利。此时，部分大型企业为了提前掌握 CCS 技术和管理经验，开始进入 CCS 技术领域。

(2) 将 2030～2040 年定义为 CCS 技术基本商业化阶段。

在此阶段，部分 CCS 项目逐步进入商业化阶段，碳配额价格和碳税较高。此时全球气候政策稳定，碳交易市场和碳税机制建立时间较长，碳配额价格和碳税水平较高，各种配套机制基本完善，碳价或者碳税不稳定性仍存在但波动较弱。在无政策财政支持的情况下，部分类型 CCS 项目难以商业化，例如低浓度来源(电厂、钢铁厂或水泥厂等)CCS-EWR 项目。可能参与到 CCS 项目开发和运营当中的企业已基本进入 CCS 技术领域，并具有一定的 CCS 运营规模。

(3) 将 2040 年之后定义为 CCS 技术完全商业化阶段。

在此阶段，碳配额价格和碳税高，基本所有类型 CCS 项目皆可实现商业化。所有可能参与到 CCS 项目开发和运营当中的企业都已进入 CCS 技术领域，并具有较高的 CCS 运营规模。

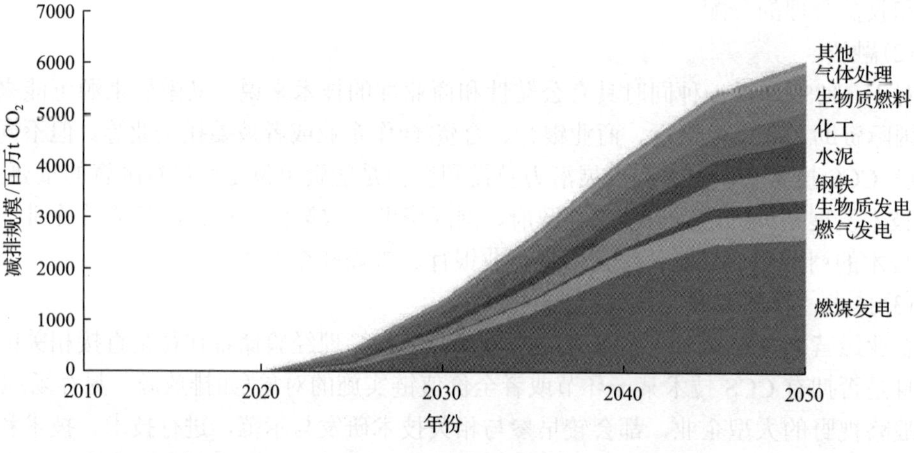

图 7-1　2℃目标下 CCS 捕集规模发展路线图(IEA，2016)

7.4　CCS 项目商业模式选择

基于 CCS 项目商业模式选择需要考虑的问题和 CCS 未来的发展阶段的特点，提出了针对不同发展阶段的 CCS 商业模式。

1. CCS 技术发展初期

CCS 技术发展初期的主要特点归结来说主要有三点：①CCS 项目投资经济性差；②收益(碳配额价格、碳税、油价等)不确定性较大；③仅少数企业掌握相关技术和管理经验。

在 CCS 技术发展初期，其经济性短期内难以显现，融资困难，社会资本、银行基本不会提供贷款，甚至试图进入 CCS 技术领域的企业也不愿过多投入。对于这样一项有巨大潜力的技术，在其发展前期盈利困难的情况下，政府、国际资助、政策性银行是支持其发展的融资来源。在这方面，美国、加拿大已经迈出了一大步(Price and McLean，2014)，这也是当前大规模 CCS 项目主要集中在这两国的一个重要因素。因此可以认为，政府财政、国际资助和政策性银行支持 CCS 技术发展是该阶段 CCS 项目商业模式的一个特征。目前，全球部分大型 CCS 项目都有政府财政的支持和国际的资助，其中，支持 CCS 的政策性银行有欧洲投资银行、亚洲发展银行等。

CCS 项目收益的低水平、高不确定性的特点，决定了当前投资项目的高风险性。在无法得到社会资本、银行贷款，且政府、国际资助、政策性银行也无法全资支持的情况下，试图进入 CCS 技术领域的企业应以共同出资的方式进行合资/合作，共同承担风险，以达到推动 CCS 项目运营的结果。例如，“In Salah natural gas plant”项目由 BP、阿尔及利亚石油公司和挪威国家石油公司联合运营，资金来自上述三家公司、欧盟和美国能源部(Esposito et al.，2011)。

由于 CCS 技术处于发展初期，掌握其技术和管理经验的企业相对较少。部分企业掌握了部分技术环节的技术和管理经验。所以说该阶段 CCS 运营基本需要具有不同技术环节优势的企业进行合作，当然这种合作的形势也是多样的。一种是拥有 CCS 技术不同技术环节实施对象的具有技术和管理经验的业主，形成不同技术环节的业主之间的合作。另外一种是具有不同环节实施对象的业主本身并无技术和经验，需要与技术和管理服务性企业进行合作。就“ZeroGen CO_2”捕集与封存项目(该项目已取消)而言，昆士兰州政府从昆士兰未来发展基金(Queensland Future Growth Fund)拨出 3 亿美元提供财政支持。壳牌公司与 Stanwell 公司签订协议，为测试钻井作业期间提供技术支持，并将获得该项目 10%的股权(MIT，2017)。当然，这种基于技术的合作可能是长期的也可能短期的，取决于项目建设后项目运营的技术和管理难度，以及业主技术与管理人员的经验和积累。

因此，在 CCS 技术的发展初期，CCS 项目应基于以政府财政、国际援助与政策性银行支持，以及多个资金/技术优势企业合资/合作为主要特点的商业模式进行发展(图 7-2)。合资/合作模式的关键问题是合作方的责任和许可的确定。

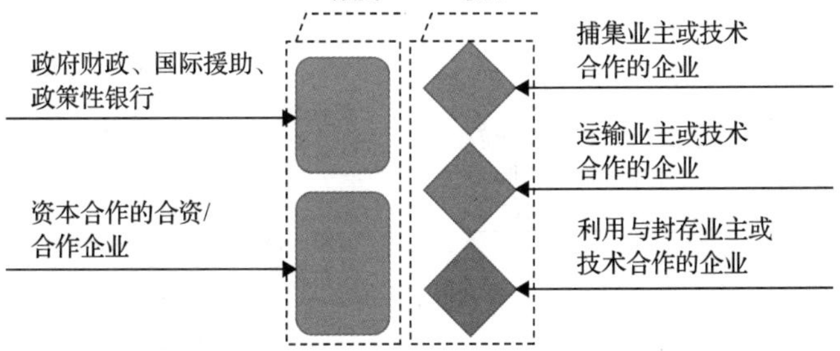

图 7-2　政府财政、国际援助与政策性银行支持及多个资金/资本、技术优势企业合资/合作的商业模式

2. CCS技术基本商业化阶段

CCS技术基本商业化阶段与技术发展初期最明显的差异是，在较高且较稳定的碳价水平下，盈利性显现的CCS项目明显增多，且风险相对降低。商业银行会逐步放开对CCS项目的融资和贷款，社会资本也开始逐步进入，减少了企业的前期投资压力。另外，在CCS技术发展初期就进入该领域的部分大型企业，已经储备了较为完备的技术、技术人员、管理人员和管理经验，掌握某一环节甚至全价值链的技术和管理经验。这一阶段进入CCS技术领域的企业，不再仅是为了掌握技术和管理的经验，多数企业主要是为了抵消高昂碳税或碳配额并获得一定的利润。

因此，技术基本商业化阶段就会出现三种主要商业模式并存的情况：①合资/合作进行CCS项目实施的运营模式(图7-3)，但资金来源主要为合资/合作企业、商业银行和社会资本等。该时期，合资/合作模式的关键问题是合作方的责任和收益的分配。②委托式商业模式(图7-4)，即业主将CCS项目某一个技术环节或全价值链承包给一个或多个企业进行经营，而业主仅收取一定的资金的模式。这时业主具有无须承担成本和风险的优势，对业主的技术和管理人员和经验要求不高，仅需派驻一定技术和管理经验的人员参与到项目运营即可。③具有了全价值链技术和管理人员和经验储备的企业，在获取CCS全价值链经营权的基础上进行全价值链一体化经营的模式(图7-5)。这种方式具有全价值链管理协调性强、风险和成本易控制等优势，但需要独自承担风险和成本。

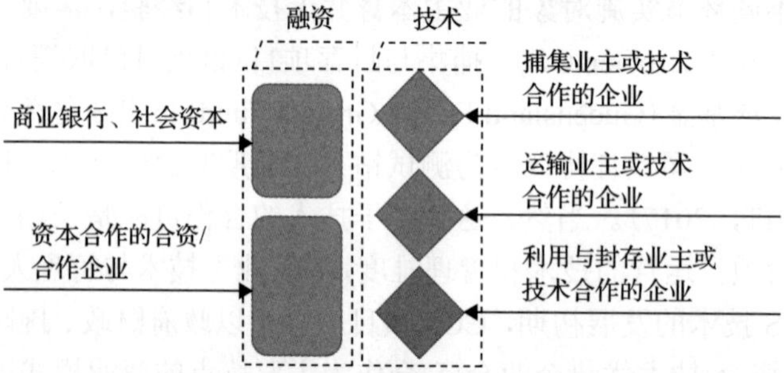

图7-3　银行贷款、社会资本融资和多资本、技术优势企业合资/合作的商业模式

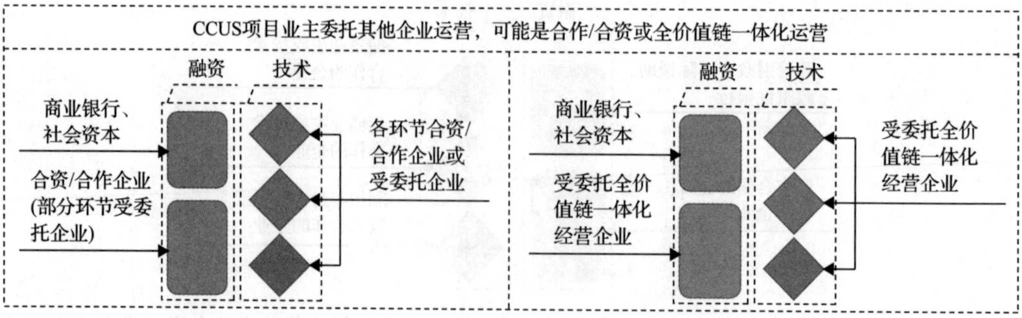

图7-4　业主委托经营型商业模式

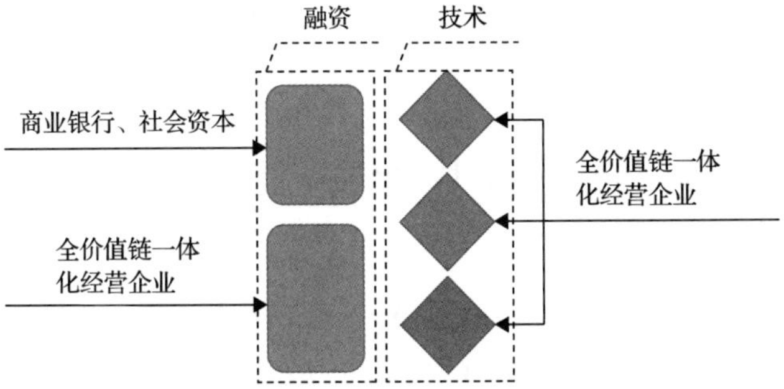

图 7-5　全价值链一体化独资经营企业商业模式

3. CCS 技术完全商业化阶段

完全商业化阶段与基本商业化阶段最主要的差异体现在是否所有类型 CCS 项目可以商业化。由于在前两个阶段的发展，越来越多的大型企业掌握全价值链建设和运营的技术和管理经验，该阶段进行全价值链一体化建设和运营的商业模式的项目，相比基本商业化阶段明显增多。当然，此时仍有企业在 CCS 项目建设和运营阶段需要与别的资金或者技术优势企业进行合资/合作。另外，也必然有部分企业因 CCS 项目规模小或对前期战略性布局的不重视，而无 CCS 技术和管理经验的积累，需要采用委托型商业模式。所以说，该阶段商业模式类型应与基本商业化阶段相同(图 7-4)，但不同商业模式在全球 CCS 技术运营的份额有所变化，其中全价值链一体化独资经营企业商业模式份额明显增加。

7.5　本 章 小 节

商业模式的发展与 CCS 技术属于一种伴生关系，相辅相成，相互促进。本章基于影响 CCS 项目商业模式选择的因素、CCS 技术发展阶段和水平的基本判断，总结了适用于不同 CCS 技术发展阶段的大规模 CCS 项目商业模式。

CCS 技术发展初期(2030 年之前)，技术环节多分属不同企业或产业，盈利困难且风险高，技术和管理经验普及性差，政府财政、国际援助或政策性银行支持和多资本、技术优势企业合资/合作应该阶段最主要的商业模式。基本商业化阶段(2030～2040 年)和完全商业化阶段(2040 年之后)，技术环节仍多分属不同企业或产业，但盈利性显现且运营风险较低，越来越多的企业储备了丰富的技术和管理经验，运营企业外部融资来源转变为商业性银行和社会资本等。基本商业化阶段(2030～2040 年)有三种商业模式，即银行贷款、社会资本融资和多资本、技术优势企业合资/合作的商业模式；全价值链一体化独资经营企业商业模式；业主委托经营型商业模式。完全商业化阶段(2040 年之后)商业模式与基本商业化阶段(2030～2040 年)类型一致，但全价值链一体化独资经营企业商业模式份额增加。

第8章　碳捕获与封存技术的预见分析

高质量的技术预见对保障CCS技术的成功研发和顺利发展有着重要的作用。CCS技术预见研究可以探测前沿技术、构建发展路线图、优化控制发展成本，在战略层面和技术层面为CCS的高效发展提供针对性的发展导航。本章主要回答以下几个问题：

(1)CCS技术预见的内涵是什么？

(2)CCS技术预见的关键方法有哪些？

(3)CCS技术的国际布局情况如何？

(4)CCS技术的发展趋势和路线图是什么？

8.1　CCS 技术预见概述

为了让读者更好地理解本章内容，本节首先对 CCS 技术预见进行整体层面的介绍，然后依次介绍 CCS 技术预见的概念、战略意义，以及开展 CCS 技术预见的流程和内容。

8.1.1　CCS 技术预见的概念

技术预见一词最早出现在 20 世纪初，其出现背景依托于第二次世界大战，美国通过技术预见活动支撑国防科技的进步。对 CCS 技术开展“技术预见”，就是开展一种长期的系统性研究过程，综合社会、经济和技术发展等多种因素，识别 CCS 领域中具有战略性和贡献性的重要关键技术。由于 CCS 技术对应对气候变化有重要作用，近年来，世界各国均相继开展 CCS 领域的技术预见活动。

8.1.2　CCS 技术预见的战略意义

CCS 技术可以广泛应用于发电部门和工业部门，并可为应对气候变化提供有效的解决方案，更重要的是 CCS 技术可以在实现气候目标的同时不制约经济发展，还可以创造大量的就业岗位。在这样的背景下，积极做好 CCS 技术的政策规划显得尤其重要，政策制定者关注的问题包括：为什么要 CCS 技术？发展什么样的 CCS 技术？何时发展 CCS 技术？在哪里部署 CCS 技术？如何发展 CCS 技术？

探寻上述问题的答案离不开 CCS 技术预见研究。对 CCS 技术开展一系列的预见性分析是支撑 CCS 政策规划的有力工具。经过科学合理的 CCS 技术预见研究，决策者会明确 CCS 的发展方向和实施路径，也将拥有对 CCS 技术发展成本的优化控制能力，因此，CCS 技术预见对一个国家和地区的气候变化行动和经济发展有着重要的战略意义。

8.1.3　CCS 技术预见的流程和内容

目前，一些国家已经开始了适应自身国情和社会发展的 CCS 技术预见活动，其中采用的技术预见方法各具特色，但总体来说，CCS 技术预见的流程主要包括：①CCS 技术数据收集与融合；②CCS 技术清单构建；③CCS 技术专家调查；④CCS 技术可行性评估；⑤CCS 技术发展路线图构建。

基于上述流程，CCS 技术预见的主要内容包括：①CCS 前沿技术探索；②CCS 空白技术侦测；③CCS 成本效益优化控制；④CCS 技术发展路线图构建；⑤CCS 技术发展政策法规设计。

8.2　CCS 技术预见的关键方法

CCS 技术预见的主要方法可以分为定性方法、定量方法、定性和定量结合方法。CCS 技术预见的方法大多需要综合集成设计，方法的主要驱动力包括数据驱动、模型驱动、经验驱动和战略驱动。本小节主要介绍四种关键的 CCS 技术预见方法：专家小组法、情景规划法、多准则决策和大数据智能方法。

8.2.1 专家小组法

专家小组法是一种常用的 CCS 技术预见方法，现有的很多研究机构的技术预见活动都采用了这种方法。专家小组法通过激活、汇聚各位专家的知识来实现复杂问题的解决。专家小组规模通常为 12～20 人，参与者在一段时间内针对某个特定问题进行深入分析和讨论，研讨期限一般为 2～18 个月。通过专家小组法进行预见的领域包括科技、生态、经济和社会领域。

专家小组法可以广泛地应用于各个层级的技术预见活动，也可以在其他预见方法中发挥一定的作用，因此，可以认为专家小组法是技术预见大框架的中心或基础。例如情景分析、德尔菲法、多准则决策等预见方法，针对实施过程中的特定问题，往往都会使用专家小组法来得到解决方案。

在 CCS 技术预见的实践中，专家小组法往往嵌套于其他方法中，例如 SWOT 分析（又称态势分析法）、情景分析、头脑风暴、多准则决策等。其他方法为专家小组法提供问题需求，而专家小组法的结果为其他方法的应用提供了关键问题的决策支持。专家小组法和其他方法的有机结合及密切协作，才能使技术预见的实施框架更加完整、高效。

8.2.2 情景规划法

情景规划法是一种传统的预见方法，广泛应用于复杂环境中的不确定性决策。通过生成覆盖各种可能的情景，从而对决策问题的未来发展轨迹进行全面的分析和管理。复杂多变的情景设置可以来自于其他仿真模型的结果输出，也可以来自专家研讨的一致结论。情景设置的准确性和多样性，对于预见结果至关重要，很大程度上决定了情景规划方法的有效性。

情景规划法的雏形概念最早出现在 20 世纪 60 年代，此后，情景分析在战略管理领域得到了广泛的应用，Rand、Battelle 和 SRI 等研究机构极大地丰富和推动了情景规划方法（Godet，2000）。目前，情景规划方法被广泛地应用于技术预见，并且似乎成了整个预见活动不可缺少的一个环节，多数技术预见最后都会落脚于情景规划，对未来的发展进行详尽的描绘。

情景规划法是一种有效的 CCS 技术预见工具，可以在复杂的、不确定的情形下，有效地制定未来能源技术的发展路径。但需要注意的是，情景规划法有一定适用条件，在下述条件中才能充分发挥其优势。

(1) 当前的技术不能满足经济、环境、社会等多方面的综合需求，迫切需要进行技术转型。转型期具有较大的不确定性，应用情景规划可以更好地对未来的发展做出判断。

(2) 对于某类 CCS 技术，希望进行多元化发展，降低技术的选择风险。多元化意味着未来发展的多样性，为了能在复杂多变的未来情景中识别出关键的 CCS 技术，情景规划将是有力的工具。

(3) 决策者所面对的内外部环境发生重大变化，难以预测未来的技术趋势。面对经济、政治、社会和文化等多方面的因素，决策者所处的内外部环境有可能瞬息万变，且不确定性更加突出。仅仅依靠历史数据，无法对未来 CCS 技术的发展轨迹进行准确研判，在这种条件下，情景规划为决策者提供了很好的分析思路和决策支持。

8.2.3　多准则决策法

多准则决策法在 CCS 技术预见领域的应用主要包括未来 CCS 技术的评价、技术清单的筛选、未来技术的组合优化等。

多准则决策法体系包括了多目标决策和多属性决策，其中，多属性决策适合解决离散的、有限决策方案的决策问题。关于未来 CCS 技术的选择和规划，更多的是用多属性决策方法。前沿技术发展的突出特点就是不确定性，因此，随机性、模糊性和描述性使得多属性决策方法可以有广阔的应用空间，从而对 CCS 技术发展的不确定性进行较好地研判。当然，多属性决策方法包括很多具体的分支方法，不同的方法具有不同优势，针对不同的具体问题，需要选择最合适的方法。基于现有预见项目的方法应用，考虑到不同的定性和定量方法的有效结合，层次分析法在 CCS 技术预见中有着广泛的应用。

美国运筹学家 Thomas 在 20 世纪 70 年代发明了层次分析法。CCS 技术预见属于典型的非结构化决策问题，比较适合使用层次分析法。层次分析法不仅可以为 CCS 技术预见提供决策(优选)支持，还可以利用多指标来构建多样化未来情景。利用层次分析法进行 CCS 技术预见，不仅可以很好地融合人的行为和决策因素，而且极大地丰富了未来情景的设置。

8.2.4　大数据智能法

目前，技术预见的核心环节是德尔菲法，同时还结合情景分析法、技术路线图法、专家会议法等多种方法。这些传统预见方法的技术清单主要来自专家经验、文献归纳和头脑风暴。随着网络信息化技术的发展进步，关于能源技术的互联网信息呈现出数据量大、内容多样化和传播速度快的特点，同时考虑到专家的知识经验局限性和精力有限性等因素，运用传统的方法无法实现大数据背景下的高效精准预见。

随着大数据技术的快速发展，以数据科学为基础的大数据分析和大数据挖掘已经较为成熟。对于运用传统方法实施的 CCS 技术预见，大数据技术为其提供了更加新颖、全面和客观的数据源，使其更好地满足大数据背景下 CCS 技术的挖掘、预见和决策。本研究提出了大数据背景下的 CCS 技术预见智能方法，其优势主要体现在以下两方面。

(1) 构建了基于大数据的 CCS 技术清单。通过对社会经济大数据的采集与处理，获取更加全面和富有时效性的技术清单。为传统的德尔菲调查提供更加精准、快速和全面的决策支持。

(2) 构建了基于多方耦合的德尔菲调查。在传统德尔菲调查的同时，进行未来情景的虚拟仿真、新技术的公众接受度调查、基于大数据的技术监测和技术推荐，多方调研得出的结果对德尔菲调查实施动态调节，使得专家决策的背景信息更加完备，从而得出一致的、科学的技术预见结论。

8.3 CCS 技术国际布局分析

各国 CCS 技术的发展程度和部署重点具有差异。本节旨在探究不同国家 CCS 技术的发展布局。首先检索 CCS 领域中不同国家的 CCS 技术相关文章，对检索到的文章进行引文分析，根据引文分析结果探究不同国家 CCS 技术的发展重点。

8.3.1 中国：燃烧前碳捕集技术和金属有机骨架技术

中国在 CCS 发展中处于第二梯队。相比于加拿大的百万级大规模 CCS 项目，中国目前运行的都是小型示范项目，但是全球新建 CCS 项目一半在中国，并且中国在 CCS 各个关键节点均进行了相应部署，下一轮的 CCS 项目高潮有望在中国发生。

我国 CCS 技术尚处于起步阶段，相应的油田 CO_2 捕集、运输、封存与利用技术还有待探索。我国 CCS 技术应用的讨论主要集中在发电厂，包括中国电力部门 CCS 技术最优化部署、CCS 技术投资风险评估、脱碳转型等；对碳捕集技术的讨论主要集中在燃烧前捕集和金属有机骨架材料。

8.3.2 加拿大：生态系统碳封存和 CCS 相关政策建模

加拿大政府认为，CCS 是唯一可行的减少来自煤电厂等大集中点源 CO_2 排放的技术。加拿大 CCS 的战略目标是使加拿大成为世界 CCS 技术的领导者，使加拿大未来化石能源业充满生机和活力，使加拿大成为使用新型技术的创新型环保国家。

加拿大注重 CCS 大规模示范项目的开展。作为该地区 CCS 技术的主导者，加拿大对 CCS 技术的讨论主要集中在加拿大萨斯喀彻温省 CCS 项目、CCS-EOR、CO_2 地质封存、CO_2 地质封存的民意调查、CCS 相关政策建模等方面，其技术优势是生态系统碳封存和 CCS 相关政策建模。

8.3.3 美国：注重碳存储地点及地层的选择

从 CCS 项目来看，美国处于主导地位；从 CCS 应用的行业来说，CCS 的近期机遇在工业工厂方面高于在发电方面；从美国对 CCS 关注的重点来说，近 20 年来，美国能源部一直在资助旨在降低 CCS 相关成本的研发。美国对 CCS 技术的讨论主要集中在 CO_2 地质存储建模、CO_2 地质存储泄漏对淡水资源的风险实验、地质存储最优地点选择、CO_2 地质存储的风险及注入地层的选择等方面。旨在通过对存储地的优化选择，在降低 CCS 项目成本与降低 CCS 项目风险之间取得平衡。

8.3.4 欧洲：CCS 集群和二氧化碳地质储存

CCS 集散地和集群的概念为欧洲的 CCS 讨论重新注入了活力。挪威、英国和荷兰将重点放在拥有共同 CO_2 基础设施的 CCS 集群，欧盟委员会对共享 CO_2 基础设施也较为关注。英国结束停滞期，再次确认其对 CCS 部署的承诺，英格兰和苏格兰对 CCS 部署尤为重视，发展重点集中在工业 CCS 和利用 CCS 在热力、交通等难以实现减排目标的领域实现减排。

欧洲地域辽阔、地缘政治错综复杂，CCS 技术的发展因地而异。如荷兰注重 CCS 技术在发电厂的应用；冰岛在矿化储存 CO_2 技术方面领先，虽然目前大多采取近海储存，但是认为通过矿化长期存储 CO_2 具有广阔的发展空间；德国注重 CCS 项目评价建模、CO_2 咸水层封存技术。另外，欧洲关注氢的发展。苏格兰天然气网络开始了一项氢可行性项目（100%氢项目）的工作，该项目作为 100%氢网络示范项目对氢项目的安全性、技术和商业可行性进行证明（GCCSI，2017）。

8.3.5　澳大利亚：民意支持程度及海洋封存技术

澳大利亚低成本的热电厂正在逐步退出电力市场，未来的电力需求将如何满足存在很大的不确定性。清洁能源发电和燃煤发电减排之间的选择在澳大利亚产生了激烈的讨论，CCS 技术是否能在澳大利亚得到长远发展在很大程度上取决于其民意支持程度。

相比于美国 CCS 技术的大规模发展，澳大利亚稳步发展 CCS 技术。澳大利亚 CCS 技术的研究主要集中在盆地 CO_2 存储潜力评估、CCS 项目可行性评估，其 CO_2 海洋封存技术及 CO_2 泄漏检测技术的发展处于领先地位。CCS 促进了澳大利亚新能源经济的产生，包括氢能源供应链的打造，将褐煤转化为氢气等。预计澳大利亚对于 CCS 的发展重点将放在电力行业及氢经济领域的相关应用。

8.4　CCS 技术趋势及路线图

本小节在宏观层面介绍 CCS 技术的总体趋势，以期给读者呈现对 CCS 技术远期未来的整体判断。此外，基于大数据智能方法，本小节提供了 CCS 技术路线图，并指出了中国发展 CCS 技术的战略方向。

8.4.1　CCS 技术总体趋势

面对全球 2℃温升的挑战，CCS 技术得到了更多国家的关注。许多国家启动了 CCS 研发和部署，并积极参与全球性的 CCS 论坛，旨在共同推动 CCS 技术的快速发展和大规模应用。此外，近年来公众对 CCS 技术有了更多的正确了解，面对气候变化带来的各种负面影响，公众对 CCS 技术接受度有所提高。

目前，CCS 技术的成本还是比较高的，但是近年来已经出现了大幅下降的趋势，例如 SaskPower 研究表明，Shand Power Station 的第二代 CCS 技术的捕集成本大约是每吨 CO_2 45 美元，比最早的 SaskPower Boundary Dam 项目的捕集成本下降 67%（International CCS Knowledge Centre，2018）。成本的下降将推动发电部门和工业部门的 CCS 技术部署，进一步提升 CCS 技术的综合可行性。综合考虑 CCS 技术成本下降和碳排放交易市场政策，未来加装 CCS 设备将成为能源密集型工厂的最佳选择。

从长期来看，CCS 技术将成为实现绿色发展的主流趋势，此外，CCS 技术和氢能的协同发展也具有较大的潜力，这种综合集成的低碳解决方案将为应对气候变化提供有力的支撑。

8.4.2 CCS 技术路线图

作为大数据智能预见方法的重要组成部分，基于专利数据，我们积极探索了人工智能在气候工程管理中的应用，我们提出集成了深度学习和非线性预测的 CCS 技术路线图制作方法(魏一鸣和童光煦，1995；魏一鸣等，2018)。

首先，我们收集整理 CCS 领域的专利大数据集(矩阵形式)，每一行是一项 CCS 专利，高维度的列表示一项 CCS 专利的各种技术特征；其次，使用深度学习方法将高维数据映射到二维平面，通过观察找到空白技术点；然后，使用构建好的深度网络的反函数，将空白点反映射到高维平面，从而实现对空白技术的定义；接着，使用非线性预测模型对 CCS 技术发展轨迹进行外推；最后，基于数据驱动的结果，结合工程技术人员的建议和判断，最终绘制 CCS 技术路线图。虽然我们提出的集成方法仍有不足，但一定程度上将气候工程管理中的人工智能方法推前了一步，在未来的研究中，我们将进一步积极探索、不断完善。我们对未来 CCS 技术的发展路线图进行了预测规划，如图 8-1 所示。

整体来看 CCS 技术具有较大的发展潜力。在 2022 年之前，生物分离、化学分离和吸收技术将得到充分的发展；膜或扩散技术预计在 2027 年得到充分的发展；此外，地下或海底 CO_2 封存技术也有较大的发展空间。

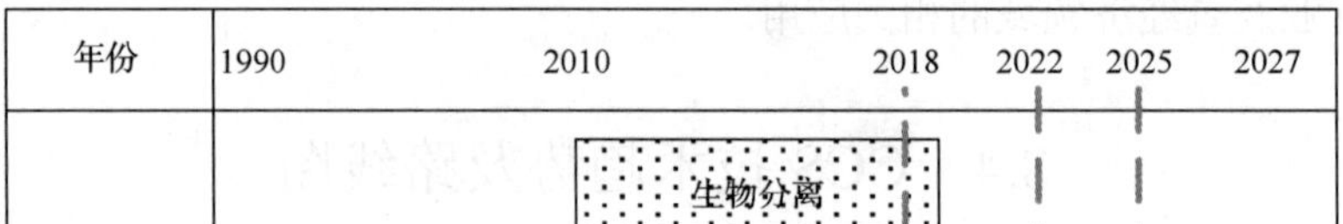

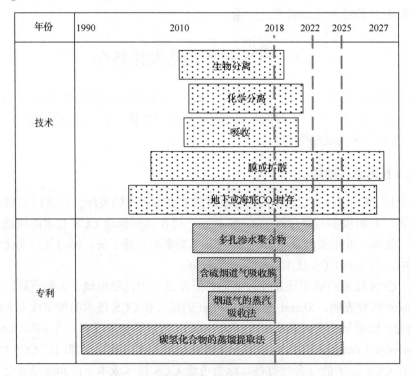

图 8-1　CCS 技术空白侦测与预测结果

从空白技术角度来看，我们侦测出四种主要的 CCS 技术，分别为多孔渗水聚合物、含硫烟道气吸收膜、烟道气的蒸汽吸收法、碳氢化合物的蒸馏提取法。其中，具有发展潜力的空白技术是多孔渗水聚合物和碳氢化合物的蒸馏提取法，预计分别在 2022 年和

2025 年得到充分发展。

8.4.3　中国发展 CCS 技术的战略方向

通过使用基于数据挖掘的 CCS 技术预见模型进行研究，我们发现中国 CCS 技术的优势领域是燃烧前碳捕集技术和金属有机骨架技术。相比之下，加拿大作为 CCS 技术的领先者，其技术优势是生态系统碳封存和 CCS 相关政策建模。

虽然中国 CCS 技术的文章发表和专利数量具有相当大的规模，但是中国在 CCS 技术研发网络中发挥的作用有限。由于中国 CCS 技术起步较晚，虽然近年来 CCS 研发投入有所增加，个别领域也走在国际前列，但整体发展水平还落后于发达国家。中国需要与 CCS 技术强国开展合作，一方面促进中国 CCS 技术的快速进步，另一方面提升中国在 CCS 技术研发网络中的作用。

除了 CCS 技术本身，对中国来说，另外一个非常重要的战略方向就是加强 CCS 技术监测和预见。积极开发具有自主知识产权的 CCS 监测和预见系统平台，努力探索和尝试人工智能在 CCS 预见研究中的应用，进一步提升 CCS 技术监测和预见的准确性、科学性和智能化，积极侦测 CCS 领域的前沿技术和颠覆性技术，密切关注 CCS 技术领先国家的研发动向。

8.5　本 章 小 节

CCS 技术预见对一个国家和地区的气候变化行动和经济发展有着重要的战略意义。对 CCS 技术开展“技术预见”，就是开展一种长期的系统性研究过程，综合社会、经济和技术发展等多种因素，识别 CCS 领域中具有战略性和贡献性的重要关键技术。

CCS 技术预见的流程主要包括：CCS 技术数据收集与融合、CCS 技术清单构建、CCS 技术专家调查、CCS 技术可行性评估和 CCS 技术发展路线图构建。CCS 技术预见的主要内容包括：CCS 前沿技术探索、CCS 空白技术侦测、CCS 成本效益优化控制、CCS 技术发展路线图构建和 CCS 技术发展政策法规设计。CCS 技术预见的主要方法包括：专家小组法、情景规划法、多准则决策法和大数据智能法。

通过 CCS 技术的国际布局分析及 CCS 技术大数据挖掘，我们进一步明确了 CCS 技术的发展趋势：①更多国家加速 CCS 研发和部署，公众对 CCS 技术接受度有所提高；②CCS 技术的成本较高，但是近年来已经出现了大幅下降的趋势；③膜或扩散技术、地下或海底 CO_2 封存技术发展潜力巨大；④多孔渗水聚合物和碳氢化合物的蒸馏提取法，预计分别在 2022 年和 2025 年得到充分发展。

基于上述预见研究，我们提出保障中国 CCS 技术发展的政策措施：①继续发挥“燃烧前碳捕集技术”和“金属有机骨架技术”的研发优势；②积极参与国际合作，提升中国在 CCS 技术研发网络中的作用；③积极开发具有自主知识产权的 CCS 监测和预见系统平台，努力探索和尝试人工智能在 CCS 预见研究中的应用。

第 9 章　全球与中国 CCS 布局

CCS 技术被认为是实现全球深度脱碳不可或缺的减排技术。如何以最小成本实现 CCS 技术的优化布局已成为研究的焦点。本章识别了全球与中国 CO_2 排放源，评估了全球与中国主要 CO_2 封存方式（与盆地）的封存潜力，之后，基于构建的全球与中国源汇匹配模型，得到了 2℃温控目标下全球与中国最低成本完成 CCS 技术减排贡献的 CCS 布局。本章主要回答以下几个问题：

(1)全球与中国大型 CO_2 排放源分布如何？

(2)全球与中国 CO_2 封存方式（与盆地）的封存潜力如何？

(3)全球与中国 CCS 如何布局，需要最低减排成本是多少？

9.1　全球 CO_2 排放源

为了实现全球 CCS 技术的优化布局，首先需要获得全球大型 CO_2 排放源的位置与对应 CO_2 排放量，而这部分数据难以直接获得。如何从可获得的数据中间接获得全球 CO_2 排放源数据成为本节关注的问题。

9.1.1　识别方法

美国国防气象卫星(Defense Meteorological Satellite Program，DMSP)搭载的业务型线扫描传感器(operational linescan system，OLS)提供的夜间灯光数据具有独特的微光成像能力(Elvidge et al.，2001)，被证明是人为 CO_2 排放空间化模拟的主要代理变量(Doll et al.，2000)。将夜间灯光作为空间代理变量模拟 CO_2 排放的方法，需要重点解决非亮区的人为碳排放和点源碳排放(尤其是火力发电厂点源排放)的模拟问题，本节参考 Ghosh 和 Oda 等的方法(Ghosh et al.，2010；Oda and Maksyutov，2011)，将 2010 年 IEA 公布的 139 个主要国家的化石燃料与人为 CO_2 排放数据作为空间化模拟的基础数据，并剔除了每个国家发电厂的 CO_2 排放数据。另外，本节使用 2009 年 CARMA 统计的 2 万多个发电厂的 CO_2 排放数据作为点源碳排放数据。依赖夜间灯光和人口分布两组空间代理变量采取自上而下的分摊技术，实现了全球非点源 CO_2 排放的空间化模拟，通过点源排放(即发电厂排放)栅格化，与所在栅格的非点源排放加总，得到全球人为 CO_2 排放的空间模拟结果。

在非点源排放的模拟中，假设生活在夜间灯光探测的暗区的人均碳排放是亮区人均碳排放的 1/2，将夜间灯光影像按照亮区和暗区提取为两大掩模，分别覆盖在 1km×1km 的人口栅格影像上，提取各国亮区的人口栅格总和($\mathrm{SOP}L_i$)与暗区的人口栅格总和($\mathrm{SOP}D_i$)。用 X_i 表示亮区人均 CO_2 排放量，CO_{2i} 为某国总的 CO_2 排放量，则通过计算可以得到 CO_2L_i 和 CO_2D_i，即某国亮区和暗区非点源化石燃料 CO_2 排放量：

$$\mathrm{CO}_2L_i=\mathrm{SOP}L_i\times X_i \tag{9-1}$$

$$\mathrm{CO}_2D_i=\mathrm{SOP}D_i\times\frac{X_i}{2} \tag{9-2}$$

$$X_i=\frac{\mathrm{CO}_{2i}}{\mathrm{SOP}L_i+\mathrm{SOP}D_i/2} \tag{9-3}$$

本节利用夜间灯光数据模拟亮区 CO_2 排放，用人口分布模拟暗区 CO_2 排放，按照灯光强度和人口密度值进行分摊，如式(9-4)、式(9-5)所示：

$$\mathrm{CO}_2L_\mathrm{p}=\frac{\mathrm{CO}_2L_i}{\mathrm{SOL}L_i}\times L_\mathrm{p} \tag{9-4}$$

$$\mathrm{CO}_2D_\mathrm{p}=\frac{\mathrm{CO}_2D_i}{\mathrm{SOP}D_i}\times \mathrm{P}D_\mathrm{p} \tag{9-5}$$

式中，$\mathrm{SOL}L_i$ 为该国夜间灯光亮度总值；L_p 为每个栅格夜间灯光亮度值；$\mathrm{CO}_2L_\mathrm{p}$ 为亮区

每个栅格 CO_2 排放量；PD_p 为每个栅格人口分布值；CO_2D_p 为暗区每个栅格 CO_2 排放量。暗区和亮区的排放量合并后即可得到1km×1km 高分辨率全球非点源 CO_2 排放量空间分布。将点源碳排放栅格化后与非点源碳排放量加总则得到总的 CO_2 排放空间模拟结果。

9.1.2 排放源的识别

本研究认为1km×1km 范围内 CO_2 排放量大于 1 万 t 的地区为高排区，将相互临近的高排源区连成片，排放量大于 30 万 t(相当于中等规模发电厂的排放量)的连片区(栅格转面后连片的区域)取其中心经纬度为排放源的位置。本节共识别出排放源 4157 个，累计 CO_2 总排放量约 8213 亿 t。由表 9-1 可知，在 2020～2050 年，中国与美国累计 CO_2 排放量分别约为 2486 亿 t 与 2244 亿 t，欧盟 CO_2 排放量约 701 亿 t，印度、日本、俄罗斯、澳大利亚与加拿大累计 CO_2 排放量约为 366 亿 t、355 亿 t、309 亿 t、136 亿 t 与 118 亿 t。中国、美国、印度、澳大利亚、日本和欧盟的 CO_2 排放源数量和累计排放量分别约占全球的 77.87%和 78.69%。值得注意的是，这些国家在碳排放源的数量和能力方面都远远超过其他国家，因此，需要更加重视 CCS 技术优化布局的研究。

表 9-1 识别出的 4157 个 CO_2 排放源

编号	国家	碳源个数	排放量/亿 t CO_2	编号	国家	碳源个数	排放量/亿 t CO_2
1	安哥拉	1	0.33	24	科特迪瓦	2	1.27
2	贝克岛	1	1.91	25	黎巴嫩	2	1.49
3	玻利维亚	1	0.67	26	卢森堡	2	1.89
4	博茨瓦纳	1	0.27	27	马其顿	2	2.85
5	刚果	1	0.25	28	蒙古国	2	2.72
6	哥斯达黎加	1	0.26	29	摩尔多瓦	2	0.94
7	格鲁吉亚	1	0.29	30	挪威	2	0.43
8	海地	1	0.33	31	塞内加尔	2	0.61
9	黑山共和国	1	0.36	32	塞浦路斯	2	1.13
10	吉尔吉斯斯坦	1	0.43	33	苏丹	2	0.78
11	库拉索	1	1.87	34	特立尼达	2	8.06
12	拉脱维亚	1	0.52	35	牙买加	2	1.88
13	立陶宛	1	0.15	36	厄瓜多尔	3	1.99
14	马耳他	1	0.49	37	洪都拉斯	3	2.11
15	纳米比亚	1	0.19	38	肯尼亚	3	1.13
16	坦桑尼亚	1	0.55	39	瑞士	3	1.38
17	乌拉圭	1	1.11	40	萨尔瓦多	3	1.43
18	新加坡	1	22.04	41	斯洛文尼亚	3	2.88
19	亚美尼亚	1	0.44	42	爱沙尼亚	4	4.63
20	直布罗陀	1	0.24	43	波斯尼亚	4	5.26
21	巴林	2	12.47	44	克罗地亚	4	1.83
22	津巴布韦	2	1.96	45	秘鲁	4	4.58
23	喀麦隆	2	0.37	46	尼加拉瓜	4	1.13

续表

编号	国家	碳源个数	排放量/亿 t CO_2	编号	国家	碳源个数	排放量/亿 t CO_2
47	瑞典	4	1.49	84	越南	14	14.90
48	斯里兰卡	4	1.62	85	比利时	15	17.06
49	斯洛伐克	4	2.25	86	阿联酋	16	46.19
50	新西兰	4	4.78	87	罗马尼亚	17	14.11
51	爱尔兰	5	4.08	88	阿根廷	18	23.80
52	丹麦	5	5.76	89	阿尔及利亚	19	13.85
53	危地马拉	5	2.31	90	埃及	19	35.65
54	约旦	5	3.85	91	泰国	21	38.48
55	阿塞拜疆	6	4.76	92	乌克兰	21	36.65
56	巴拿马	6	1.83	93	巴基斯坦	22	21.11
57	卡塔尔	6	23.20	94	伊拉克	22	26.22
58	科威特	6	22.61	95	哈萨克斯坦	23	42.01
59	塞尔维亚	6	14.22	96	马来西亚	23	46.07
60	匈牙利	6	7.86	97	南非	26	136.07
61	利比亚	7	8.67	98	捷克共和国	28	25.98
62	突尼斯	7	2.46	99	委内瑞拉	31	33.70
63	土库曼斯坦	7	8.12	100	荷兰	33	37.44
64	也门	7	2.01	101	法国	37	30.82
65	朝鲜	8	6.67	102	土耳其	38	54.04
66	以色列	8	22.03	103	印度尼西亚	43	65.70
67	阿曼	9	4.71	104	巴西	44	34.77
68	奥地利	9	6.41	105	沙特阿拉伯	46	90.98
69	多米尼亚	9	6.06	106	澳大利亚	48	135.70
70	古巴	9	6.78	107	韩国	50	179.67
71	摩洛哥	9	7.82	108	波兰	54	74.25
72	葡萄牙	9	9.62	109	墨西哥	64	138.93
73	白俄罗斯	10	10.31	110	西班牙	65	52.47
74	叙利亚	10	9.52	111	加拿大	66	118.17
75	哥伦比亚	11	6.05	112	伊朗	74	88.20
76	孟加拉	11	9.49	113	意大利	83	69.23
77	尼日利亚	11	4.86	114	英国	84	119.51
78	乌兹别克斯坦	11	19.81	115	德国	103	163.65
79	智利	11	15.45	116	日本	137	354.50
80	保加利亚	12	12.08	117	印度	165	366.35
81	芬兰	12	8.11	118	俄罗斯	217	309.20
82	菲律宾	13	14.69	119	美国	857	2244.02
83	希腊	14	25.43	120	中国	1130	2485.53

注：排放量单位：亿吨二氧化碳。

9.2　全球 CO_2 封存盆地封存潜力评估

根据IPCC报告，CO_2 可在油气藏、深部咸水层、不可开采的煤层进行地质封存(IPCC，2005)。自 20 世纪 90 年代初开始，世界各国开始对地质中可封存的 CO_2 进行了评估，评估结果相差很大，原因是采用的方法与评估的地质类型不统一。因此，碳封存领导人论坛(Carbon Sequestration Leadership Forum，CSLF)指出，有必要对 CO_2 地质封存潜力进行不同级别的分类。

9.2.1　评估方法

目前常用的分类方式是 CO_2 地质封存技术经济型资源金字塔(CSLF，2007)，如图 9-1 所示。其封存类型可以分为理论封存量、有效封存量、实际封存量与匹配封存量四类。由于可以获取全球油气封存量均是勘探封存量，且全球沉积盆地深部咸水层的厚度和孔隙度获取难度较大，本节全球油气藏 CO_2 封存潜力仅能进行理论封存潜力评估。目前 IEA 与 IPCC 给出的全球 CO_2 地质封存量也均为理论封存量，IEA 认为全球油气藏 CO_2 封存量约 920Gt，2005～2050 年，油气藏封存潜力占总排放量的 45%，IPCC 给出的封存潜力约 810Gt，占总 CO_2 排放量的 34%。尽管全球 CO_2 封存潜力总量可以获得，但是目前全球并没有给出 CO_2 封存盆地的矢量图，无法获得所有封存地的地理位置，进而影响全球 CCUS 的布局，基于此本节评估了不同封存方式的 CO_2 封存潜力并给出了对应的地理位置。

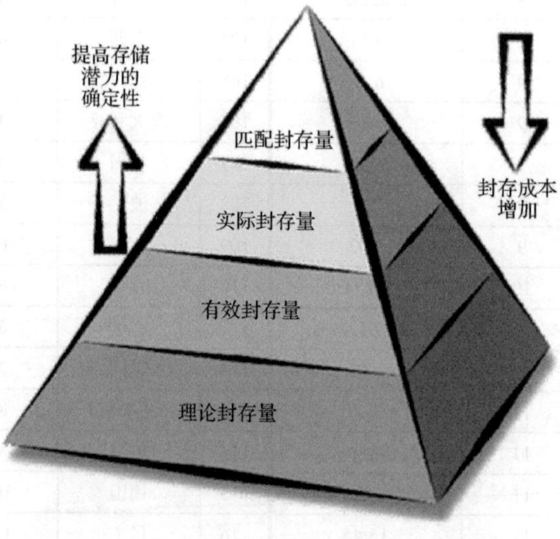

图 9-1　CO_2 地质封存技术经济型资源金字塔

9.2.2　油气藏封存潜力

想要评估 CO_2 在油气藏中的封存潜力，首先要知道全球油气田已探明储量以及所在位置。目前美国调查局公布了 2000 年全球油气已勘探储量详细地理信息数(Ahlbr and

Klett，2000)。但是，这份数据并不包含美国本土油气勘探量。美国对本国油气藏在各个盆地中封存量数据已经发布(IEAGHG，2005)。因此，本次全球油气藏封存潜力评估的区域不包含美国。为了获取全球油气藏 CO_2 理论封存潜力，通过 ArcGIS 将已公布的美国含油气盆地矢量图与全球油气矢量图进行了矫正与拼接，得到全球油气藏 CO_2 封存潜力矢量图。

目前，CO_2 在油气藏理论封存量的计算原理主要是以物质平衡方程为基础而建立起来的。其假设条件是油气采出所让出的空间都可以用于 CO_2 的封存(即假设为枯竭油气田)(沈平平和廖新伟，2009)。该假设通常对那些不与含水层接触或者是在二次注水开发和三次提高采收率开发中未被水淹的油气藏有效。美国能源部(USDOE)(Goodman et al.，2011)和 CSLF(CSLF，2007)，对于枯竭油气田的 CO_2 地质封存潜力的评估假设条件与枯竭油田技术基本一致，见式(9-6)：

$$G_{CO_2} = \text{OOIP} / \rho_{\text{oil}} \times B \times \rho_{CO_2} \times E_{\text{oil}} \tag{9-6}$$

式中，G_{CO_2} 为 CO_2 地质封存潜力；OOIP 为石油原地地质储量；B 为原油体积系数；ρ_{oil} 为原油密度；ρ_{CO_2} 为地层条件下 CO_2 的密度；E_{oil} 为封存效率(有效系数)，建议取值为 75%。

单纯从 USDOE 关于 EOR 的 CO_2 封存潜力评估方法的定义，CO_2 封存潜力为

$$\text{EOR} = N_{\text{R}} \Big/ \big[(\text{API} + 5) \times 100\big] \times E_{\text{EXTRA}} / 100 \times C \tag{9-7}$$

$$M_{CO_2\text{eor}} = \text{EOR} \times R_{CO_2} \tag{9-8}$$

$$\text{API} = \frac{141.5}{\gamma_0} - 131.5 \tag{9-9}$$

式中，EOR 为由于 CO_2 注入获得提高的原油量；N_{R} 为最终可采储量，也称剩余可采量；E_{EXTRA} 为由于 CO_2 注入而获得的额外采收率，%；API 为原油重度；γ_0 为原油相对密度；C 为接触系数，无量纲，一般取 0.75；R_{CO_2} 为 CO_2 利用系数，净 CO_2 注入量与原油采出量的比值，t/bbl。

已有研究用 3 个等级表示 CO_2 利用系数，即最高、中等与最低三个等级，其系数值分别为 0.8t/bbl、0.45t/bbl 与 0.15t/bbl，本次评估取 0.45t/bbl (Hendriks et al.，2004)。

从式(9-7)～式(9-9)不难发现，可采储量是公开数据容易获得，部分系数是可以通过经验假定的；API 与 E_{EXTRA} 为未知数，Stevens 等(1999)根据 7 个利用 CO_2 提高石油采收率的资料确定出原油重度与由于 CO_2 注入而提高的采收率之间的经验关系，见图 9-2。在图 9-2 的基础上，将由于 CO_2 注入获得额外的采收率值分成三个等级，即最高、中等与最低，其数值分别为 5、12 与 20。本次估计选取 12(Hendriks et al.，2004)。全球主要国家含油气盆地 CO_2 理论封存潜力见表 9-2。

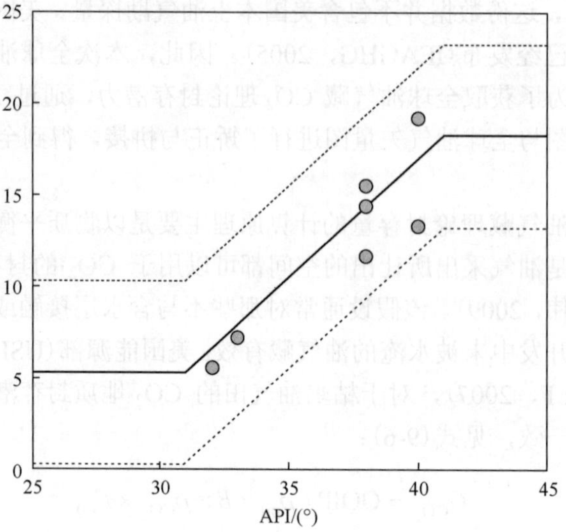

图 9-2　重度与利用二氧化碳提高采收率关系图

表 9-2　全球主要国家含油气盆地 CO_2 理论封存潜力

编号	国家	盆地个数	封存潜力/亿 t CO_2	编号	国家	盆地个数	封存潜力/亿 t CO_2
1	乌拉圭	1	21.23	20	阿塞拜疆	2	29.91
2	纳米比亚	1	5.62	21	挪威	2	149.72
3	南非	1	5.62	22	玻利维亚	3	37.81
4	波斯尼亚	1	3.75	23	秘鲁	3	14.90
5	塞尔维亚	1	9.00	24	越南	3	45.36
6	土耳其	1	284.40	25	尼日利亚	3	204.52
7	也门	1	23.85	26	阿曼	3	33.33
8	乌兹别克斯坦	1	40.28	27	乌克兰	3	67.23
9	白俄罗斯	1	52.20	28	突尼斯	3	36.79
10	安哥拉	1	1.98	29	哥伦比亚	4	15.81
11	喀麦隆	1	4.50	30	泰国	4	50.47
12	刚果	1	59.73	31	卡塔尔	4	467.35
13	古巴	1	0.95	32	阿联酋	4	129.45
14	科特迪瓦	1	141.19	33	土库曼斯坦	4	313.94
15	塞内加尔	1	0.85	34	利比亚	4	45.78
16	巴林	1	156.16	35	智利	5	55.69
17	菲律宾	2	43.79	36	厄瓜多尔	5	16.01
18	伊朗	2	352.48	37	埃及	5	62.99
19	巴基斯坦	2	44.46	38	苏丹	5	62.99

续表

编号	国家	盆地个数	封存潜力/亿 t CO_2	编号	国家	盆地个数	封存潜力/亿 t CO_2
39	孟加拉	6	76.43	47	阿尔及利亚	10	140.65
40	印度	6	77.27	48	巴西	11	167.76
41	墨西哥	7	100.91	49	中国	14	43.01
42	阿根廷	7	59.10	50	马来西亚	17	276.63
43	哈萨克斯坦	7	144.75	51	加拿大	18	99.20
44	哥斯达黎加	8	83.64	52	欧盟	19	561.10
45	澳大利亚	8	144.82	53	俄罗斯	24	1864.55
46	沙特阿拉伯	8	605.60	54	美国	43	439.59

注：跨国家盆地，盆地所包含的所有国家假设均拥有该盆地的封存潜力。

9.2.3　深部咸水层评估

本次评估深部咸水 CO_2 封存量，仅评估全球陆上与近海沉积盆地 CO_2 封存量。全球沉积盆地来自美国地址调查局公布的全球地形图(USGS，2000)，全球地形分布图包含海洋、山脉、盆地等全部地形。将矢量图在 ArcGIS 中进行处理，去除了非沉积盆地的地形。得到了全球沉积盆地矢量图形，依据数据提供的投影坐标系类型，计算出了全球所有盆地的实际面积。

因为全球沉积盆地唯一可获取的参数就是沉积盆地的面积，因此，全球深部咸水层的封存量仅评估量理论封存量。理论封存量大概有四种，分别由欧盟、CSLF(CSLF，2007)、美国能源部(Goodman et al.，2011)与 Ecofys 提出(Hendriks et al.，2004)。其中，前 3 种方法对深部盐水层厚度均有要求，不同的是 Ecofys 提出一种估算方法，见式(9-10)：

$$M_{CO_2}=\rho_{CO_2s}\times A\times H\times 0.01\times 0.02\times \phi/10^6 \tag{9-10}$$

式中，M_{CO_2} 为 CO_2 在深部咸水层中理论封存量，百万 t；ρ_{CO_2s} 为地面条件下 CO_2 的密度，kg/m^3，通常取 $1.977kg/m^3$；A 为深部咸水层所在盆地的面积，km^2；H 为深部咸水层的平均厚度，m；ϕ 为深部咸水层岩石的平均孔隙度。

不同等级的水层厚度和孔隙度存在一定关系，最低水层厚度 50m，对应孔隙度 5%；中等水层厚度 100m，对应孔隙度 20%；最高水层厚度 300m，一般对应水层厚度 30%。因为无法获取全球所有水层厚度，本次估算全球深部咸水层 CO_2 理论封存量选取级别为中等。水层厚度取 100m，孔隙度取 20%。再利用通过 GIS 获取的全球沉积盆地面积。计算出全球各个沉积盆地理论封存量。全球主要国家深部咸水层 CO_2 理论封存潜力分布见表 9-3。

表 9-3　全球主要国家深部咸水层 CO_2 理论封存潜力

编号	国家	盆地个数	封存潜力/亿 t CO_2	编号	国家	盆地个数	封存潜力/亿 t CO_2
1	洪都拉斯	1	110.71	33	阿塞拜疆	3	285.55
2	特立尼达	1	98.31	34	格鲁吉亚	3	215.02
3	贝克岛	1	51.26	35	以色列	3	120.20
4	孟加拉	1	138.41	36	津巴布韦	3	811.17
5	斯里兰卡	1	55.39	37	安哥拉	3	1163.24
6	波斯尼亚	1	106.06	38	玻利维亚	4	359.62
7	直布罗陀	1	81.93	39	马来西亚	4	221.59
8	马其顿	1	34.43	40	纳米比亚	4	997.83
9	黑山共和国	1	34.43	41	约旦	4	297.75
10	亚美尼亚	1	25.84	42	乌拉圭	5	1192.14
11	科威特	1	103.92	43	南非	5	961.72
12	卡塔尔	1	224.80	44	巴基斯坦	5	601.11
13	阿联酋	1	224.80	45	尼日利亚	5	796.21
14	肯尼亚	1	81.40	46	吉尔吉斯斯坦	5	276.87
15	坦桑尼亚	1	81.40	47	苏丹	5	1159.22
16	摩尔多瓦	1	78.66	48	印度	6	716.79
17	刚果	1	532.09	49	阿曼	6	475.57
18	古巴	1	84.11	50	土库曼斯坦	6	570.26
19	萨尔瓦多	2	215.44	51	喀麦隆	6	1671.17
20	危地马拉	2	215.44	52	新西兰	7	498.33
21	尼加拉瓜	2	215.44	53	委内瑞拉	7	301.13
22	巴拿马	2	215.44	54	菲律宾	7	299.29
23	哥伦比亚	2	305.39	55	越南	7	197.82
24	博茨瓦纳	2	583.32	56	蒙古国	7	189.51
25	瑞士	2	64.11	57	乌克兰	7	393.61
26	塞尔维亚	2	184.73	58	厄瓜多尔	8	364.25
27	伊拉克	2	132.15	59	伊朗	8	914.29
28	叙利亚	2	97.49	60	沙特阿拉伯	8	653.42
29	土耳其	2	321.13	61	利比亚	8	1177.46
30	白俄罗斯	2	67.33	62	乌兹别克斯坦	9	677.45
31	突尼斯	2	208.84	63	埃及	9	929.98
32	泰国	3	123.74	64	摩洛哥	9	532.88

续表

编号	国家	盆地个数	封存潜力/亿 t CO_2	编号	国家	盆地个数	封存潜力/亿 t CO_2
65	阿尔及利亚	10	1827.24	74	印度尼西亚	20	763.09
66	也门	11	734.06	75	中国	20	21845.29
67	日本	11	394.63	76	加拿大	25	3903.92
68	哥斯达黎加	12	905.50	77	巴西	28	3030.87
69	智利	14	526.96	78	欧盟	29	1945.60
70	墨西哥	16	448.55	79	澳大利亚	33	2419.34
71	哈萨克斯坦	16	2816.93	80	美国	39	2598.63
72	阿根廷	17	1683.09	81	俄罗斯	50	5918.90
73	秘鲁	17	864.18				

注：跨国家盆地，盆地所包含的所有国家假设均拥有该盆地的封存潜力。

9.3　全球源汇匹配

本节所建立的以最低总成本为优化目标的源汇匹配模型，旨在解决全球 CCS 技术优化布局问题。利用源汇匹配模型得出，完成 2℃温控目标，全球运输与封存环节需要的最低成本。并给出主要国家在源汇匹配中，CO_2 捕集区与封存区之间的运输流向。

9.3.1　源汇匹配模型

CCS 源汇匹配实质是 CO_2 运输规划问题。实际问题简化为数学模型需要一些假设条件。本模型中，假设所捕集的 CO_2 全部由管道运输，且无损失；可以单个源与单个汇相连，多个源与单个汇相连，也可以实现单个源与多个汇相连；管道建设不能跨越国界；管道直径相同。详细的模型包括目标函数与约束条件两个部分。其中，目标函数如式(9-11)所示，总的运输与封存成本最小。

目标函数为

$$\begin{cases} \min f = \sum_{i=1}^{n}\sum_{j=1}^{m}\left[\left(C_j^{\mathrm{s}} - C_j^{\mathrm{b}} + \boldsymbol{L}_{ij}\right)\times \boldsymbol{X}_{ij}\right] \\ \boldsymbol{T}_{ij} = 0.0435\boldsymbol{d}_{ij} - 1.1803 \end{cases} \tag{9-11}$$

式中，f 为总成本；i 为碳排放源；j 为 CO_2 封存地；C_j^{s} 为封存成本；C_j^{b} 为驱油收益；$\boldsymbol{L}_{ij}$ 为碳源与碳汇之间距离矩阵；$\boldsymbol{X}_{ij}$ 为 i 向 j 运输的 CO_2 量；$\boldsymbol{T}_{ij}$ 为 i 向 j 运输的运输成本；$\boldsymbol{d}_{ij}$ 为 i 向 j 运输的运输距离。

约束条件如式(9-12)所示，包含捕集量与运输量守恒，运输到一个盆地的所有 CO_2 量小于等于所在盆地的 CO_2 封存潜力，总运输量小于总封存潜力：

$$\begin{cases} \sum_{j=1}^{m} X_{ij} = \eta E_i \\ \sum_{i=1}^{n} X_{ij} \leqslant PQ_j \quad , \quad X_{ij} \geqslant 0,\ i \in [1,n],\ j \in [1,m] \\ \sum_{i=1}^{m} \eta E_i \leqslant \sum_{j=1}^{m} PQ_j \end{cases} \tag{9-12}$$

式中，X_{ij} 为运输量；η 为捕集率；P 为封存效率；Q_j 为封存地的有效封存量；E_i 为排放源排放量。

9.3.2　源汇匹配结果

IEA 指出，为实现 2℃温控目标，全球 2013～2050 年共计需要捕集 CO_2 约 920 亿 t。由源汇匹配结果可得，需要 85 个国家参与 CO_2 捕集与封存。从不同国家 CO_2 封存潜力来看，有 75 个国家仅用了不到本国 CO_2 封存潜力的 1%即可完成 CO_2 封存任务。日本是 CO_2 封存量占本国封存潜力比例最高的国家，约为 10%；其次是美国，约为 8%。中国因为深部咸水层封存潜力较大，总封存潜力的 2%即可完成总的封存任务。在全球 920 亿 t 减排量中，近 90%的 CO_2 需要在中国、美国与印度等 12 个国家以及欧盟完成捕集与封存。中国将是全球 CO_2 封存量最大国家，累积封存量约 286 亿 t，美国需要封存的 CO_2 量仅次于中国，约 258 亿 t。欧盟需要封存 CO_2 量为 81 亿 t。印度、日本需要完成约 40 亿 t 的 CO_2 减排任务。此外，俄罗斯、澳大利亚、加拿大与沙特阿拉伯等国家也需要完成 15 亿 t 以上的封存 CO_2 量。

从运输距离来看，约 43%的 CO_2 可在 300km 以内找到适宜的封存盆地。约 67%的 CO_2 捕集量可以在 500km 以内匹配到合适封存盆地。运输距离大于 1200km 的比例约 7%。这种运输距离超过 1200km 的国家主要包括美国、加拿大、澳大利亚与俄罗斯等国家，这些国家一方面有较为丰富的油气资源，另一方面需要封存的 CO_2 量较高，这样会使得一部分 CO_2 通过长距离运输用于 EOR 项目，从而通过 CO_2-EOR 获得一部分收益，这部分收益可以弥补一部分运输与封存成本，从而使总的成本降低。

具体来看，在亚洲国家中，中国、日本、印度与澳大利亚 4 个国家的 CO_2 可以在 300km 匹配到合适封存地的比例分别占 56%、66%、20%与 34%。其中，中国的大规模 CO_2 捕集区主要集中在东部区域，而 CO_2 封存地却集中在中国的中部与西部地区，反映出中国 CO_2 排放源与封存盆地之间存在分布不匹配现象。欧美主要实施 CCS 的国家与组织，从源汇匹配结果来看，美国、加拿大、欧盟与俄罗斯 4 个国家与组织所捕集的 CO_2 可以在 300km 匹配到适宜的封存地的比例分别占 31%、51%、34%与 24%。在源汇匹配结果中发现欧盟的网络设施更加纵横交错，这意味着在欧盟部署 CCS 需要多国的合作。与欧盟相似，美国同样需要建设更多跨区域 CO_2 运输管道，以实现 CO_2 最佳源汇匹配。

从封存方式来看，不同国家利用 CO_2-EOR 进行封存的 CO_2 量差异明显。俄罗斯、沙特阿拉伯与伊朗因为油气资源丰富，可以通过 CO_2 驱油完成减排任务，不需要实施深部咸水层封存。加拿大与欧盟约 80%的 CO_2 捕集量可以通过 CO_2-EOR 实现封存。尽管美国需要封存的 CO_2 量超过 250 亿 t，但依旧有 22%的 CO_2 可以在油田实现封存。相比其他油气资源封存的国家，中国仅有 3%的 CO_2 可以通过 EOR 实现封存。这是说明中国为实现 2℃温控目标，CO_2 封存主要方式是深部咸水层封存（Wang et al.，2020）。

在全球范围内，到 2050 年，实现全球 920 亿 t 减排量所需的 CCS 总投资成本接近 5.6 万亿美元（按 2019 年不变价计算）。其中，捕集成本占总投入的 89%，约 4.98 万亿美元。在捕集成本中，非电力行业的投资额为 1.74 万亿美元，电力的投资额约 2.71 万亿美元。非电力行业与电力行业单位捕集成本分别为 43.5 美元/t 和 52.1 美元/t。电力行业占总捕集成本的 83%。除捕集成本以外，需要的运输与封存成本约 1.15 万亿美元。由图 9-8 可知，到 2050 年，有 8 个国家或者组织在 CO_2 运输与封存环节可以通过 CO_2-EOR 获得收益。这是因为这 8 个国家或组织所需要捕集 CO_2 量较小，且油气资源较为丰富。与之相反，中国、美国与日本在运输与封存阶段需要的投入较高，分别为 5720 亿美元、4640 亿美元与 786 亿美元，其他国家累计投资成本见图 9-3。

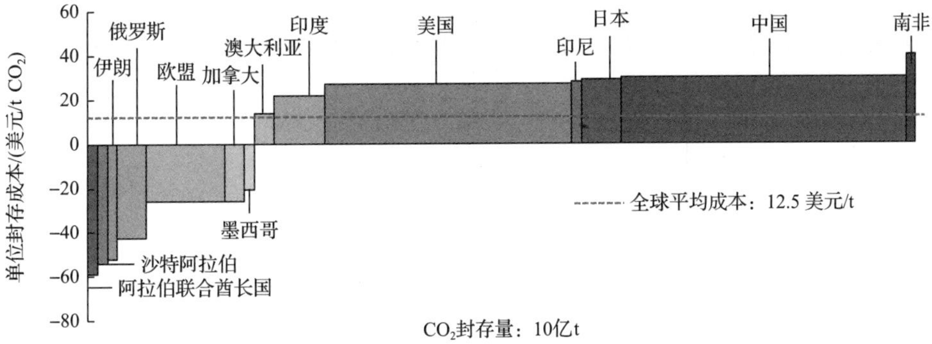

图 9-3　到 2050 年，全球主要地区的 CO_2 运输和存储的存储成本曲线

9.4　中国 CCS 项目布局

相比于全球 CCS 项目布局规划，本节聚焦于 IEA 路线图中 2℃温控目标下中国的 CCS 项目［减排规模为 260 亿 t（IEA，2016）］经济最优部署路径。

9.4.1　中国大型排放源

本节对中国在运营的 9 类 1229 个大型排放源［排放规模大于 10 万 t/a（IPCC，2005）］CO_2 排放规模进行了核算，并基于 Google 地图对其坐标定位。1229 个大型排放源 CO_2 排放总规模为 34.45 亿 t/a，其中燃煤电厂 513 座，CO_2 排放规模 19.32 亿 t/a；水泥厂 396 座，CO_2 排放规模 6.78 亿 t/a；钢铁厂 46 座，CO_2 排放规模 4.60 亿 t/a；合成氨厂 142 座，CO_2 排放规模 1.37 亿 t/a；石油精炼厂 81 座，CO_2 排放规模 1.06 亿 t/a；煤制烯烃厂 21 座，CO_2 排放规模 0.84 亿 t/a；煤制油厂 12 座，CO_2 排放规模 0.33 亿 t/a；煤制气厂 4 座，CO_2 排放规模 0.10 亿 t/a；煤制乙二醇厂 14 座，CO_2 排放规模 0.05 亿 t/a，如图 9-4 所示。

9.4.2　中国备选 CO_2 封存盆地

本书在已有研究的结果[中国陆上和海上理论可实施 CO_2 封存的封存盆地及其理论封存能力(Dahowski et al.，2009)]基础上，剔除煤田、海上封存盆地及人口集中区域，以进一步提高中国 CO_2 封存的安全性和可操作性。

限于中国人口分布特征，中国备选 CO_2 封存盆地集中在西北和东北地区。备选咸水层盆地有鄂尔多斯盆地、二连盆地、海拉尔盆地、松辽盆地、柴塔木盆地、吐鲁番-哈密盆地、准格尔盆地、塔里木盆地、三江盆地，共 9 个，总封存能力为 13834 亿 t。备选油田有鄂尔多斯油田、二连油田、松辽油田、酒西-酒东-花海油田、柴塔木油田、吐鲁番-哈密油田、准格尔油田、塔里木油田，共 8 个，总封存能力为 14.59 亿 t。备选天然气田有鄂尔多斯天然气田、松辽天然气田、酒西-酒东-花海天然气田、柴塔木天然气田、吐鲁番-哈密天然气田、焉耆天然气田、准格尔天然气田、塔里木天然气田，共 8 个，总封存能力为 19.20 亿 t，如表 9-4 所示。

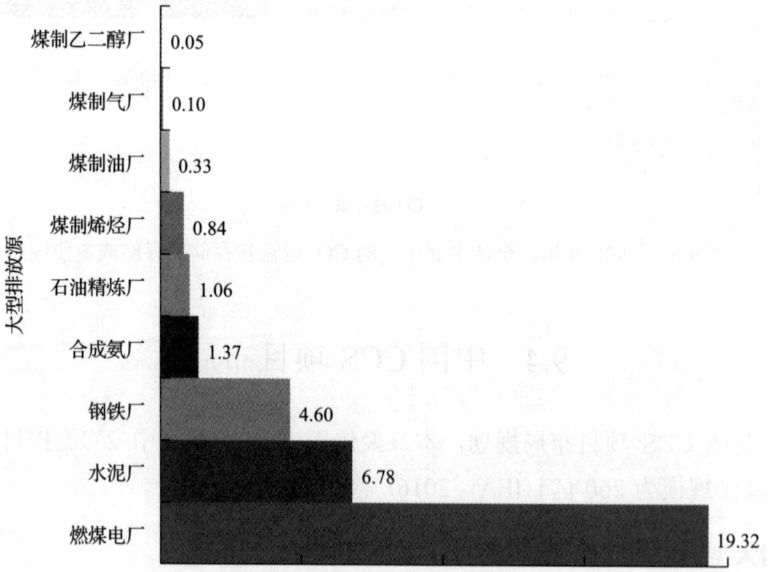

图 9-4　中国 9 类 1229 个排放源的年排放规模

表 9-4　中国备选 CO_2 封存盆地及封存潜力

类别	盆地	封存潜力/亿 t
咸水层盆地	塔里木盆地	6995
	准格尔盆地	1805
	鄂尔多斯盆地	1735
	松辽盆地	1243
	二连盆地	842
	吐鲁番-哈密盆地	519
	三江盆地	339
	柴塔木盆地	214
	海拉尔盆地	142
油田	松辽油田	7.30
	鄂尔多斯油田	2.51
	准格尔油田	1.78
	吐鲁番-哈密油田	1.12
	柴塔木油田	0.81
	塔里木油田	0.63
	二连油田	0.30
	酒西-酒东-花海油田	0.14
天然气田	鄂尔多斯天然气田	5.50
	塔里木天然气田	5.40
	柴塔木天然气田	3.50
	松辽天然气田	2.46
	酒西-酒东-花海天然气田	0.98
	准格尔天然气田	0.90
	吐鲁番-哈密天然气田	0.33
	焉耆天然气田	0.13

9.4.3　中国 CCS 项目布局

1229 个 CCS 项目可实现 29.58 亿 t/a 的 CO_2 减排。最优经济部署路径的 1229 个 CCS 项目成本曲线具有显著的“陡增—平缓—再陡增”的变化趋势，如图 9-5 所示。中国有 22 个 CCS 项目可实现盈利，累计捕集与封存规模为 2607 万 t/a，最大盈利项目的盈利水平为 56.45 美元/t，平均盈利水平 36.03 美元/t。毫无疑问，之所以盈利是因为这些项目皆为油田封存项目。56 个 CCS 项目可实现低成本(0～50 美元/t)实施，平均成本 23.52 美元/t，可实现累计捕集与封存量 1.1774 亿 t/a；中等水平成本(50～100 美元/t)可实现的 CCS 项目 384 个，平均成本 79.94 美元/t，可实现累计捕集与封存量 13.7059 亿 t/a；较高水平成本(100～150 美元/t)可实现 CCS 项目 384 个，平均成本 120.58 美元/t，可实现累计捕集与封存量 9.6736 亿 t/a；高成本(150～200 美元/t)可实现 CCS 项目 178 个，平均成本 171.04 美元/t，可实现累计捕集与封存量 2.7857 亿 t/a；极高成本(高于 200 美元/t)可实现 CCS 项目 205 个，平均成本 243.38 美元/t，可实现累计捕集与封存量 1.9806 亿 t/a。

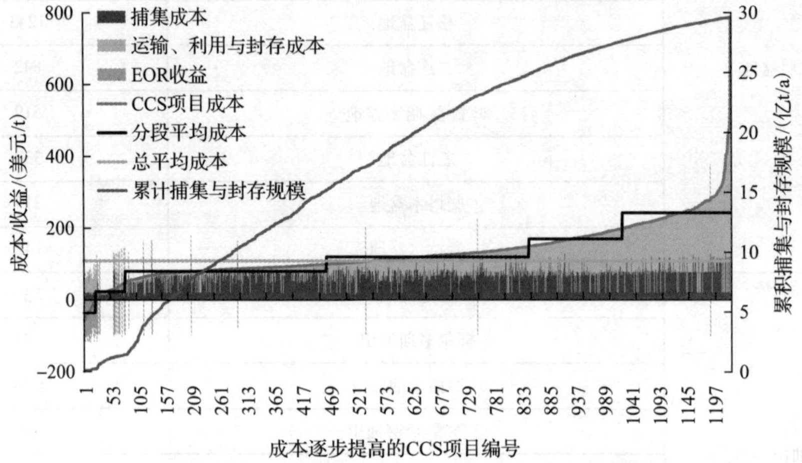

图 9-5　CCS 项目成本曲线及累计捕集与封存规模

为实现全球 2℃温控目标，IEA(2016)指出中国 2015～2050 年需要累计贡献减排量 260 亿 t，2030 年的年减排量需要达到 4 亿 t/a，2040 年的年减排量需要达到 12 亿 t/a，2050 年的年减排量需要达到 17 亿 t/a。

(1)2030 年贡献。中国 2030 年 CCS 项目减排量为 4.04 亿 t/a，基于最低成本实现减排的视角考虑，中国需要实施 119 个 CCS 项目，成本最高为 65.45 美元/t。排放源中有燃煤电厂 21 座、水泥厂 7 座、钢铁厂 7 座、合成氨厂 47 座、石油精炼厂 1 座、煤制烯烃厂 17 座、煤制油厂 10 座、煤制气厂 4 座、煤制乙二醇厂 5 座，贡献减排量占比分别为 36.04%、2.68%、26.80%、7.68%、0.12%、16.97%、7.14%、2.15%和 0.42%。此时，咸水层盆地为主要封存盆地，其封存量占比为 81.84%，油田封存量仅贡献 15.96%。具体来说，排放源主要集中在陕西、山西、新疆和内蒙古等地区；封存盆地中油田主要为鄂尔多斯油田和松辽油田，咸水层盆地为鄂尔多斯盆地。

(2)2040 年贡献。此处仅分析完成 2040 年相比 2030 年增加的减排贡献的 CCS 项目。从成本最优化角度考虑，需要在 2030 年的基础上增加减排规模 8.05 亿 t/a，项目 240 个，成本最高为 91.46 美元/t。排放源中有燃煤电厂 126 座、水泥厂 68 座、钢铁厂 17 座、合成氨厂 23 座、石油精炼厂 3 座、煤制烯烃厂 1 座、煤制油厂 1 座、煤制乙二醇厂 1 座，贡献减排量占比分别为 65.21%、17.11%、15.26%、2.04%、0.14%、0.13%、0.05%、0.06%。CO_2 封存盆地更加向深部咸水层集中，封存规模占比为 97.28%。具体来说，排放源主要集中在陕西、陕西、宁夏、新疆、河南、河北、内蒙古和辽宁等省(区)；封存盆地主要为鄂尔多斯盆地。

(3) 2050 年贡献。此处同样仅分析完成 2050 年相比 2040 年增加的减排贡献的 CCS 项目。从成本最优化角度考虑，需要 2040 年的基础上增加减排规模 4.92 亿 t/a，项目 170 个，成本最高为 106.64 美元/t。排放源中有燃煤电厂 109 座、水泥厂 32 座、钢铁厂 15 座、合成氨厂 11 座、煤制烯烃厂 2 座、煤制乙二醇厂 1 座，贡献减排量占比分别为 70.12%、11.00%、16.49%、1.40%、0.94%、0.05%。另外，CO_2 全部封存至咸水层盆地。具体来说，排放源主要集中在陕西、陕西、宁夏、河南、河北和辽宁等省；封存盆地主要为鄂尔多斯盆地。

综上所述，完成 2℃温控目标下的中国 CCS 技术减排贡献(260 亿 t)，需实施 CCS 项目 529 项，全流程平均成本 76.77 美元/t，总全流程成本 2 万亿美元，其中，总捕集成本为 1.47 万亿美元。

9.5 本章小结

到目前为止，如何进行 CCS 布局来完成全球和中国 CCS 技术减排贡献仍没有明确答案。本章基于全球排放源与封存盆地、中国项目级排放源与剔除煤田、海上封存盆地，以及人口集中区域的封存盆地数据，对全球和中国的 CCS 布局进行了规划。

在全球 920 亿 t 减排量中，近 90%需由中国、美国与印度等 12 个国家以及欧盟完成。中国将是全球 CCS 技术减排规模最大的国家，累计约 286 亿 t。美国 CO_2 捕集与封存量仅次于中国，约 258 亿 t，欧盟需要捕集与封存 CO_2 量为 81 亿 t。从运输距离来看，全球约 43%的 CO_2 运输距离低于 300km，约 67%的 CO_2 运输距离低于 500km，约 93%的 CO_2 运输距离低于 1200km。

在全球范围内，到 2050 年，实现全球 920 亿 t CO_2 减排，总捕集成本约 4.45 万亿美元，总全流程成本约为 5.6 万亿美元。对于中国来说，完成 2℃温控目标下的中国 CCS 技术减排贡献，需实施 CCS 项目 529 项，总捕集成本为 1.47 万亿美元，总全流程成本 2 万亿美元。

参考文献

财政部. 2014a. 关于提高石油特别收益金起征点的通知[EB/OL]. [2018-12-26]. http://szs.mof.gov.cn/zhengwuxinxi/zhengcefabu/201412/t20141226_1172974.html.

财政部. 2014b. 关于调整原油、天然气资源税有关政策的通知[EB/OL]. [2018-12-26]. http://www.chinatax.gov.cn/n810341/n810755/c1151105/content.html.

蔡博峰. 2012. 二氧化碳地质封存及其环境监测[J]. 环境经济, (8): 44-49.

陈征澳, 李琦, 张贤. 2013. 欧洲能源复兴计划CCS示范项目实施进展与启示[J].中国人口资源与环境, 23(10): 81-86.

高瑞民. 2013. 延长石油集团节能减排技术实践与挑战[J]. 低碳世界, (1): 54-59.

顾震宇. 2010. 基于案例分析的区域专利分析方法应用研究[J]. 情报杂志, 29(8): 40-44.

国家发改委. 2014a. 中美气候变化联合声明[EB/OL]. [2018-09-11]. http://qhs.ndrc.gov.cn/gzdt/201402/t20140217_579269.html.

国家发改委. 2014b. 国家应对气候变化规划(2014～2020年)(发改气候〔2014〕2347号)[EB/OL]. [2019-9-25]. http://www.ndrc.gov.cn/gzdt/201411/t20141104_643314.html.

国家发改委. 2016. 中美元首气候变化联合声明[EB/OL]. [2018-10-13]. http://www.ndrc.gov.cn/gzdt/201604/t20160401_797241.html.

国家发改委. 2017. 气候司与亚行签署碳捕集利用与封存项目合作备忘录[EB/OL]. [2019-04-11]. http://www.ndrc.gov.cn/gzdt/201706/t20170607_850146.html.

国家知识产权局. 2008. 同族专利[EB/OL]. [2017-09-13]. http://www.sipo.gov.cn/wxfw/zlwxxxggfw/zsyd/zlwxjczs/zlwxjczs_zlwxymcjs/1053672.htm.

国务院. 2016. "十三五"国家科技创新规划(国发〔2016〕43号)[EB/OL]. [2019-9-25]. http://www.gov.cn/zhengce/content/2016-08/08/content_5098072.htm.

何国家, 师自平, 张大鹏. 2004. 美国对煤炭洁净利用的研究[J]. 中国煤炭, (6): 58-59.

何璇, 黄莹, 廖翠萍. 2014. 国外CCS政策法规体系的形成及对我国的启示[J]. 新能源进展, (2): 157-163.

教育部科技司. 2016. 二氧化碳捕集、利用与封存环境风险评估技术指南(试行)[S]. http://www.moe.gov.cn/s78/A16/s8213/A16_sjhj/201606/W020160628578855014231.pdf.

靳敏. 2013. 加拿大生态能效创新计划(ecoENERGY)及其实施机制分析[C]//中华环保联合会.第九届环境与发展论坛论文集. 北京: 中华环保联合会.

科技部. 2013. "十二五"国家碳捕集利用与封存科技发展专项规划[EB/OL]. [2018-07-29]. http://www.most.gov.cn/mostinfo/xinxifenlei/fgzc/gfxwj/gfxwj2013/201303/t20130315_100225.htm.

李春田. 2014. 标准化概论[M]. 北京: 中国人民大学出版社.

李琦, 魏亚妮, 刘桂臻. 2013. 中国沉积盆地深部CO_2地质封存联合咸水开采容量评估[J]. 南水北调与水利科技, 11(4): 93-96.

李政, 许兆峰, 张东杰, 等. 2012. 中国实施CO_2捕集与封存的参考意见[M]. 北京: 清华大学出版社.

刘建武. 2014. 二氧化碳输送管道工程设计的关键问题[J]. 油气储运, 33(4): 369-373.

马志宏, 郭勇义, 吴世跃. 2001. 注入二氧化碳及氮气驱替煤层气机理的实验研究[J]. 太原理工大学学报, 32(4): 335-338.

潘家华. 2012. "地球工程"作为减缓气候变化手段的几个关键问题[J]. 中国人口资源与环境, 22(5): 22-26.

秦积舜, 韩海水, 刘晓蕾. 2015. 美国CO_2驱油技术应用及启示[J]. 石油勘探与开发, 42(2): 209-216.

邱洪华, 陈娟. 基于PEST模型的美国CCS技术环境研究[J]. 情报杂志, 2014, 33(10): 115-122.

沙建超, 赵蕴华, 郑佳. 2013. 全球医用CT技术的专利计量研究[J]. CT理论与应用研究, 22(2): 385-394.

陕西省人民政府. 2018. 陕西省水资源税改革试点实施办法[EB/OL]. [2019-02-16]. http://www.shaanxi.gov.cn/zfgb/105639.htm.

陕西省物价局. 2018. 关于调整榆林电网电力价格的通知[EB/OL]. [2019-03-02]. http://www.snprice.gov.cn/newstyle/pub_newsshow.asp?id=1014128&chid=100022.

陕西延长石油(集团)有限责任公司. 2015. 延长石油 CO_2 捕集项目[EB/OL]. [2019-01-02]. http://ccus.sxycpc.com/info/1088/2795.htm.

陕西延长石油(集团)有限责任公司. 2018a. 靖边 CO_2 驱油与埋存项目[EB/OL]. [2019-01-02]. http://ccus.sxycpc.com/info/1084/2775.htm.

陕西延长石油(集团)有限责任公司. 2018b. 吴起 CO_2-EOR 与埋存先导试验区[EB/OL]. [2019-01-02]. http://ccus.sxycpc.com/info/1085/2792.htm.

陕西延长中煤榆林能源化工有限公司. 2014. 陕西延长中煤榆林能源化工有限公司靖边能化园区煤油气资源综合利用一期启动项目填平补齐工程公众参与公示[EB/OL]. [2018-10-26]. http://ylnh.sxycpc.com/info/1216/3642.htm.

沈平平, 廖新伟. 2009. 二氧化碳地质埋存与提高石油采收率技术[M]. 北京: 石油工业出版社.

宋婧, 杨晓亮. 2016. 国际 CCS 法律监管框架对中国的借鉴与启示[R]. 北京: 世界资源研究所.

孙亮, 陈文颖. 2012. CO_2 地质封存选址标准研究[J]. 生态经济, (7): 33-38.

王润. 2008. 洁净煤的未来之路[J]. 世界科学, (4): 14-15.

王文珍, 张生琦, 倪炳华, 等. 2013. CO_2 的绿色利用技术研究进展[J]. 化工进展, (6): 216-223.

魏一鸣, 童光煦. 1995. 人工智能在矿业中应用的过去现在和未来[J]. 中国钼业, 19(1): 36-39.

魏一鸣, 王晋伟, 廖华, 等. 2018. 一种碳捕获与封存技术路线图生成方法及系统: CN108932351A[P].

吴秀章. 2013. 中国二氧化碳捕集与地质封存首次规模化探索[M]. 北京: 科学出版社.

肖钢, 马丽, Wentao Xiao. 2016. 还碳于地球——碳捕获与封存[M]. 北京: 高等教育出版社.

辛源. 2016. 地球工程的研究进展简介与展望[J]. 气象科技进展, (4): 30-36.

宣亚雷. 2013. 二氧化碳捕获与封存技术应用项目风险评价研究[D]. 大连: 大连理工大学.

亚洲开发银行. 2015. 中国碳捕集与封存示范和推广路线图研究[R]. 曼达卢永: 亚洲开发银行.

张二勇, 李旭峰, 何锦, 等. 2009. 地下咸水层封存 CO_2 的关键技术研究[J]. 地下水, 31(3): 15-19.

张桦, 曾海, 黎萍. 2004. 采矿权评估贴现现金流量法探讨[J]. 中国矿业, 13(3): 17-21.

张夕勇. 2006. 不确定条件下汽车企业投资评价模型研究——基于产品生命周期的实物期权应用研究[D]. 北京: 北京交通大学.

赵兴雷, 李小春, 陈茂山. 2017. 陆相低渗透咸水层 CO_2 封存关键技术与应用[M]. 北京: 化学工业出版社.

中国 21 世纪议程管理中心. 2011. 中国碳捕集、利用与封存(CCUS)技术进展报告[R]. 北京.

中国 21 世纪议程管理中心. 2016. 全球 CCUS 及其重要技术知识产权分析[M]. 北京: 科学出版社.

中国水网. 2017. 陕西西安水价[DB/OL]. [2019-02-26]. http://www.h2o-china.com/price/view?townid=434&ayear=2017.

中国政府网. 2014. 超临界二氧化碳强化页岩气高效开发基础项目启动[EB/OL]. [2018-07-22]. http://www.gov.cn/xinwen/2014-02/24/content_2623382.htm.

仲平, 彭斯震, 张九天, 等. 2012. 发达国家碳捕集、利用与封存技术及其启示[J]. 中国人口资源与环境, 22(4): 25-28.

周洪, 魏凤, 李小春, 等. 2014. CCS 工程实施利益相关方间关联性及法规剖析[J]. 科技管理研究, (18): 206-212.

Abrahamson N, Atkinson G, Boore D, et al. 2008. Comparisons of the NGA ground-motion relations[J]. Earthquake Spectra, 24(1): 554-557.

Ahlbr T S, Klett T R. 2000. USGS world petroleum assessment 2000: New conventional provinces[C]//16th World Petroleum Congress, Calgary.

Ahn J, Song M. 2007. Convergence of the trinomial tree method for pricing European/American options[J]. Applied Mathematics and Computation, 189: 575-582.

Akinnikawe O, Chaudhary A, Vasquez O, et al. 2013. Increasing CO_2 storage efficiency through a CO_2 brine-displacement approach[J]. SPE Journal, 18(4): 743-751.

Aminu M D, Nabavi S A, Rochelle C A, et al. 2017. A review of developments in carbon dioxide storage[J]. Applied Energy, 208: 1389-1419.

Aplin A C, Fleet A J, Macquaker J H S. 1999. Muds and mudstones: Physical and fluid flow properties[J]. Geological Society London Special Publications, 158(1): 1-8.

Aspelund A, Molnvik M J, Dekoeijer G. 2006. Ship Transport of CO_2 technical solutions and analysis of costs, energy utilization, exergy efficiency and CO_2 emissions[J]. Chemical Engineering Research and Design, 84 (9) :847-855.

Atkinson G M. 2015. Ground-Motion prediction equation for small-to-moderate events at short hypocentral distances, with application to induced-seismicity hazards[J]. Bulletin of the Seismological Society of America, 105 (2A) : 981-992.

Bacanskas L, Karimjee A, Ritter K. 2009. Toward practical application of the vulnerability evaluation framework for geological sequestration of carbon dioxide[J]. Energy Procedia, 1 (1) : 2565-2572.

Bachu S, Bonijoly D, Bradshaw J, et al. 2007. Phase II, final report from the task force for review and identification of standards for CO_2 storage capacity estimation[C]//Carbon Sequestration Leadership Forum, Washington.

Bai M, Sun J, Song K, et al. 2015. Well completion and integrity evaluation for CO_2 injection wells[J]. Renewable and Sustainable Energy Reviews, 45: 556-564.

Balajewicz M, Toivanen J. 2017. Reduced order models for pricing European and American options under stochastic volatility and jump-diffusion models[J]. Journal of Computational Science, 20: 198-204.

Belter C W, Seidel D J. 2013. A bibliometric analysis of climate engineering research[J]. Wiley Interdisciplinary Reviews: Climate Change, (4) : 417-427.

Bisio A, Kabel R L. 1985. Scaleup of Chemical Processes[M]. New York: John Wiley & Sons Inc.

Bock B, Rhudy R, Herzog H, et al. 2003. Economic evaluation of CO_2 storage and sink enhancement options[R]. Virginia: TVA Public Power Institute.

Boodlal D, Alexander D. 2014. The impact of the clean development mechanism and enhanced oil recovery on the economics of carbon capture and geological storage for Trinidad and Tobago[J]. Energy Procedia, 63: 6420-6427.

Boothandford M E, Abanades J C, Anthony E J, et al. 2013. Carbon capture and storage update[J]. Energy & Environmental Science, 7 (11) : 130-189.

Broek M V D, Hoefnagels R, Rubin E, et al. 2009. Effects of technological learning on future cost and performance of power plants with CO_2 capture[J]. Progress in Energy and Combustion Science, 35 (6) : 457-480.

Brown D W. 2000. A hot dry rock geothermal energy concept utilizing supercritical CO_2 instead of water[C]//Proceedings of the Twenty-Fifth Workshop on Geothermal Reservoir Engineering. Stanford: Stanford University.

Brufatto C, Cochran J, Power L C D, et al. 2003. From mud to cement-building gas wells[J]. Oilfield Review, 1593: 62-76.

Bui M, Adjiman C S, Bardow A, et al. 2018. Carbon capture and storage (CCS): The way forward[J]. Energy & Environmental Science, 11 (5) : 1062-1176.

Buscheck T A, Bielicki J M, White J A, et al. 2016. Pre-injection brine production in CO_2 storage reservoirs: An approach to augment the development, operation, and performance of CCS while generating water[J]. International Journal of Greenhouse Gas Control, 54: 499-512.

Cai B, Li Q, Liu G, et al. 2017. Environmental concern-based site screening of carbon dioxide geological storage in China[J]. Scientific Reports, 7 (1) : 7598.

Cappa F, Rutqvist J. 2012. Seismic rupture and ground accelerations induced by injection in the shallow crust[J]. Geophysical Journal International, 190 (3) : 1784-1789.

Carbon Capture and Storage Information Center. 2016. The role of carbon market in promoting carbon capture, utilisation and storage in China[EB/OL]. [2017-09-28]. http://www.captureready.com/EN/Channels/News/showDetail.asp?objID=4696&isNew.

Celia M A, Bachu S, Nordbotten J M, et al. 2005. Quantitative estimation of CO_2 leakage from geological storage analytical models, numerical models and data needs[J]. Greenhouse Gas Control Technologies, 1: 663-671.

Chalmers H, Gibbins J. 2006. Potential for synergy between renewables and carbon capture and storage[J]. Innovation for Sustainable Electricity Systems, 36 (12) : 4317-4322.

Chemical Engineering Essentials for the CPI Professional. 2019. The chemical engineering plant cost index[EB/OL]. [2019-01-16]. https://www. chemengonline.com/pci-home.

Chen H, Wang C, Ye M. 2016. An uncertainty analysis of subsidy for carbon capture and storage (CCS) retrofitting investment in China's coal power plants using a real-options approach[J]. Journal of Cleaner Production, 137: 200-212.

Chesbrough H. 2010. Business model innovation: Opportunities and barriers[J]. Long Range Planning, 43 (2): 354-363.

Choptiany J. 2012. A multi-criteria decision analysis and risk assessment model for carbon capture and storage[D]. Halifax: Dalhousie University.

Chu H, Ran L, Zhang R. 2016. Evaluating CCS investment of China by a novel real option-based model[J]. Mathematical Problems in Engineering: 1-15.

CO_2CARE (CO_2 Site Closure Assessment Research). 2013. CO_2 site closure assessment research: Best practice guidelines[R]. [2019-05-25]. http://nora.nerc.ac.uk/id/eprint/512805/1/D5%204_%20Best%20Practice%20guidelines-PU.pdf.

Craik A N, Burns W. 2016. Climate engineering under the Paris Agreement: A legal and policy primer[R]. [2019-8-16]. https://www.cigionline.org/sites/default/files/documents/GeoEngineering%20Primer%20-%20Special%20Report.pdf.

Crow W, Carey J W, Gasda S, et al. 2010. Wellbore integrity analysis of a natural CO_2 producer[J]. International Journal of Greenhouse Gas Control, 4 (2): 186-197.

CSLF (Carbon Sequestration Leadership Forum). 2007. Phase II final report from the task force for review and identification of Standards for CO_2 Storage Capacity Estimation[R]. Washington: Carbon Sequestration Leadership Forum.

CSLF (Carbon Sequestration Leadership Forum). 2017. CSLF Technology Roadmap 2017[R]. Washington: Carbon Sequestration Leadership Forum.

Cui H, Zhao T, Wu R. 2018. An investment feasibility analysis of CCS retrofit based on a two-stage compound real options model[J]. Energies, 11 (7): 1-19.

Dahowski R T, Davidson C L, Li X C, et al. 2012. A $70/t CO_2 greenhouse gas mitigation backstop for China's industrial and electric power sectors: Insights from a comprehensive CCS cost curve[J]. International Journal of Greenhouse Gas Control, 11: 73-85.

Dahowski R T, Li X, Davidson C L, et al. 2009. Regional opportunities for carbon dioxide capture and storage in China: A comprehensive CO_2 storage cost curve and analysis of the potential for large scale carbon dioxide capture and storage in the People's Republic of China[R]. Richland, USA: Pacific Northwest National Laboratory.

Davies R J, Almond S, Ward R S, et al. 2014. Oil and gas wells and their integrity: Implications for shale and unconventional resource exploitation[J]. Marine and Petroleum Geology, 56: 239-254.

Davies R J, Almond S, Ward R S, et al. 2015. Reply: Oil and gas wells and their integrity: Implications for shale and unconventional resource exploitation[J]. Marine and Petroleum Geology, 59: 674-675.

Dewhurst D N, Yang Y, Aplin A C. 1999. Permeability and fluid flow in natural mudstones[J]. Geological Society of London, 755 (1):23-43.

DOE/NETL (Department of Energy/National Energy Technology Laboratory). 2009. Monitoring, Verification, and Accounting of CO_2 Stored in Deep Geologic Formations[R]. Department of Energy, Albany: National Energy Technology Laboratory.

DOE/NETL (Department of Energy/National Energy Technology Laboratory). 2013. Advanced carbon dioxide capture R&D program: Technology update[R]. Department of Energy, Albany: National Energy Technology Laboratory.

DOE/NETL (Department of Energy/National Energy Technology Laboratory). 2015. A Review of the CO_2 Pipeline Infrastructure in the USA[R]. Washington: Department of Energy/National Energy Technology Laboratory. [2018-10-22]. https://www.energy.gov/sites/prod/files/2015/04/f22/QER%20Analysis%20-%20A%20Review%20of%20the%20CO2%20Pipeline%20Infrastructure%20in%20the%20U.S_0.pdf.

DOE/NETL (Department of Energy/National Energy Technology Laboratory). 2017a. Site screening, site selection, and site characterization for geologic storage projects[R]. Department of Energy, Albany: National Energy Technology Laboratory.

DOE/NETL (Department of Energy/National Energy Technology Laboratory). 2017b. Best practices: Operations for geologic storage projects, Department of Energy[R]. Albany: National Energy Technology Laboratory.

Doll C N H, Muller J P, Elvidge C D. 2000. Night-time imagery as a tool for global mapping of socioeconomic parameters and greenhouse gas emissions[J]. AMBIO: Journal of the Human Environment, 29(3): 157-163.

Douglas J, Edwards B, Convertito V, et al. 2013. Predicting ground motion from induced earthquakes in geothermal areas[J]. Bulletin of the Seismological Society of America, 103(3): 1875-1897.

EC (European Commission).2017. Finance for installations of innovative renewable energy technology and CCS in the EU[EB/OL]. [2017-07-04]. http://www.ner300.com/.

EDOC. 2017. CEPCI June 2017 Issue[EB/OL]. [2019-01-26]. https://edoc. site/cepci-june-2017-issue-2-pdf-free.html.

EIA (U.S. Energy Information Administration). 2018. Petroleum & Other Liquids[EB/OL]. [2018-12-23]. https://www.eia.gov/dnav/pet/hist/LeafHandler.ashx?n=PET&s=RCLC1&f=A.

Ellsworth W L. 2013. Injection-induced earthquakes[J]. Science, 341 (6142): 1225942.

Elvidge C D, Imhoff M L, Baugh K E, et al. 2001. Night-time lights of the world: 1994-1995[J]. ISPRS Journal of Photogrammetry and Remote Sensing, 56(2): 81-99.

EPA. 2009. Vulnerability evaluation framework for geologic sequestration of carbon dioxide[R]. Technical Support Document.

Esposito R A, Monroe L S, Friedman J S. 2011. Deployment models for commercialized carbon capture and storage[J]. Environmental Science & Technology, 45: 139-146.

Fang G, Tian L, Fu M, et al. 2013. The impacts of carbon tax on energy intensity and economic growth-A dynamic evolution analysis on the case of China[J]. Applied Energy, 110: 17-28.

FERC. 2018. Oil Pipeline Index[EB/OL]. [2019-02-19]. https://www.ferc.gov/industries/oil/gen-info/pipeline-index.asp.

Feron P H M, Hendriks C A. 2006. CO_2 capture process principles and costs[J]. Oil & Gas Science and Technology, 60(3): 451-459.

Folger P. 2016. Recovery act funding for DOE carbon capture and sequestration (CCS) projects[R]. Washington D C: Congressional Research Service.

Forbes S M, Verma P, Curry T E, et al. 2008.Guidelines for carbon dioxide capture, transport and storage[J]. World Resources Institute.

Foxall W, Savy J, Johnson S, et al. 2013. Second Generation Toolset for Calculation of Induced Seismicity Risk Profiles[R]. National Risk Assessment Partnership, US, DOE, National Energy Technology Laboratory.

GCCSI. 2016. The Global Status of CCS: 2016 Summary Report[EB/OL]. Melbourne, Australia: Global CCS Institute. [2018-09-19]. http://hub.globalccsinstitute.com/sites/default/files/publications/201158/global-status-ccs-2016-summary-report.pdf.

GCCSI. 2017. The Global Status of CCS: 2017[EB/OL]. Melbourne, Australia: Global CCS Institute. [2019-09-23]. https://www.globalccsinstitute.com/wp-content/uploads/2018/12/2017-Global-Status-Report.pdf.

GCCSI. 2018. Large-scale CCS facilities[EB/OL]. [2018-10-28]. https://www.globalccsinstitute.com/projects/large-scale-ccs-projects.

Gerstenberger M C, Wiemer S, Jones L M, et al. 2005. Real-time forecasts of tomorrow's earthquakes in California[J]. Nature, 435(7040): 328-331.

Ghosh T, Elvidge C D, Sutton P C, et al. 2010. Creating a global grid of distributed fossil fuel CO_2 emissions from nighttime satellite imagery[J]. Energies, 3(12): 1895-1913.

Global CCS Institute. 2015. [EB/OL]. [2018-11-28]. https://www.globalccsinstitute.com/archive/hub/publications/198673/global-status-ccs-2015-summary_chinese.pdf.

Godet M. 2000. The art of scenarios and strategic planning: Tools and pitfalls[J]. Technological Forecasting and Social Change, 65(1): 3-22.

Goertzallmann B P, Wiemer S. 2013. Geomechanical modeling of induced seismicity source parameters and implications for seismic hazard assessment[J]. Geophysics, 78(1): 25-39.

Goodman A, Hakala A, Bromhal G, et al. 2011. US DOE methodology for the development of geologic storage potential for carbon dioxide at the national and regional scale[J]. International Journal of Greenhouse Gas Control, 5(4): 952-965.

Graves R W, Pitarka A. 2010. Broadband ground-motion simulation using a hybrid approach[J]. Bulletin of the Seismological Society of America, 100(5A): 2095-2123.

Gutierrez M, Øino L E, Nygård R. 2000. Stress-dependent permeability of a de-mineralised fracture in shale[J]. Marine and Petroleum Geology, 17(7): 895-907.

Hammond G P, Akwe S S O, Williams S. 2011. Techno-economic appraisal of fossil-fuelled power generation systems with carbon dioxide capture and storage[J]. Energy, 36: 975-984.

Hawkes C D, Gardner C. 2013. Pressure transient testing for assessment of wellbore integrity in the IEAGHG Weyburn-Midale CO_2 Monitoring and Storage Project[J]. International Journal of Greenhouse Gas Control, 16: 50-61.

Hawkes C D, McLellan P J, Bachu S. 2005. Geomechanical factors affecting geological storage of CO_2 in depleted oil and gas reservoirs[J]. Journal of Canadian Petroleum Technology, 44(10):52-61.

Hendriks C, Graus W, van Bergen F. 2004. Global carbon dioxide storage potential and costs[R]. Ecofys, Utrecht.

Hermanrud C, Bols H. 2002. Leakage from overpressured hydrocarbon reservoirs at Haltenbanken and in the northern North Sea[J]. Norwegian Petroleum Society Special Publications, 11: 221-231.

Herzog H J. 2011. Scaling up carbon dioxide capture and storage: From megatons to gigatons[J]. Energy Economics, 33(4): 597-604.

Herzog H. 2016. Lessons learned from CCS demonstration and large pilot projects[R]. Cambridge: MIT.

Hnottavange-Telleen K. 2013. Common themes in risk evaluation among eight geosequestration projects[J]. Energy Procedia, 37: 2794-2801.

Hull J C. 2015. Options, Futures and other Derivatives[M]. London: Pearson Education Inc.

Hwang H, Reich M, Shinozuka M. 1984. Structural reliability analysis and seismic risk assessment[R]. Brookhaven National Lab., Upton, NY (USA), Columbia University, New York. Department of Civil Engineering and Engineering Mechanics.

IEA. 2008. CO_2 capture and storage: a key carbon abatement option[R]. Paris: IEA.

IEA. 2011. Cost and Performance of Carbon Dioxide Capture from Power Generation[M]. Paris: OECD/IEA.

IEA. 2012. Energy Technology Perspectives 2012[R]. Paris: OECD/IEA.

IEA. 2016. 20 years of carbon capture and storage-Accelerating future deployment[R]. Paris: IEA.

IEA. 2017a. CO_2 Emissions from Fuel Combustion 2017[R]. [2018-09-04]. http://www.iea.org/publications/freepublications/publication/CarbonCaptureandStorageThesolutionfordeepemissionsreductions.pdf.

IEA. 2017b. Energy Technology Perspectives 2017: Catalysing Energy Technology Transformations[R]. Paris: IEA.

IEA. 2018. Commentary: US budget bill may help carbon capture get back on track[EB/OL]. [2019-8-8]. https://www.iea.org/newsroom/news/2018/march/commentary-us-budget-bill-may-help-carbon-capture-get-back-on-track.html.

IEAGHG. 2005. Building the Cost Curves for CO_2 Storage: European Sector[R]. Cheltenham: International Energy Agency Greenhouse Gas Research and Development Programme.

IEAGHG. 2009a. Safety in carbon dioxide capture, transport and storage[R]. Cheltenham: International Energy Agency Greenhouse Gas Research and Development Programme.

IEAGHG. 2009b. A review of the international state of the art in risk assessment guidelines and proposed terminology for use in CO_2 geological storage[R]. Technical Study, Report Number: 2009-TR7.

IEAGHG. 2013. Safety in Carbon Dioxide Capture, Transport and Storage[R]. Cheltenham: IEA Greenhouse Gas R&D Programme.

IEAGHG. 2014. CO_2 Pipeline Infrastructure[R]. [2019-05-25]. https://ieaghg.org/docs/General_Docs/Reports/2013-18.pdf.

IEAGHG. 2015. Carbon capture and storage cluster projects: Review and future opportunities[R]. Report 2015/03. Cheltenham: IEA Greenhouse Gas R&D Programme.

IEC/ISO. 2009. Risk management-Risk assessment techniques: IEC/ISO 31010[S]. Switzerland: International Electrotechnical Commission.

International CCS Knowledge Centre. 2018. The shand CCS feasibility study public report[EB/OL]. [2019-7-29]. https://ccsknowledge.com/pub/documents/publications/Shand%20CCS%20Feasibility%20Study%20Public%20_Full%20Report_NOV2018.pdf.

IPCC. 2002. Proceedings of IPCC Workshop on Carbon Dioxide Capture and Storage Regina[C]//Regina, Geneva: Intergovernmental Panel on Climate Change.

IPCC. 2005. Special Report on Carbon Dioxide Capture and Storage[M]. Cambridge: Cambridge University Press.

IPCC.2014a. Climate Change 2014: Impacts, Adaptation, and Vulnerability[M]. Cambridge: Cambridge University Press.

IPCC. 2014b. Climate Change 2014: Mitigation of Climate Change[M]. Cambridge: Cambridge University Press.

ISO. 2009. Risk management-Principles and guidelines: ISO 31000:2009[S]. Switzerland.

ISO. 2016a. Carbon dioxide capture-Carbon dioxide capture systems, technologies and processes[S]. Switzerland: BSI Standards Publication.

ISO. 2016b. Carbon dioxide capture, transportation and geological storage-Pipeline transportation systems[S]. Switzerland: BSI Standards Publication.

Jakobsen V E, Hauge F, Holm M, et al. 2005. CO_2 for EOR on the Norwegian shelf-A case study Bellona report[R]. Oslo: Bellona.

James S, Chai M, Yukiyo M. 2011. Economic Assessment of Carbon Capture and Storage Technologies: 2011 Update[R]. Sydney: Worley Parsons Services Pty Ltd.

Jasmin K. 2015. Biomass and carbon dioxide capture and storage: A review[J]. International Journal of Greenhouse Gas Control, 40: 401-430.

Jordan A B, Stauffer P H, Harp D, et al. 2015. A response surface model to predict CO_2 and brine leakage along cemented wellbores[J]. International Journal of Greenhouse Gas Control, 33: 27-39.

Kapetaki Z, Scowcroft J. 2017. Overview of carbon capture and storage（CCS）demonstration project business models: Risks and enablers on the two sides of the atlantic[J]. Energy Procedia, 114: 6623-6630.

Kato M, Zhou Y. 2010. A basic study of optimal investment of power sources considering environmental measures: Economic evaluation of CCS through a real options approach[J]. Electrical Engineering in Japan, 174(3): 9-17.

Keith D W. 2000. Geoengineering the climate: History and prospect[J]. Annual review of energy and the environment, 25(1): 245-284.

Kell S. 2011. State Oil and Gas Agency Groundwater Investigations: And Their Role in Advancing Regulatory Reforms; a Two-state Review, Ohio and Texas[M]. Oklahoma: Groundwater Protection Council.

Kennedy R P, Ravindra M K. 1984. Seismic fragilities for nuclear power plant risk studies[J]. Nuclear Engineering & Design, 79(1): 47-68.

Khatib A K, Earlougher R C, Kantar K. 1981. CO_2 injection as an immiscible for enhanced recovery in heavy oil reservoirs[C]//Society of Petroleum Engineers SPE California Regional Meeting, Bakersfield.

Kim S, Hosseini S A. 2014. Above-zone pressure monitoring and geomechanical analyses for a field-scale CO_2 injection project in Cranfield, MS[J]. Greenhouse Gases Science & Technology, 4(1): 81-98.

King G E, King D E. 2013. Environmental risk arising from well-construction failure differences between barrier and well failure, and estimates of failure frequency across common well types, locations, and well age[J]. SPE Production & Operations, 28(4): 323-344.

Koelbl B S, Broek M A V D, Ruijven B J V, et al. 2014. Uncertainty in the deployment of carbon capture and storage（CCS）: A sensitivity analysis to techno-economic parameter uncertainty[J]. International Journal of Greenhouse Gas Control, 27: 81-102.

Korbøl R, Kaddour A. 1995. Sleipner vest CO_2 disposal - injection of removed CO_2 into the utsira formation[J]. Energy Conversion & Management, 36(6): 509-512.

Kwak D H, Kim J K. 2017. Techno-economic evaluation of CO_2 enhanced oil recovery（EOR）with the optimization of CO_2 supply[J]. International Journal of Greenhouse Gas Control, 58: 169-184.

Leeson D, Mac Dowell N, Shah N, et al. 2017. A Techno-economic analysis and systematic review of carbon capture and storage（CCS）applied to the iron and steel, cement, oil refining and pulp and paper industries, as well as other high purity sources[J]. International Journal of Greenhouse Gas Control, 61: 71-84.

Li C, Shi H, Cao Y, et al. 2015. Modeling and optimal operation of carbon capture from the air driven by intermittent and volatile wind power[J]. Energy, 87: 201-211.

Li H, Jiang H D, Yang B, et al. 2019a. An analysis of research hotspots and modeling techniques on carbon capture and storage[J]. Science of Total Environment, 687: 687-701.

Li J Q, Hou Y B, Wang P T, et al. 2018. A Review of Carbon Capture and Storage Project Investment and Operational Decision-Making Based on Bibliometrics[J]. Energies, 12: 1-23.

Li J Q, Mi Z F, Wei Y M, et al. 2019b. Flexible options to provide energy for capturing carbon dioxide in coal-fired power plants under the Clean Development Mechanism[J]. Mitigation and Adaptation Strategies for Global Change, 24: 1483-1505.

Li J Q, Yu B Y, Tang B J, et al. 2020. Investment in carbon dioxide capture and storage combined with enhanced water recovery[J]. International Journal of Greenhouse Gas Control, 94: 102848.

Li Q, Liu G, Liu X, et al. 2013. Application of a health, safety, and environmental screening and ranking framework to the Shenhua CCS project[J]. International Journal of Greenhouse Gas Control, 17: 504-514.

Li Q, Wei Y N, Chen Z A. 2016. Water-CCUS nexus: Challenges and opportunities of China's coal chemical industry[J]. Clean Technologies and Environmental Policy, 18(3): 775-786.

Li S, Zhang X, Gao L, et al. 2012. Learning rates and future cost curves for fossil fuel energy systems with CO_2 capture: Methodology and case studies[J]. Applied Energy, 93: 348-356.

Liang D, Wu W. 2009. Barriers and incentives of CCS deployment in China: Results from semi-structured interviews[J]. Energy Policy, 37(6): 2421-2432.

Liu H, Liang X. 2011. Strategy for promoting low-carbon technology transfer to developing countries: The case of CCS[J]. Energy Policy, 39(6): 3106-3116.

Lupion M, Herzog H J. 2013. NER300: Lessons learnt in attempting to secure CCS projects in Europe[J]. International Journal of Greenhouse Gas Control,19: 19-25.

Lustgarten A, Schmidt K K. 2012. State-by-State: Underground Injection Wells[EB/OL]. [2018-04-20]. http://projects.propublica.org/graphics/underground-injection-wells.

Mantripragada H C, Rubin E S. 2011. Techno-economic evaluation of coal-to-liquids (CTL) plants with carbon capture and sequestration[J]. Energy Policy, 39(5): 2808-2816.

Marchetti C. 1977. On geoengineering and the CO_2 problem[J]. Climatic change, 1(1): 59-68.

Mcclure M W, Horne R N. 2011. Investigation of injection-induced seismicity using a coupled fluid flow and rate/state friction model[J]. Geophysics, 76(6): 34-35.

McCollum D L, Ogden J M. 2006. Techno-economic models for carbon dioxide compression, transport, and storage & correlations for estimating carbon dioxide density and viscosity[D]. California: University of California.

McCoy S T. 2009. The Economics of CO_2 Transport by Pipeline and Storage in Saline Aquifers and Oil Reservoirs[R]. Pittsburgh: Carnegie Mellon University.

Mcgarr A, Simpson D, Seeber L. 2002. Case histories of induced and triggered seismicity[J]. International Geophysics, 81(A): 647-661.

Metz B, Davidson O, De Coninck H, et al. 2005. IPCC special report on carbon dioxide capture and storage[R]. Intergovernmental Panel on Climate Change, Geneva Switzerland: Working Group III.

MIT. 2016. Carbon capture and sequestration project database[DB/OL]. [2018-04-18]. https://sequestration.mit.edu/tools/projects/index.html.

MIT. 2017. ZeroGen fact sheet: Carbon dioxide storage project[DB/OL]. [2018-07-12]. http://sequestration.mit.edu/tools/projects/zerogen.html.

Mitrović M, Malone A. 2011. Carbon capture and storage (CCS) demonstration projects in Canada[J]. Energy Procedia, (4): 5685-5691.

Mustafa S, Estim A, Tuzan A D, et al. 2019. Nature-based and technology-based solutions for sustainable blue growth and climate change mitigation in marine biodiversity hotspots[J]. Environmental Biotechnology, 15:1-7.

Myers S C. 1977. Determinants of corporate borrowing[J]. Journal of Financial Economics, 5 (2) : 147-175.

National Research Council. 2015. Climate Intervention: Carbon Dioxide Removal and Reliable Sequestration[M]. Washington, DC: The National Academies Press.

NETL. 2015. NETL's Carbon Capture and Storage（CCS）Database-Version 5[DB/OL]. [2018-09-05]. https://www.netl.doe.gov/research/coal/carbon-storage/strategic-program-support/database.

NRC. 2017. Clean energy fund program[EB/OL]. [2017-07-04]. http://www.nrcan.gc.ca/energy/funding/current-funding-programs/cef/4949.

Oda T, Maksyutov S. 2011. A very high-resolution（1km×1km）global fossil fuel CO_2 emission inventory derived using a point source database and satellite observations of nighttime lights[J]. Atmospheric Chemistry and Physics, 11 (2) : 543-556.

OECD/IEA. 2008. Energy technology Perspectives 2008[R]. Paris: OECD/IEA.

Oldenburg C M, Bryant S L, Nicot J P. 2009. Certification framework based on effective trapping for geologic carbon sequestration[J]. International Journal of Greenhouse Gas Control, 3 (4) : 444-457.

Oldham P, Szerszynski B, Stilgoe J, et al. 2014. Mapping the landscape of climate engineering[J]. Philosophical Transactions of the Royal Society A: Mathematical, Physical and Engineering Sciences, 372 (2031) : 20140065.

Pawar R J, Bromhal G S, Carey J W, et al. 2015. Recent advances in risk assessment and risk management of geologic CO_2 storage[J]. International Journal of Greenhouse Gas Control, 40 (3) : 292-311.

Peng S, Fu J, Zhang J. 2007. Borehole casing failure analysis in unconsolidated formations: A case study[J]. Journal of Petroleum Science and Engineering, 59: 226-238.

Philibert C, Ellis J, Podkanski J. 2007. Carbon capture and storage in the CDM[R]. Paris: Organisation for Economic Co-operation and Development, IEA.

Porrazzo R, White G, Ocone R. 2016. Techno-economic investigation of a chemical looping combustion based power plant[J]. Faraday discussions, 192: 437-457.

Price J P, McLean V. 2014. Effectiveness of Financial Incentives for Carbon Capture and Storage[R]. Cheltenham: International Energy Agency Greenhouse Gas Research and Development Programme.

Pruess K. 2006. Enhanced geothermal systems（EGS）using CO_2 as working fluid-A novel approach for generating renewable energy with simultaneous sequestration of carbon[J]. Geothermics, 35 (4) : 351-367.

Qin C, Yin J, Ran J, et al. 2014. Effect of support material on the performance of K_2CO_3-based pellets for cyclic CO_2 capture[J]. Applied. Energy, 136: 280-288.

Quintessa. 2010. The Generic CO_2 Geological Storage FEP database, Version 2.0.0[DB/OL]. Quintessa Limited. [2019-11-11]. https://www.quintessa.org/co2fepdb/v2.0.0/.

Quintessa. 2014. Evidence Support Logic: A guide for TESLA users Version 3.0[EB/OL]. UK: Quintessa Limited. [2019-11-11]. https://www.quintessa.org/software/TESLA.

Reeves S R, Davis D W, Oudinot A Y. 2004. A Technical and Economic Sensitivity Study of Enhanced Coalbed Methane Recovery and Carbon Sequestration in Coal[R]. Washington: U.S. Department of Energy.

Reiner D, Liang X. 2012. Stakeholder views on financing carbon capture and storage demonstration projects in China[J]. Environmental Science & Technology, 46 (2) : 643-651.

Renner M. 2014. Carbon prices and CCS investment: A comparative study between the European Union and China[J]. Energy Policy, 75: 327-340.

Rinaldi A P, Rutqvist J, Cappa F. 2014. Geomechanical effects on CO_2 leakage through fault zones during large-scale underground injection[J]. International Journal of Greenhouse Gas Control, 20: 117-131.

Rohlfs W, Madlener R. 2011. Valuation of CCS-ready coal-fired power plants: A multi-dimensional real options approach[J]. Energy Systems, 2 (3) : 243-261.

Rubin E S, Davison J E, Herzog H J. 2015. The cost of CO_2 capture and storage[J]. International Journal of Greenhouse Gas Control, 40: 378-400.

Rubin E S, Yeh S, Antes M, et al. 2007. Use of experience curves to estimate the future cost of power plants with CO_2 capture[J]. International Journal of Greenhouse Gas Control, 1 (2): 188-197.

Rutqvist J. 2012. The Geomechanics of CO_2 Storage in Deep Sedimentary Formations[J]. Geotechnical and Geological Engineering, 30 (3): 525-551.

Sathre R, Chester M, Cain J, et al. 2012. A framework for environmental assessment of CO_2 capture and storage systems[J]. Energy, 37 (1): 540-548.

Shapiro S A, Dinske C, Kummerow J. 2007. Probability of a given - magnitude earthquake induced by a fluid injection[J]. Geophysical Research Letters 34 (22), L22314.

Shapiro S A, Dinske C, Langenbruch C, et al. 2010. Seismogenic index and magnitude probability of earthquakes induced during reservoir fluid stimulations[J]. Leading Edge, 29 (3): 304-309.

Smith P D, Dong R G, Bernreuter D L, et al. 1981. Seismic Safety Margins Research Program. Phase I, final report-overview[R]. Specific Nuclear Reactors & Associated Plants.

Stevens S H, Kuuskraa V A, Taber J J. 1999. Sequestration of CO_2 in depleted oil and gas fields: Barriers to overcome in implementation of CO_2 capture and storage (disused oil and gas fields) [R]. USA:IEA.

Stewart R, Scott V, Haszeldine R S, et al. 2014. The feasibility of a European-wide integrated CO_2 transport network[J]. Greenhouse Gases: Science and Technology, 4 (4): 481-494.

Streit K, Siggins A, Evans B. 2005. Predicting and monitoring geomechanical effects of CO_2 injection[C]// Proceedings of the 7th International Conference on Greenhouse Gas Control, Vancouver.

Szolgayova J, Fuss S, Obersteiner M. 2008. Assessing the effects of CO_2 price caps on electricity investments-A real options analysis[J]. Energy Policy, 36 (10): 3974-3981.

Tang B J, Zhou H L, Chen H, et al. 2017. Investment opportunity in China's overseas oil project: An empirical analysis based on real option approach[J]. Energy Policy, 105: 17-26.

Uilhoorn F E. 2013. Evaluating the risk of hydrate formation in CO_2 pipelines under transient operation[J]. International Journal of Greenhouse Gas Control, 14: 177-182.

US BLS. 2018. Producer price index by industry: Drilling oil and gas wells: drilling oil, gas, dry, or service wells[EB/OL]. [2018-10-22]. https://fred.stlouisfed.org/series/PCU21311121311101.

USGS. 2000. Geologic provinces of the world, 2000 world petroleum assessment, all defined provinces[EB/OL]. [2019-3-15]. https://certmapper.cr.usgs.gov/data/we/dds60/spatial/shape/wep_prvg.zip.

Vatavuk W M. 2002. Updating the CE Plant Cost Index: Changing ways of building plants are reflected as this widely used index is brought into the 21st century[J]. Chemical Engineering, 109 (1): 62-70.

Verdon J P, Kendall J M, Stork A L, et al. 2013. Comparison of geomechanical deformation induced by megatonne-scale CO_2 storage at Sleipner, Weyburn, and In Salah[J]. Proceedings of the National Academy of Sciences of the United States of America, 110 (30): 2762-2771.

Viebahn P, Daniel V, Samuel H. 2012. Integrated assessment of carbon capture and storage (CCS) in the German power sector and comparison with the deployment of renewable energies[J]. Applied Energy, 97: 238-248.

Viswanathan H S, Pawar R J, Stauffer P H, et al. 2008. Development of a Hybrid Process and System Model for the Assessment of Wellbore Leakage at a Geologic CO_2 Sequestration Site[J]. Environmental Science & Technology, 42 (19): 7280-7286.

Wang F, Deng S, Zhao J, et al. 2017. Integrating geothermal into coal-fired power plant with carbon capture: A comparative study with solar energy[J]. Energy Conversion and Management, 148: 569-582.

Wang F, Li H, Zhao J, et al. 2016. Technical and economic analysis of integrating low-medium temperature solar energy into power plant[J]. Energy Conversion and Management, 112: 459-469.

Wang P T, Wei Y M, Yang B, et al. 2020. Carbon capture and storage in China's power sector: Optimal planning under the 2℃ constraint[J]. Applied Energy, 263: 114694.

Wang X, Du L. 2016. Study on carbon capture and storage（CCS）investment decision-making based on real options for China's coal-fired power plants[J]. Journal of Cleaner Production, 112: 4123-4131.

Wang X, Zhang H. 2018. Optimal design of carbon tax to stimulate CCS investment in China's coal-fired power plants: A real options analysis[J]. Greenhouse Gases: Science and Technology, 8(5): 863-875.

Watson T L, Bachu S. 2008. Identification of wells with high CO_2-leakage potential in mature oil fields developed for CO_2 enhanced oil recovery[C]//SPE Symposium on Improved Oil Recovery, Society of Petroleum Engineers.

Watson T, Bachu S. 2007. Evaluation of the potential for gas and CO_2 leakage along wellbores[J]. SPE Drilling & Completion, 24(1): 115-126.

Wei N, Li X, Dahowski R T, et al. 2015. Economic evaluation on CO_2-EOR of onshore oil fields in China[J]. International Journal of Greenhouse Gas Control, 37: 170-181.

Wei Y M, Mi Z F, Huang Z. 2014. Climate policy modeling: An online SCI-E and SSCI based literature review[J]. Omega, 57: 70-84.

Wei Y M, Yu B Y, Li H, et al. 2019. Climate engineering management: an emerging interdisciplinary subject[J]. Journal of Modelling in Management.

White J A, Chiaramonte L, Ezzedine S, et al. 2014. Geomechanical behavior of the reservoir and cap rock system at the In Salah CO_2 storage project[J]. Proceedings of the National Academy of Sciences of the United States of America, 111(24): 8747-8752.

Whorton L P, Brownscombe E R, Dyes A B. 1952. Method for producing oil by means of carbon dioxide: US Patent 2,623,596[P].

Wilday J, Wardman M, Johnson M, et al. 2011. Hazards from carbon dioxide capture, transport and storage[J]. Process Safety and Environmental Protection, 89(6): 482-491.

Wolery T, Aines R, Hao Y, et al. 2009. Fresh water generation from aquifer-pressured carbon storage[R]. Livermore, USA: Lawrence Livermore National Laboratory.

Wu X D, Yang Q, Chen G Q, et al. 2016. Progress and prospect of CCS in China: Using learning curve to assess the cost-viability of a 2×600MW retrofitted oxyfuel power plant as a case study[J]. Renewable and Sustainable Energy Reviews, 60: 1274-1285.

Xiang D, Yang S, Liu X, et al. 2014. Techno-economic performance of the coal-to-olefins process with CCS[J]. Chemical Engineering Journal, 240: 45-54.

Yang B, Wei Y M, Hou Y, et al. 2019. Life cycle environmental impact assessment of fuel mix-based biomass co-firing plants with CO_2 capture and storage[J]. Applied Energy, 252: 113483.

Yu S W, Theobald M, Cadle J. 1996. Quality options and hedging in Japanese government bond futures markets[J]. Financial Engineering and the Japanese Markets, 3: 171-193.

Yuen F L, Yang H. 2010. Option pricing with regime switching by trinomial tree method[J]. Journal of Computational and Applied Mathematics, 233(8): 1821-1833.

ZEP. 2011. The Costs of CO_2 Storage: Post-demonstration CCS in the EU[R]. Brussels, Belgium: Zero Emissions Platform.

Zhang X, Wang X, Chen J, et al. 2014. A novel modeling based real option approach for CCS investment evaluation under multiple uncertainties[J]. Applied Energy, 113: 1059-1067.

Zhou W, Bing Z, Fuss S, et al. 2010. Uncertainty modeling of CCS investment strategy in China's power sector[J]. Applied Energy, 87(7): 2392-2400.

Zhou W, Zhu B, Chen D, et al. 2014. How policy choice affects investment in low-carbon technology: The case of CO_2 capture in indirect coal liquefaction in China[J]. Energy, 73: 670-679.

后　记

世界各国政府一直致力于相关的科学研究和技术开发，以提高应对气候变化的科技能力。CCS 技术被认为是能够大幅减少来自化石燃料使用的温室气体排放的关键技术，受到了广泛关注。联合国政府间气候变化专门委员会已将针对燃煤电厂的 CCS 技术作为 2050 年温室气体减排目标最重要的技术方向。不少发达国家已开始为二氧化碳捕获和埋存技术的推广和应用创造鼓励性的政策环境。作为最大的发展中国家，中国政府早在 2003 年就开始关注 CCS 技术。2005 年开始对 CCS 技术进行全面规划部署，CCS 技术被编入《国家中长期科技发展规划纲要(2006—2020 年)》。2005 年 12 月，科技部与英国政府和欧盟委员会分别签署了关于 CCS 技术研发合作的两个备忘录，英国和欧盟承诺将提供资金和技术，帮助中国研发。2006 年，CO_2 强化驱油技术研究被列入 973 计划项目。2008 年，进一步将 CCS 技术作为资源环境技术领域的重点项目列入国家 863 计划项目。然而，CCS 技术在现阶段并不具备被大规模推广使用的条件，还需要在技术、政策和资金支持等方面做好准备。CCS 技术在中国能否进行商业应用并大规模推广，还依赖于这一技术能否很快地发展成熟，以及未来中国在应对气候变化的政策与制度环境。

北京理工大学能源与环境政策研究中心(Center for Energy and Environmental Policy Research，CEEP)对 CCS 技术相关议题的关注已久，2008 年曾对 CCS 在中国的发展前景、配套政策的制定、关键技术的选择等问题进行了实证研究；并作为重要的参与机构完成的中欧 CCS 合作项目——煤炭利用近零排放合作项目(NZEC)，该项目的研究成果于 2009 年纳入国际能源署出版的《二氧化碳捕获和封存：碳减排的关键选择》(CO_2 Capture and Storage：A Key Carbon Abatement Option)。2010 年本人组织中心成员将该书翻译成中文，并在原中国环境科学出版社出版，近年来又参与了科技部组织的相关战略和路线图的编制工作，深刻领会到 CCS 技术管理也是 CCS 技术大规模推广应用中的关键课题。

国际上提出了气候工程的概念，其中碳捕集与封存是气候工程的关键技术，碳捕集与封存技术管理将是气候工程管理的重要的组成部分。期望本书的出版能够为读者系统了解 CCS 技术及其示范实施提供帮助；特别是希望能够为政策制定、企业投资以及相关学术研究提供参考，推动制定符合中国国情和长期利益的全球减排技术路径及技术管理规范，为建立气候工程管理理论提供基础和应用示范。

我本人负责组织、统稿及统领全部撰写工作，并在我的博士生和博士后的帮助下完成全部的书稿。杨波和李慧先后协助我对全书进行了统稿；李家全、杨波、王蓬涛、李慧、王晋伟、陈炜明、康佳宁、朱楠楠和候娟娟作为主要的执笔人参与了相关章节的撰写，先后为本书的完成和出版做出了重要贡献。自 2008 年涉足二氧化碳捕获和埋存领域以来，国内外许多行业的交流给了我很多启发和帮助，特别是得到杜祥琬院士、金红光院士、彭苏萍院士、杨志峰院士、刘合院士、陈晓红院士、严晋跃、黄晶、郭日生、彭斯震、张九天、仲平、杨勇平、许世森、魏伟、张建、王灿、陆诗建、高林、陈文颖、彭勃、刘练波、李小春、李琦、张贤、刘兰翠、邹乐乐、刁玉杰、魏凤、刘强、GAGHEN Rebecca、TURCK Nancy、SINTON Jonathan、KERR Thomas、BURNARD Keith等专家的指导和帮助，在此向他们表示崇高的敬意！本书的出版还得到了国家重点研发计划项目（2016YFA0602603）和国家自然科学基金创新研究群体项目（71521002）的支持。在此一并致谢！由于作者水平和能力所限，难免有缪误之处，恳请读者指正。

2019年夏于北京